R을 이용한

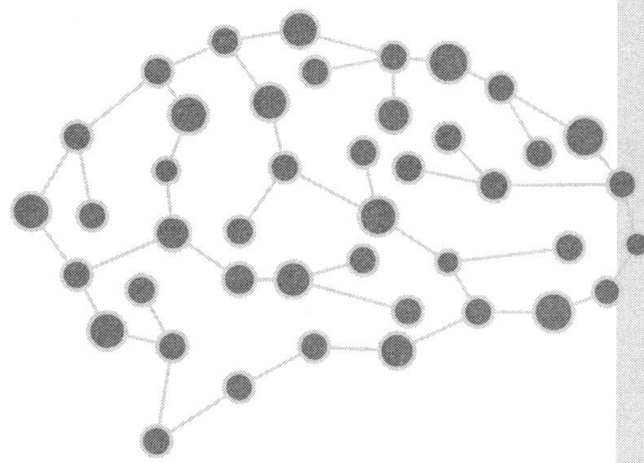

공정제어기초

Process Control with R

도진환 지음

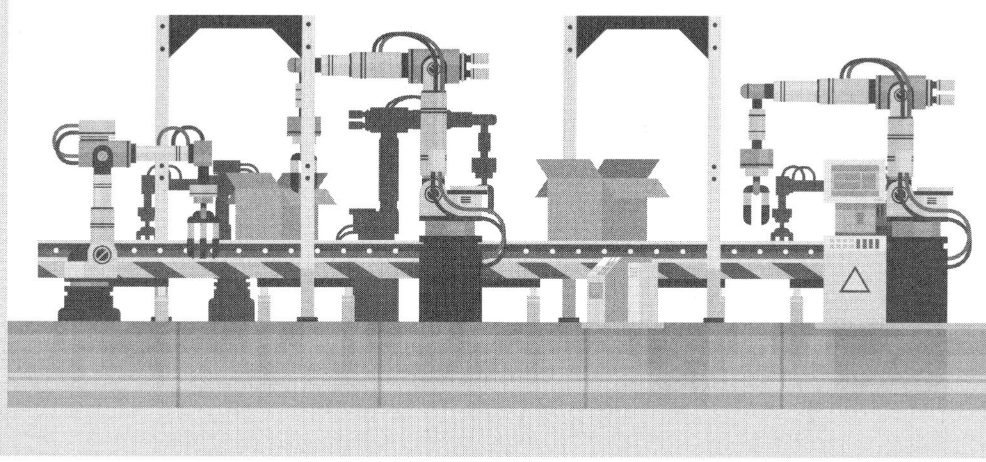

도서출판 동화기술

서문

이 책은 공정의 동특성, 전달함수, 피드백 시스템의 안정성, 근궤적, PID 제어기 등 공정제어에 대한 기본적인 개념을 빅데이터 분석에서 많이 활용되고 있는 R 프로그램(https://www.r-project.org)을 이용하여 다루고 있다. 시중에 나온 많은 제어분야의 책들은 광범위한 내용을 담고 있는 반면에 기초적인 개념보다는 실질적인 응용문제를 다루고 있어 공정제어를 처음으로 접하는 독자들에게 많은 부담이 될 수 있다. 또한, 공정제어에서 다루는 내용을 효과적으로 이해하기 위해서는 적절한 프로그래밍 언어의 활용이 요구된다. 이러한 측면에서 이 책에서는 언제 어디서나 무료로 자유롭게 사용할 수 있는 오픈 소프트웨어 R을 이용하였다.

R의 가장 큰 장점 중의 하나는 다양한 분야의 전문가들에 의해 만들어진 유용한 패키지를 자유롭게 사용할 수 있다는 것이다. R 패키지는 CRAN (https://cran.r-project.org)에서 자유롭게 다운로드 받을 수 있으며 현재 12,907개의 패키지가 저장되어 있다. 이 책에서는 control 패키지를 포함한 2～3개의 패키지만이 이용되며 공정제어의 기본개념과 이에 필요한 계산을 다루는데 충분하다고 판단된다. 공정제어의 다양한 개념을 R 코드를 통해 구현해 보는데 있어서 프로그래밍의 초보자라도 어려움을 느끼지 않도록 함축적인 함수를 사용하기 보다는 가능한 기본적인 R 코드를 사용하였다. R 프로그램 및 control 패키지의 설치는 부록에 나와 있으며 이 책을 공부하기 전에 부록 전체를 미리 읽어 두면 도움이 되리라 생각한다. R은 통계기반의 언어이므로 확률제어, 퍼지 제어 등의 고급 제어기법을 학습하고자 하는 독자들에게도 도움이 될 것으로 생각된다.

공정제어를 공부하는데 있어서 기초 개념의 중요성은 아무리 강조해도 지나치지 않다. 시스템을 미분방정식으로, 미분방정식을 전달함수로, 전달함수로부터 근궤적과 주파수 응답을 계산하고 제어기를 설계하는 모든 과정을 R과 함께 차근차근 학습해 나감으로써 공정제어에 대한 체계적인 이해와 흥미를 가질 수 있기를 바라는 마음으로 부족하지만 이 책을 출간하게 되었다.

목차

Chapter 1 공정제어의 목적

1.1 공정제어의 역할 8
1.2 제어공학의 한 분야로서의 공정제어 10

Chapter 2 공정 동특성 모델링

2.1 1차 공정의 동특성 12
2.2 2차 공정의 동특성 20
2.3 시간지연이 있는 공정의 동특성 29

Chapter 3 라플라스 변환과 전달함수

3.1 라플라스 변환 38
3.2 계단함수, 램프함수, 임펄스 함수의 라플라스 변환 41
3.3 라플라스 변환을 이용한 미분방정식의 풀이 45
3.4 전달함수 50

Chapter 4 전달함수를 이용한 공정의 모델링

4.1 액위공정 58
4.2 가열공정 66
4.3 화학반응 공정 70
4.4 구동기와 감지기 78

Chapter 5 제어기의 전달함수와 동특성

5.1 PID 제어기의 전달함수 86
5.2 PID 제어기의 기능해석 89

Chapter 6 피드백 시스템의 총괄전달함수

6.1 블록선도의 간소화 105
6.2 총괄전달함수 109
6.3 신호 흐름도 112

Chapter 7 피드백 시스템의 안정성

7.1 안정성 120
7.2 Routh 방법을 이용한 피드백 시스템의 안정성 판별 122
7.3 근궤적을 이용한 피드백 시스템의 안정성 판별 127

Chapter 8 주파수 응답

8.1 시스템의 정현파 응답 148
8.2 Bode 선도 158
8.3 Bode 선도를 이용한 피드백 시스템의 안정성 판별 167
8.4 Nyquist 선도를 이용한 피드백 시스템의 안정성 판별 174

Chapter 9 선형 시스템의 시간응답 특성

9.1 1차 시스템의 시간응답 188
9.2 2차 시스템의 시간응답 191
9.3 우세극점을 이용한 고차 시스템의 근사 196

Chapter 10 근궤적을 이용한 제어기 설계

10.1 정상상태 오차와 시스템 유형 205
10.2 피드백 시스템의 극점 위치와 시간 응답특성 209
10.3 근궤적을 이용한 P 제어기 설계 213
10.4 근궤적을 이용한 PI 제어기 설계 218
10.5 근궤적을 이용한 PD 제어기 설계 225
10.6 근궤적을 이용한 PID 제어기 설계 229

Chapter 11 Bode 선도를 이용한 제어기 설계

11.1 주파수 응답과 시간응답 특성과의 관계 240
11.2 Bode 선도를 이용한 P 제어기의 설계 245
11.3 Bode 선도를 이용한 PI 제어기의 설계 249
11.4 Bode 선도를 이용한 PD 제어기의 설계 255
11.5 Bode 선도를 이용한 PID 제어기의 설계 262

Chapter 12 산업공정에서 PID 제어기의 조정

12.1 Ziegler-Nichols의 PID 제어기 조정법 270
12.2 Cohen-Coon의 PID 제어기 조정법 274
12.3 최소오차를 이용한 PID 제어기 조정법 279

부록

A.1 control 패키지 설치 284
A.2 tf, TF 함수를 이용한 전달함수 구현 286
A.3 series, parallel 함수를 이용한 전달함수의 결합 287
A.4 step, impulse 함수를 이용한 시간 응답계산 288
A.5 freresp 함수를 이용한 주파수 응답계산 290
A.6 근궤적 작성에 사용되는 유용한 함수들 291

찾아보기 ▮ 294

Chapter 1

공정제어의 목적

화학공장에서 안전하고 신뢰할 수 있는 방법을 통해 규정된 제품의 품질과 요구되는 생산속도를 얻기 위해 액위, 압력, 온도, 조성 등의 공정변수를 원하는 조건에 가깝도록 운전하는 것은 중요하다. 점차 복잡해지고 대형화되어 가는 화학공장에서 공정의 자동제어는 엄격한 제품규격의 만족뿐만 아니라 공정 안정성의 개선, 원료와 에너지의 효율적인 활용 등을 위해 활용될 수 있다. 여기서는 화학공정제어의 목적과 역할에 대해 간략히 살펴보기로 한다.

1.1 공정제어의 역할

화학공정제어는 안전하고 신뢰할 수 있는 방법을 통해 원하는 품질의 화학제품을 경제적으로 생산할 수 있도록 공정을 운전하는 것이 주목표이다. 치열해지고 있는 화학제품 시장의 경쟁과 엄격해지는 환경 및 안전규제와 더불어 안정적이고 경제적인 공정의 운전을 지향하는 공정제어의 중용성은 더욱 커지고 있다. 화학 플랜트에서 공정제어는 수위, 압력, 온도, 조성 등을 원하는 수준으로 유지하는데 활용될 뿐만 아니라 플랜트 자동화 및 공정 운용의 최적화에도 이용되고 있다. 예를 들어, 그림 1.1과 같이 연속교반탱크 반응기에서 흡열반응이 진행되는 경우 반응기의 온도를 T_R로 유지하는 경우를 생각해 보자. 흡열반응이 진행됨에 따라 반응기의 온도가 설정한 온도 T_R보다 내려가게 되면 외부로부터의 반응기에 열이 공급되어야 한다. 열원으로 수증기를 사용할 경우 반응기 자켓으로 공급되는 수증기의 유량은 설정온도 T_R과 실제 반응기 온도의 차에 따라 적절히 조절되어야 함을 알 수 있다. TT (Temperature Transmitter)는 온도를 감지하고 전송하며 TC (Temperature Controller)는 반응기의 온도가 설정온도 T_R를 벗어날 때 반응기 자켓으로 공급되는 수증기의 양을 조절하는 신호를 밸브에 보내는 역할을 한다. 발열반응인 경우에는 수증기 대신 냉각수의 유량을 조절함으로써 반응기 온도를 조절할 수 있다. 이 때 온도와 같이 제어되는 변수를 피제어변수(controlled variable)라고 하고, 수증기 혹은 냉각수의 유량과 같이 피제어변수(여기서는 반응기의 온도)를 원하는 값으로 만들기 위해 조절되는 변수를 조절변수(manipulating variable)라고 한다. 따라서 공정제어는 조절변수를 통해 공정의 피제어변수를 원하는 상태로 유지하기 위한 전반적인 조작이라고 할 수 있다.

공정변수는 입력변수와 출력변수로 구분하기도 하는데, 입력변수는 공정에 영향을 주는 외부변수를 의미하며 조절변수와 외부 교란변수가 이에 해당한다. 그림 1.1의 시스템에서 외부교란 변수는 공급원료(feed)의 온도 및 농도변화 등이 될 수 있다. 출력변수는 공정의 외부에 대한 영향을 나타내는 변수로서 피제어변수가 이에 해당한다. 그림 1.2는 일반적인 제어 시스템을 개념적으로 나타낸 것이다. 제어기는 공정의 출력으로 나타나는 피제어변수의 측정신호를 설정점(set point)과 비교하여 오차(= 설정점 − 피제어변수의 측정치)를 계산하고 오차의 크기와 부호에 따라 최종제어 요소에 적절한 신호를 보내게 된다. 제어기의 신호에 따라 최종제어 요소는 조절변수를 변화시킴으로 피제어변수가 설정점에 도달하도록 한다. 최종제어 요소(final control element)는 구동기(actuator)라고도 부르며 조절변수를 바꾼다. 그림 1.1의 시스템의 경우 수증기의 유량을 조절하는 밸브는 최종제어 요소에 해당하며 유량은 조절변수가 된다.

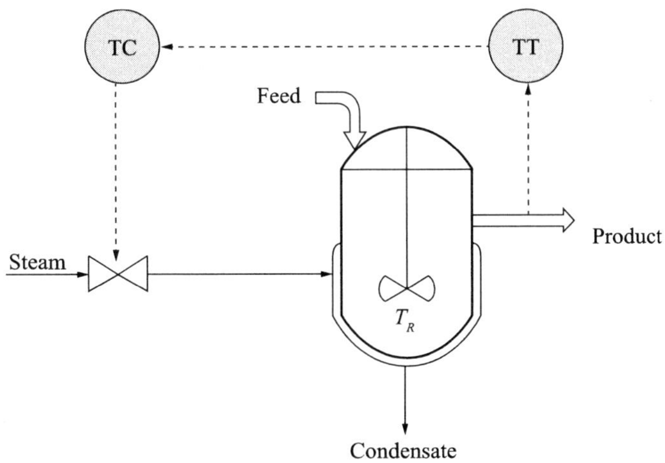

그림 1.1 흡열반응이 진행되는 연속교반 반응기에서의 온도제어

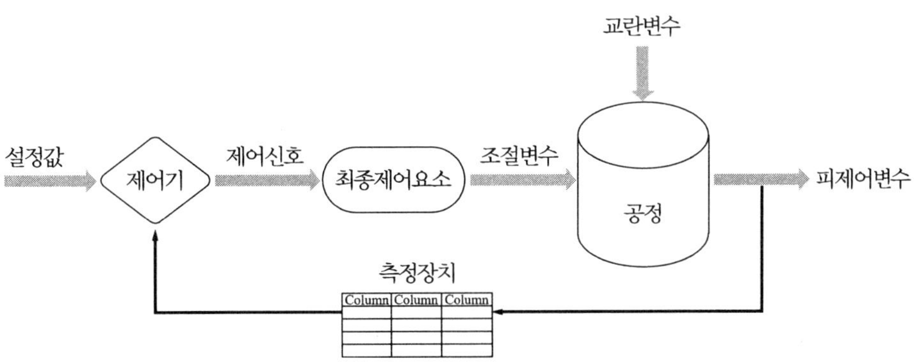

그림 1.2 일반적인 공정제어 시스템의 개략도

1.2 제어공학의 한 분야로서의 공정제어

공정제어는 공정의 출력변수(피제어 변수)를 원하는 상태로 유지하기 위한 전반적인 조작으로서 제어공학의 한 분야가 된다. 즉, 공정제어의 대상이 공정이라면 일반적인 제어공학의 대상은 공정뿐만이 아니라 여러 종류의 공업용 장치가 될 수 있다. 이러한 광범한 의미에서 제어는 형태에 따라 시퀀스 제어(sequence control)와 피드백 제어(feedback control)로 나누어 볼 수 있다. 화학 플랜트의 경우 모터의 시동/정지, 밸브의 열림/닫힘, 점화/소화의 여러 종류의 장치가 있으며 일련의 주어진 순서와 계획에 따라 장치가 작동하게 된다. 이러한 제어의 형태를 시퀀스 제어라고 한다. 반면에 그림 1.1의 시스템과 같이 공정의 출력변수가 설정값을 이탈하게 되면 적절한 판단과 조치를 취함으로써 제어입력을 수정하는 방식을 피드백 제어라고 한다. 피드백 제어는 출력을 입력으로 되돌리는 작용에 의해 루프(loop)가 형성되므로 '닫힌루프 제어'(closed-loop control)라고도 한다.

제어 시스템은 목표값의 종류에 따라 정치제어(fixed control)와 추종제어(follow-up control)로 나누기도 한다. 정치제어는 목표값(설정점)이 고정되어 있으며 제어 시스템의 목적이 외란에 대항하여 제어변수를 일정하게 유지하는 것이며, 온도, 압력, 유량, 수위, 농도 등을 피제어변수로 취하는 화학공정에서는 많이 활용되고 있다. 반면에 추종제어의 경우는 외란은 변하지 않지만 목표값이 때때로 변하기 때문에 이것을 추종하는 것을 목적으로 하며 선박이나 항공기의 자동조종, 공작기계, 로봇의 움직임 제어 등에 많이 사용되고 있다. 외란의 변화에도 고정된 목표값을 유지하기 위한 피드백 제어를 조절기 문제(regulator problem)하며, 외란이 고정된 상태에서 변화하는 목표값을 추종하기 위한 피드백 제어를 서보 문제(servo problem)라고 한다.

피드백 제어에서 오차와 조작량이 연속적으로 대응하는 경우를 연속제어(continuous control)하는 반면에 가정용 온수 가열기와 같이 수온이 내려가면 스위치가 자동으로 켜지고 어느 정도 이상으로 수온이 올라가면 서보모터가 작동하여 스위치가 꺼지는 경우와 같이 조작량의 인가 혹은 단절이라고 하는 두 종류의 상태만을 가지는 경우를 온/오프(On-Off) 제어라고 하며 불연속제어(discontinuous control)에 해당한다. 연속제어에서 오차와 조작량이 서로 선형적인 관계에 있을 때를 선형제어(linear control)이라고 하며 선형제어가 아닌 경우를 비선형제어(nonlinear control)이라고 한다. 연속이면서 비선형의 예로서 밸브의 열림 정도나 모터에서 발생하는 토크 크기 등이 있다. 이들은 모두 한계가 있어 오차가 크다고 해서 이에 비례하여 조작량을 무제한적으로 크게 할 수는 없다.

Chapter 2

공정 동특성 모델링

화학공정의 제어 시스템은 공급 원료의 유량, 수증기 압력, 냉각수 온도 변화 같은 외란에 반응하여 조절변수를 변화시킴으로 피제어 변수를 설정점에 맞추도록 작동한다. 실제 거의 모든 공정은 외란의 변화에 노출되어 있기 때문에 피제어 변수가 설정점으로 유지되기 보다는 시간에 따라 변동하게 된다. 이러한 시간에 따른 공정변수의 변동을 공정의 동특성이라고 하며 제어기의 설계에서 중요한 정보가 된다. 공정에 대한 물질 및 에너지 수지식을 통해 얻어지는 수식모델을 이용하여 공정의 동특성을 살펴보도록 하자.

2.1 1차 공정의 동특성

그림 2.1과 같이 연속교반탱크 반응기(CSTR, Continuous Stirred Tank Reactor)에 의해 액체가 가열되는 공정을 살펴보자. CSTR의 입구에서 액체의 온도는 30℃이며 출구에서 액체의 온도는 80℃로 유지되고 있다.

액체의 밀도(ρ)와 열용량(C_p)이 각각 1,000 g/L과 4.184 J/g・℃일 때 CSTR에 대한 정상상태 에너지 수지식은 다음과 같다.

[반응기로 유입되는 액체가 가지고 들어오는 엔탈피]
+ [가열기로부터 반응기로 공급되는 에너지]
= [반응기로부터 유출되는 액체가 가지고 떠나는 엔탈피]

$$\rho v C_p (T_i - T_{ref}) + Q = \rho v C_p (T - T_{ref})$$

여기서 T_{ref}는 엔탈피를 계산하는 기준온도이며 T_i와 T는 각각 유입액체와 유출액체의 온도이다. 정상상태에서 $T_i = 30$℃, $T = 80$℃로 유지될 때 Q는 다음과 같이 계산된다.

$$Q = \rho C_p v (T - T_i) = (1000\,\mathrm{g/L})(4.184\ \mathrm{J/g \cdot ℃})(20\,\mathrm{L/min})(80℃ - 30℃)$$

$$= 4{,}184\,\mathrm{kJ/min} = 69.7\,\mathrm{kW}$$

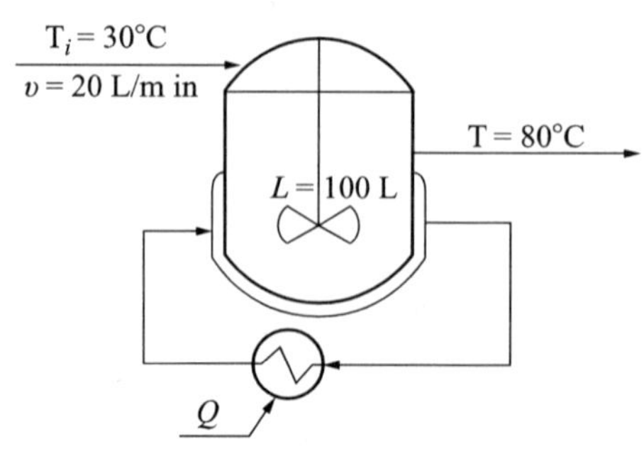

그림 2.1 CSTR에 의한 가열공정

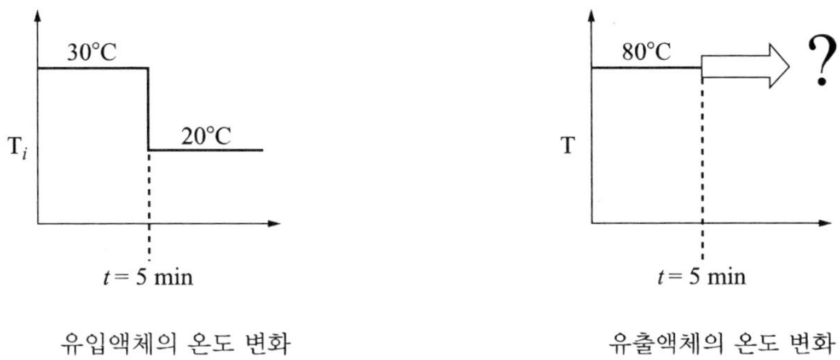

그림 2.2 시간 $t = 5$ min에서 유입액체의 온도가 갑자기 30℃에서 20℃로 바뀜

다른 조건은 그대로 유지되는 상황에서 그림 2.2에서 보는 바와 같이 반응기로 유입되는 액체의 온도가 $t = 5$ min에서 30℃에서 20℃로 떨어진다면 반응기에서 유출되는 유체의 온도는 어떻게 변하는지 생각해보자.

유량과 반응기에서 공급되는 열량은 일정하기 때문에 유입되는 액체의 온도가 내려가면 유출되는 액체의 온도도 내려갈 것이다. 이때의 유출되는 유체의 온도변화를 계산하기 위해서 반응기에 대한 비정상상태 에너지 수지식을 세워보자.

[탱크로 들어오는 에너지 속도] − [탱크로부터 나가는 에너지 속도]
+ [전열기를 통해 탱크로 공급되는 에너지 속도]
= [탱크에 축적되는 에너지 속도]

$$\rho \upsilon C_p (T_i - T_{ref}) - \rho \upsilon C_p (T - T_{ref}) + Q = \frac{d}{dt}[\rho V C_p (T - T_{ref})]$$

$$\frac{V}{\upsilon}\frac{dT}{dt} + T = T_i + \frac{1}{\rho \upsilon C_p} Q \qquad (2.1.1)$$

여기서 V는 반응기 내 액체의 부피를 나타낸다. 유입온도 T_i의 변화는 다음과 같다.

$$T_i = \begin{cases} 30℃ & (0 \le t \le 5) \\ 20℃ & (t > 5) \end{cases}$$

우리의 관심은 유입온도의 변화시점 이후, $t > 5$에서의 유출온도의 변화에 있다. V/υ

= 100 L/(20 L/min) = 5 min이므로 식 2.1.1은 다음의 미분방정식으로 정리될 수 있다.

$$5\frac{dT}{dt} + T = 20℃ + \frac{4184000\,\mathrm{J/min}}{(1000\,\mathrm{g/L})(20\,\mathrm{L/min})(4.184\,\mathrm{J/g\cdot ℃})}$$

$$5\frac{dT}{dt} + T = 70\ \ (t > 5) \tag{2.1.2}$$

식 2.1.2를 변수분리 후 적분해 보자.

$$5\frac{dT}{dt} = 70 - T$$

$$\int_{80}^{T}\frac{dT}{70-T} = \int_{5}^{t}\frac{dt}{5}$$

$$-\ln\frac{70-T}{-10} = \frac{1}{5}(t-5)$$

$$T = 70 + 10e^{-\frac{1}{5}(t-5)}\ \ (t > 5) \tag{2.1.3}$$

$0 \le t < 5$에서 반응기로 유입되는 액체와 유출되는 액체의 온도는 각각 30℃, 80℃로 유지됨을 기억하자. 시간에 따른 유출액체의 온도변화를 다음의 R 코드를 이용하여 그래프로 나타내보자.

```
Texit=function(x){
  if(x <= theta) {
    result=80
  }
  else {
    result=70+10*exp(-1/5*(x-theta))          # 식 2.1.3
  }
  return(result)
}
x=seq(0,50,length.out=101)
theta=5   # t=5 min에서 유입되는 액체의 온도가 변함
y=numeric(101)
for (i in 1:101) {
```

```
  y[i]=Texit(x[i])
}
x11()  # 그림 2.3 작성을 위한 X-윈도우 열기
par(mar=c(5.1,5.8,4.1,2.1))
plot(x,y,type="l",lwd=2,xlab="Time  (min)",
    ylab=expression(paste("Temperature  (",degree,"C)",sep="")))
grid()
```

그림 2.3에서 보는 바와 같이 유입액체의 온도가 시간 $t=5$ min에서 30℃에서 20℃로 계단모양으로 떨어질 때 출구온도는 80℃에서 지수적으로 감소하여 70℃에 도달함을 알 수 있다. 즉, 시간이 지남에 따라 반응기 출구의 온도는 새로운 정상상태의 값인 70℃에 도달한다. 이러한 공정을 자율공정(self-regulating process)이라고 부른다. 가열공정에서 반응기로 유입되는 액체 온도를 공정의 입력으로, 반응기로부터 유출되는 액체 온도를 공정의 출력으로 생각할 때 유입온도의 변화는 외란으로 간주될 수 있다. 반응기에 공급되는 열을 적절히 제어함으로써 유입온도의 변화에도 불구하고 유출온도를 일정하게 유지할 수 있을 것이다.

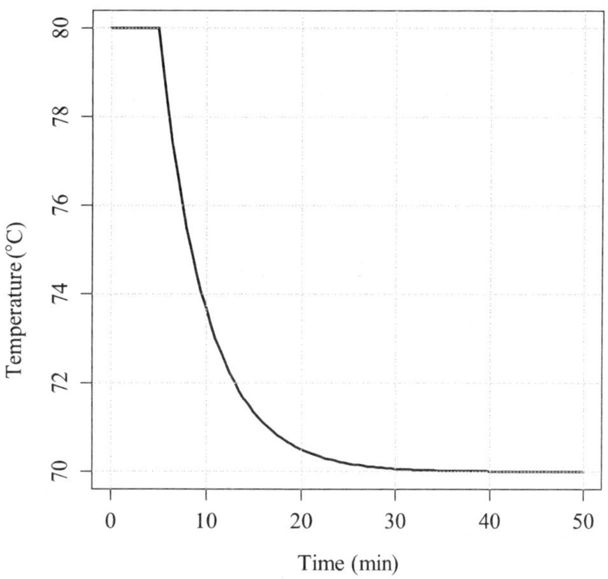

그림 2.3 $t=5$ min에서 반응기로 유입되는 액체의 온도가 30℃에서 20℃로 변할 때 반응기로부터 유출되는 액체의 온도변화

식 2.1.2와 같이 1차 미분방정식으로 기술될 수 있는 공정을 1차계 공정이라고 한다. CSTR을 이용한 열혼합 공정, 조성혼합, 등온 1차 반응 등이 1차계 공정에 해당하며 다음과 같은 표준 형태를 가진다.

$$\tau_p \frac{dy(t)}{dt} + y(t) = K_p u(t) \tag{2.1.4}$$

여기서 y는 출력변수이고 u는 입력변수이다. K_p는 정상상태 공정이득(gain)으로서 새로운 정상상태와 이전의 정상상태의 y 값과 u의 변화량을 각각 계산한 뒤 이들의 비로 정의되며 다음과 같다.

$$K_p = \frac{\Delta y}{\Delta u}$$

식 2.1.4에서 τ_p는 시간상수로서 공정이 새로운 정상상태에 도달하기까지 걸리는 시간을 결정짓는다. 그림 2.1의 가열공정에 대한 K_p, τ_p를 각각 계산해보면 다음과 같다.

$$K_p = \frac{\Delta T}{\Delta u} = \frac{70℃ - 80℃}{20℃ - 30℃} = 1,\ \tau_p = 5$$

따라서 가열공정은 다음과 같은 표준형태로 나타낼 수 있다.

$$5\frac{dT}{dt} + T = u(t) \tag{2.1.5}$$

식 2.1.4에서 입력변수 u가 $t=0$에서 크기가 A인 계단변화로 주어진다면 출력변수 y는 다음과 같이 나타낼 수 있다.

$$y(t) = K_p A(1 - e^{-t/\tau_p}) \tag{2.1.6}$$

위의 식을 통해 크기가 A인 계단변화로 입력변수가 주어질 때 출력변수의 새로운 정상상태 값은 K_pA ($t \to \infty$일 때의 y의 값)이 된다. $t = \tau_p$, $3\tau_p$일 때의 y 값은 각각 $0.63K_pA$, $0.95K_pA$가 됨을 알 수 있다. 즉, 입력의 변화가 일어난 후 시간 상수 τ_p만큼 시간이 경과하면 정상상태 값의 63%, 시간 상수의 세 배만큼의 시간이 경과하면 정상상태 값의 95%에 도달함을 알 수 있다. 시간 상수가 작을수록 1차 시스템의 응답이 빨라짐을 다음의 코드를 이용해 살펴보자.

```
unit=function(x,a=0) {  # 단위 계단 함수의 정의
    if (x==a) {
    result=0
  }
  else {
    result = 1
  }
  return(result)
}
x=seq(0,15,length.out=1001)
UT=Vectorize(unit)  # 계단함수의 벡터화
um=UT(x)
tau1=1; tau2=2; tau3=3
yp1=(1-exp(-x/tau1))
yp2=(1-exp(-x/tau2))
yp3=(1-exp(-x/tau3))

x11() # 그림 2.4 작성을 위한 X-윈도우 열기
par(mfrow=c(2,1))
plot(x,um,type="l",lwd=2,xlab="Time",ylab=expression(u(t)),ylim=c(0,1.5))
matplot(x,cbind(yp1,yp2,yp3),ylim=c(0,1.5),type="l",lty=1:3,lwd=2,col=1,xlab="Time",
      ylab=expression(y(t)))
legend("bottomright",legend=expression(paste(tau[p],"=1",sep=""),paste(tau[p],"=2",
       sep=" "), paste(tau[p],"=3",sep="")),lty=1:3,x.intersp=0.1,cex=0.7)
grid()
```

위의 코드에서 정의된 함수 unit과 UT의 차이점에 주의하자. unit 함수는 인수로써 단일 스칼라를 취한다. 즉 $x=1$일 때 unit(x)는 1을 반환한다. 반면에 UT 함수는 인수로 벡터를 취할 수 있다. 예를 들어, 벡터 $xv=c(1,3,4)$의 각 원소에 대해 unit 함수를 적용하여 결과를 벡터로 얻고 싶다면 UT(xv)를 사용할 수 있다. R은 이러한 함수의 벡터화 연산을 지원하고 있으므로 for 루프를 사용한 반복계산을 피할 수 있는 장점이 있다.

그림 2.4에서 보는 바와 같이 1차 시스템에 단위 계단 입력변화가 주어졌을 때 시간상수 τ_p 가 작을수록 새로운 정상상태에 빨리 도달함을 알 수 있다.

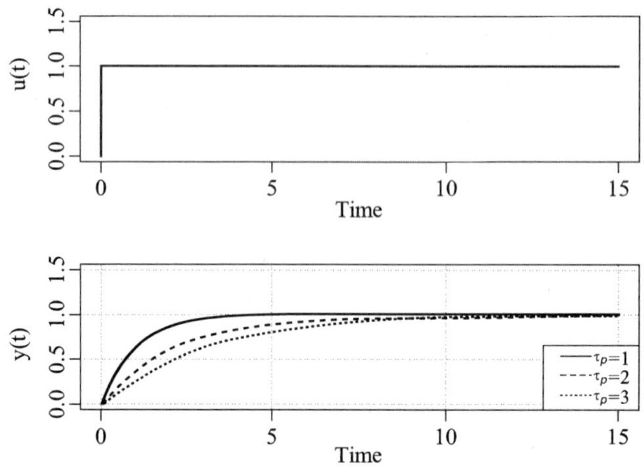

그림 2.4 $K_p = 1$인 1차계에 대해 단위 계단 입력($A = 1$)이 주어졌을 때 시간상수 τ_p가 응답속도에 미치는 영향

보기 2.1 CSTR에서 진행되는 1차 반응

다음 그림 E2.1과 같이 CSTR에서 1차 액상반응 $A \rightarrow B$가 진행되고 있다. c_{Ai}, c_{Ao}는 각각 공급물과 반응기 출구에서의 A농도로서 단위는 mol/m^{3}이며, V는 반응기 부피(m^3), F는 부피유량(m^3/min)이다. 반응물의 일정한 밀도를 가정하고 c_{Ai}와 c_{Ao}를 관련시키는 미분방정식을 유도하여라. 반응속도식은 $r = kc_{Ao}$이며 k는 반응속도 상수로서 mol/min의 단위를 가진다.

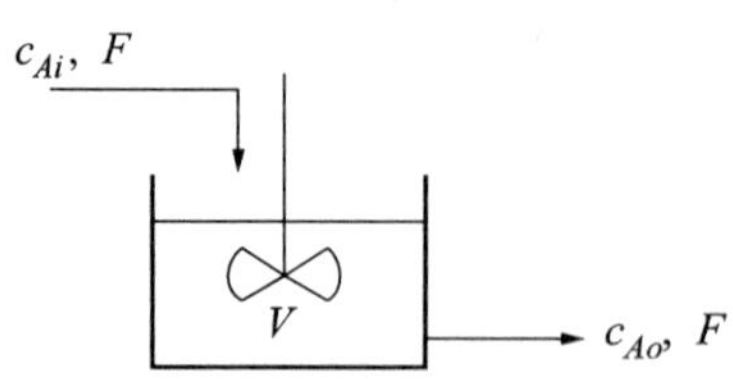

그림 E2.1

풀이 CSTR에서 반응기 출구농도는 반응기 내의 농도와 동일하므로 반응물 A에 대한 물질수지식은 다음과 같다.

반응기로 들어오는 A의 속도 − 반응기로부터 떠나는 A의 속도 − 반응을 통해 소모되는 A의 속도 = 반응기 내 축적되는 A의 속도

$$c_{Ai}F - c_{Ao}F - Vkc_{Ao} = V\frac{dc_{A0}}{dt} \tag{1}$$

$$c_{Ai} - c_{Ao} - \tau k c_{Ao} = \tau \frac{dc_{A0}}{dt}$$

여기서 $\tau = V/F$로서 공간시간 혹은 체류시간이 된다. 유량이 일정할 때 반응기로 공급되는 A의 농도 c_{Ai}가 변하게 되면 출구 농도 c_{Ao}도 변하게 된다. 이 때 c_{Ai}는 공정의 입력변수, c_{Ao}는 공정의 출력변수로 간주될 수 있으며 이들의 관계는 식 (1)로 나타난다. 입력변수의 변동으로 인한 출력변수의 변동에 관심이 있을 때에는 식 (1)의 미분방정식보다는 편차변수로 나타낸 다음 식을 사용하는 것이 편리하다.

$$C_i - C_o - \tau k C_o = \tau \frac{dC_0}{dt} \tag{2}$$

식 (2)에서 C_i와 C_o는 정상상태 값으로부터 벗어난 정도를 나타내는 편차변수로서 다음과 같이 정의된다.

$$C_i = c_{Ai} - c_{Ai,s}\ ,\quad C_o = c_{Ao} - c_{Ao,s} \tag{3}$$

여기서 $c_{Ai,s}$와 $c_{Ao,s}$는 각각 c_{Ai}, c_{Ao}의 정상상태 값을 나타낸다.

보기 2.2 액위공정

그림 E2.2와 같은 출구 유속이 일정한 액위공정을 고려해보자. $q(t)$와 q_o는 각각 탱크로 유입되는 유량과 유출되는 유량으로서 단위는 m^3/min이다. $h(t)$는 탱크 내 액체높이를 나타내며 단위는 m이다. 액체의 밀도가 일정할 때 $q(t)$, q_o, $h(t)$를 관련짓는 미분방정식을 유도하여라. 탱크의 단면적은 $A\,(m^2)$이다.

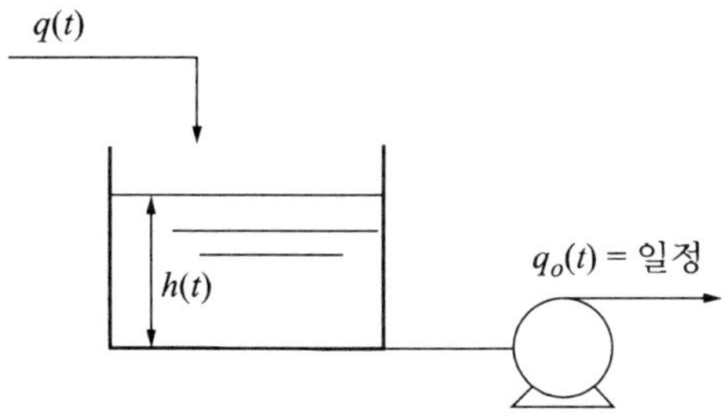

그림 E2.2

풀이 액체의 밀도 ρ가 일정할 때 탱크에 대한 물질수지는 다음과 같다.

탱크로 유입되는 질량 − 탱크로부터 빠져나가는 질량 = 탱크 내에 축적되는 질량

$$\rho q(t) - \rho q_o = \rho A \frac{dh}{dt} \quad \rightarrow \quad q(t) - q_o = A \frac{dh}{dt}$$

2.2 2차 공정의 동특성

1차 미분방정식으로 모델화 될 수 있는 공정을 1차 공정이라고 하듯이 2차 미분방정식을 통해 모델화 될 수 있는 공정을 2차 공정이라고 한다. 화학공정은 3차 이상의 고차공정일 때가 많지만 실제 응용에서는 해석이 쉬운 1차, 2차 공정으로 근사화 시킨 모델을 활용하는 경우가 많다. 따라서 여기서는 2차 미분방정식으로 기술되는 2차 공정의 동특성에 대하여 살펴보기로 하자. Coughanowr와 LeBlanc는 유량 측정 시에 흔히 사용되는 마노미터(manometer)계를 이용하여 2차 공정을 유도하였다[1]. 그림 2.5에서 보는 바와 같이 마노미터 양쪽 관의 최초압력은 동일하므로 마노미터에 들어있는 유체(음영부분)의 높이는 동일하다. $t=0$에서 마노미터의 양쪽 관에 서로 다른 압력변화가 주어지면 압력차 ($\Delta P = P_1 - P_2$, $P_1 > P_2$)에 의해 양쪽 관의 유체는 h만큼의 높이차를 나타내게 된다.

마노미터 내부유체의 흐름은 층류이며 층류내부에서 끌어당기는 힘은 정상상태 마찰법칙을 따른다고 가정하고, 유체에 가해지는 총 힘을 고려해보자.

[유체에 작용하는 총 힘] = [유체에 작용하는 압력] + [유체에 작용한 중력]
+ [유체에 작용한 마찰력]

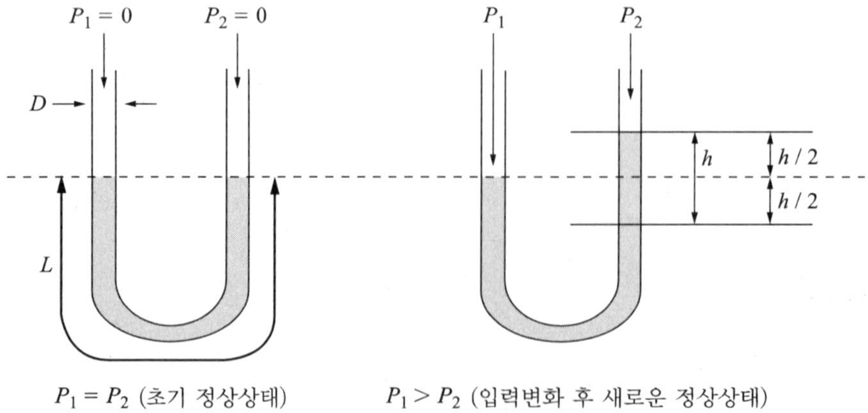

그림 2.5 압력차에 의한 마노미터 내의 유체의 이동

1) Coughanowr, D.R., S.E. LeBlanc, Process systems analysis and control. 3rd ed. (New York, McGraw-Hill, 2009). p. 138.

유체에 작용하는 압력에 의한 알짜 힘은 다음과 같다.

$$\text{압력에 의한 알짜 힘} = (P_1 - P_2)\frac{\pi D^2}{4} \tag{2.2.1}$$

여기서 D는 마노미터 관의 직경에 해당한다. 유체의 밀도를 ρ라고 한다면 유체의 이동에 기여한 중력은

$$\text{중력} = -\rho g h\frac{\pi D^2}{4} \tag{2.2.2}$$

이 되며 음의 부호는 힘의 방향이 유체의 이동방향과 반대임을 나타낸다. 즉, 유체는 중력의 방향과 반대로 위로 이동하였다. 이동한 유체에 작용한 마찰력은 층류흐름에서의 Hagen-Poiseuille 관계식[2]으로부터 다음과 같이 계산된다.

$$\begin{aligned}\text{마찰력} &= -(\text{마노미터 튜브 벽의 전단응력})\,(\text{유체와 접촉한 면적})\\ &= -\left(\frac{8\mu\overline{V}}{D}\right)(\pi DL) = \left(\frac{8\mu}{D}\right)\left(\frac{1}{2}\frac{dh}{dt}\right)(\pi DL)\end{aligned} \tag{2.2.3}$$

여기서 음의 부호도 유체의 이동방향과 반대로 작용하는 힘임을 나타낸다. 따라서 유체에 작용하는 힘의 총합은

$$\begin{aligned}&\text{유체에 작용하는 총힘}\\ &= (P_1 - P_2)\frac{\pi D^2}{4} - \rho g h\frac{\pi D^2}{4} - \left(\frac{8\mu}{D}\right)\left(\frac{1}{2}\frac{dh}{dt}\right)(\pi DL)\end{aligned} \tag{2.2.4}$$

이 된다. 마노미터 내의 유체에 작용한 힘의 총합은 유체의 운동량 변화율이 된다. 운동량 보정계수를 β라고 하면 운동량의 변화율은 다음과 같이 나타낼 수 있다.

$$\begin{aligned}\text{운동량 변화율} &= \frac{d}{dt}(\text{질량} \times \text{속도} \times \text{운동량 보정계수})\\ &= \left(\rho\frac{\pi D^2}{4}L\right)\left(\frac{d\overline{V}}{dt}\right)\beta = \left(\rho\frac{\pi D^2}{4}L\right)\left(\frac{1}{2}\frac{d^2h}{dt^2}\right)\beta\end{aligned} \tag{2.2.5}$$

---

2) MaCabe, W.L., J.C. Smith, P. Harriott. Unit operations of chemical engineering, 7th ed.(New York: McGraw-Hill,2004).

층류의 경우 운동량 보정계수 β는 4/3이며, 식 2.2.3과 2.2.4를 이용하면 식 2.2.5는

$$\left(\rho\frac{\pi D^2}{4}L\right)\left(\frac{1}{2}\frac{d^2h}{dt^2}\right)\left(\frac{4}{3}\right) \tag{2.2.6}$$

$$= (P_1 - P_2)\left(\frac{\pi D^2}{4}\right) - \rho g h\frac{\pi D^2}{4} - \left(\frac{8\mu}{D}\right)\left(\frac{1}{2}\frac{dh}{dt}\right)(\pi DL)$$

이 된다. 위의 식의 양변을 $\rho g(\pi D^2/4)$로 나누고 $\Delta P = P_1 - P_2$로 두면 다음과 같이 정리된다.

$$\frac{2L}{3g}\frac{d^2h}{dt^2} + \frac{16\mu L}{\rho D^2 g}\frac{dh}{dt} + h = \frac{\Delta P}{\rho g} \tag{2.2.7}$$

위의 식은 평형상태에 있는 마노미터에 $t = 0$에서 ΔP의 압력차가 주었을 때의 마노미터의 눈금 h의 변화를 기술하는 2차 미분방정식이 된다. 이와 같이 2차 미분방정식으로 표현되는 계를 2 차계 공정이라고 하며 표준 형태는 다음과 같다.

$$\tau_p^2\frac{d^2y(t)}{dt^2} + 2\zeta\tau_p\frac{dy(t)}{dt} + y(t) = K_p u(t) \tag{2.2.8}$$

여기서 K_p는 정상상태 이득에 해당하며, τ_p와 ζ는 매개변수로서 양수가 된다. 특히, ζ는 감쇠인자(damping factor)라고 불리며 동적인 응답의 일반적인 형태를 결정짓는다. 식 2.2.7과 식 2.2.8의 비교를 통해 2차계 공정의 매개변수인 τ_p와 ζ를 계산하면

$$\tau_p^2 = \frac{2L}{3g} \quad \rightarrow \quad \tau_p = \sqrt{\frac{2L}{3g}}$$

$$2\zeta\tau_p = \frac{16\mu L}{\rho D^2 g} \quad \rightarrow \quad \zeta = \frac{8\mu}{\rho D^2}\sqrt{\frac{3L}{2g}}$$

이 된다. 식 2.2.8과 같은 형태의 비제차 미분방정식(nonhomogeneous differential equation)의 해는 제차 미분방정식의 해와 특별해의 합으로 나타낼 수 있다. 따라서 먼저 제차 형태의 미분방정식 해부터 계산해보자. 식 2.2.8의 제차형태는 우변, 즉 입력 $u(t) = 0$일 때 얻어지며 다음과 같다.

$$\tau_p^2 \frac{d^2y(t)}{dt^2} + 2\zeta\tau_p \frac{dy(t)}{dt} + y(t) = 0 \tag{2.2.9}$$

식 2.2.9의 해를 $y = e^{\lambda t}$로 가정하고 식 2.2.9에 대입하면

$$(\tau_p^2\lambda^2 + 2\zeta\tau_p\lambda + 1)e^{\lambda t} = 0$$

이 된다. $e^{\lambda t} \neq 0$이므로 $\tau_p^2\lambda^2 + 2\zeta\tau_p\lambda + 1 = 0$이 된다. 따라서 λ는 다음과 같이 계산된다.

$$\lambda = -\frac{\zeta}{\tau_p} \pm \frac{\sqrt{\zeta^2 - 1}}{\tau_p} \tag{2.2.10}$$

이다. 매개변수 ζ의 값에 따라 λ는 실수일 수도 있고 복소수가 될 수 있다. $\tau_p = 1$이고 $y(0) = 1$, $y'(0) = 0$인 조건에서 ζ의 값에 따라 식 2.2.9의 해가 어떻게 달라지는지를 세 가지 경우로 나누어 생각해 보자.

☑ Case I : $\zeta > 1$인 경우

예를 들어, $\zeta = 2$일 때 해를 구해보자. 식 2.2.10에 의해 $\lambda = -2 \pm \sqrt{3}$이므로 식 2.2.9의 일반해는

$$y(t) = c_1 e^{(-2+\sqrt{3})t} + c_2 e^{(-2-\sqrt{3})t}$$

이 된다. 여기서 c_1과 c_2는 상수로서 초기조건에 의해 결정된다. 초기조건이 $y(0) = 1$, $y'(0) = 0$이므로

$$y(0) = c_1 + c_2 = 1$$
$$y'(0) = (-2+\sqrt{3})c_1 + (-2-\sqrt{3})c_2 = 0$$

이 된다. 위의 식으로부터 c_1, c_2는 계산하면

$$c_1 = \left(\frac{1}{2} + \frac{1}{\sqrt{3}}\right),\ c_2 = \left(\frac{1}{2} - \frac{1}{\sqrt{3}}\right)$$

따라서 $y(t)$는 다음과 같다.

$$y(t)=\left(\frac{1}{2}+\frac{1}{\sqrt{3}}\right)e^{(-2+\sqrt{3})t}+\left(\frac{1}{2}-\frac{1}{\sqrt{3}}\right)e^{(-2-\sqrt{3})t} \tag{2.2.11}$$

☑ Case II : $\zeta=1$인 경우

$\zeta=1$일 때 식 2.2.10에 의해 $\lambda=-1$이므로 식 2.2.9의 일반해는

$$y(t)=(c_1+c_2t)e^{-t}$$

이 된다. 초기조건 $y(0)=1$, $y'(0)=0$을 이용하여 c_1, c_2는 계산하면

$$y(0)=c_1=1,\ y'(0)=c_2-c_1=0 \quad \Rightarrow \quad c_1=c_2=1$$

따라서, $y(t)$는 다음과 같다.

$$y(t)=(1+t)e^{-t} \tag{2.2.12}$$

☑ Case III : $\zeta<1$인 경우

예를 들어 $\zeta=0.5$일 때 해를 구해보자. 식 2.1.10에 의해 $\lambda=-0.5\pm\sqrt{0.75}\,i$ 이므로 식 2.2.9의 일반해는

$$y(t)=c_1e^{(-0.5+\sqrt{0.75}\,i)t}+c_2e^{(-0.5-\sqrt{0.75}\,i)t}$$

이 된다. 초기조건 $y(0)=1$, $y'(0)=0$을 이용하여 c_1, c_2를 계산하면

$$y(0)=c_1+c_2=1, y'(0)=(-0.5+\sqrt{0.75}\,i)c_1+(-0.5-\sqrt{0.75}\,i)c_2=0$$
$$\Rightarrow c_1=\frac{1}{2}\left(1-\frac{0.5i}{\sqrt{0.75}}\right),\ c_2=\frac{1}{2}\left(1+\frac{0.5i}{\sqrt{0.75}}\right)$$

이 된다. 따라서 $y(t)$는 다음과 같다.

$$y(t)=\frac{1}{2}\left(1-\frac{0.5i}{\sqrt{0.75}}\right)e^{(-0.5+\sqrt{0.75}\,i)t}+\frac{1}{2}\left(1+\frac{0.5i}{\sqrt{0.75}}\right)e^{(-0.5-\sqrt{0.75}\,i)t} \tag{2.2.13}$$

$\tau_p = 1$이고 $y(0) = 1$, $y'(0) = 0$인 조건에서 ζ의 값에 따른 식 2.2.9의 해들, 즉 식 2.2.11, 2.2.12, 2.2.13을 다음의 R 코드를 이용하여 그래프로 나타내보자.

```
ts=seq(0,10,length.out=1001)
ys1=(1/2+1/sqrt(3))*exp((-2+sqrt(3))*ts)+(1/2-1/sqrt(3))*exp((-2-sqrt(3))*ts)
ys2=(1+ts)*exp(-ts)
ys3=(1/2)*(1-0.5i/sqrt(0.75))*exp((-0.5+1i*sqrt(0.75))*ts)+
              (1/2)*(1+0.5i/sqrt(0.75))*exp((-0.5-1i*sqrt(0.75))*ts)

x11() # 그림 2.6 작성을 위한 X-윈도우 열기
matplot(ts,cbind(ys1,ys2,ys3),type="l",lty=1:3,col=1,xlab=expression(t),
     ylab=expression(y(t)),lwd=2)
grid()
legend("topright",legend=expression(paste(zeta,"=2",sep=""),paste(zeta,"=1",sep=""),
           paste(zeta,"=0.5",sep="")),lwd=2,lty=1:3,x.intersp=0.1,cex=1.2)
```

위의 R 코드에 의해 작성된 그림 2.6은 식 2.2.9에 대한 해들이 시간이 지남에 따라 모두 최종적으로 $y = 0$에 도달함을 알 수 있다. 즉, 외부로부터 입력이 없는 상태에서 출력변수 y의 초기치가 최종적인 정상상태의 값인 0에서 벗어나 있을 때 ζ 값에 따라 정상상태 값까지 도달하는 시간과 모양은 다르지만 모두 동일한 정상상태 값에 도달한다.

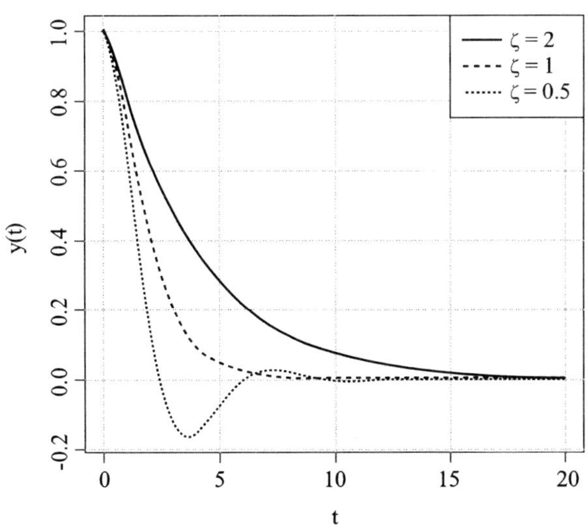

그림 2.6 $\tau_p = 1$, $y(0) = 1$, $y'(0) = 0$인 조건에서 $\zeta = 2, 1, 0.5$일 때 제차 미분방정식(식 2.2.9)의 해

$\zeta = 0.5$일 때는 진동의 형태가 나타남을 알 수 있다. ζ의 값이 증가할수록 진동은 약화되며 ζ의 값이 1이 되면 진동이 나타나지 않기 때문에 $\zeta = 1$일 때 출력변수 y의 시간에 따른 거동을 임계감쇠(critically damped)라고 말한다. 즉, 2차계 응답의 진동은 ζ가 1보다 작을 때 나타난다.

이제 입력이 0이 아닌 비제차 미분방정식의 해를 계산해 보도록 하자. 입력이 시간 $t > 0$에서 크기가 1인 계단변화로 주어지는 경우는 다음과 같이 나타낼 수 있다.

$$\tau_p^2 \frac{d^2y(t)}{dt^2} + 2\zeta\tau_p \frac{dy(t)}{dt} + y(t) = u(t) \tag{2.2.14}$$

여기서 $t \leq 0$에서 $u(t) = 0$, $t > 0$에서 $u(t) = 1$이다. 식 2.2.9에 대한 해를 $y_h(t)$라고 하면 식 2.2.14의 해는 다음과 같이 나타낼 수 있다.

$$y(t) = y_h(t) + y_p(t) \tag{2.2.15}$$

여기서 $y_p(t)$는 제차형태가 아닐 때의 특수해로서 여기서는 $y_p(t) = 1$로 둘 수 있다. 즉, 식 2.2.14에서 $y(t)$에 1을 대입하면 식이 성립한다. 또한, 식 2.2.14의 해는 출력변수 y의 초기치가 -1일 때 제차 미분방정식의 해(식 2.2.9)에 1을 더한 것과 같다. $\tau_p = 1$이고 초기조건이 $y(0) = -1$, $y'(0) = 0$일 때 식 2.2.9의 해는 앞에서 계산한 Case I, II, III의 경우[$y(0) = 1$, $y'(0) = 0$]와 시간 t 축에 대해 대칭이 된다. 따라서 식 2.2.14에 대한 해는 식 2.2.15에 의해 다음과 같이 나타낼 수 있다.

- $\zeta = 2$일 때

: $$y(t) = 1 - \left(\frac{1}{2} + \frac{1}{\sqrt{3}}\right)e^{(-2+1/\sqrt{3})t} - \left(\frac{1}{2} - \frac{1}{\sqrt{3}}\right)e^{(-2-\sqrt{3})t} \tag{2.2.16}$$

- $\zeta = 1$일 때

: $$y(t) = 1 - (1+t)e^{-t} \tag{2.2.17}$$

- $\zeta = \frac{1}{2}$일 때

: $$y(t) = 1 - \frac{1}{2}\left(1 - \frac{0.5}{\sqrt{0.75}}i\right)e^{(-0.5+\sqrt{0.75}\,i)t} - \frac{1}{2}\left(1 + \frac{0.5}{\sqrt{0.75}}i\right)e^{(-0.5-\sqrt{0.75}\,i)t} \tag{2.2.18}$$

다음의 R 코드를 이용하여 식 2.2.16, 2.217, 2.2.18을 그래프로 나타내보자.

```
x11()   # 그림 2.7 작성을 위한 X-윈도우 열기
matplot(ts,cbind(1-ys1,1-ys2,1-ys3),type="l",lty=1:3,col=1,xlab=expression(t),
            ylab=expression(y(t)),lwd=2)
grid()
legend("bottomright",legend=expression(paste(zeta,"=2",sep=""),
            paste(zeta,"=1",sep=""),
    paste(zeta,"=0.5",sep="")),lwd=2,lty=1:3,x.intersp=0.1,cex=1.2)
```

그림 2.7에서 보는 바와 같이 시간이 지남에 따라 모두 최종적으로 $y=1$의 정상상태에 도달함을 알 수 있다. 즉, 식 2.2.8과 같이 표현되는 2차계에서 $K_p=1$이고 $t>0$에서 $u(t)=1$의 입력이 주어질 때 ζ 값에 따라 정상상태의 값 1에 도달하는 시간과 모양은 다르지만 모두 동일한 정상상태 값에 도달하며 $\zeta<1$일 때는 진동의 형태가 나타남을 알 수 있다.

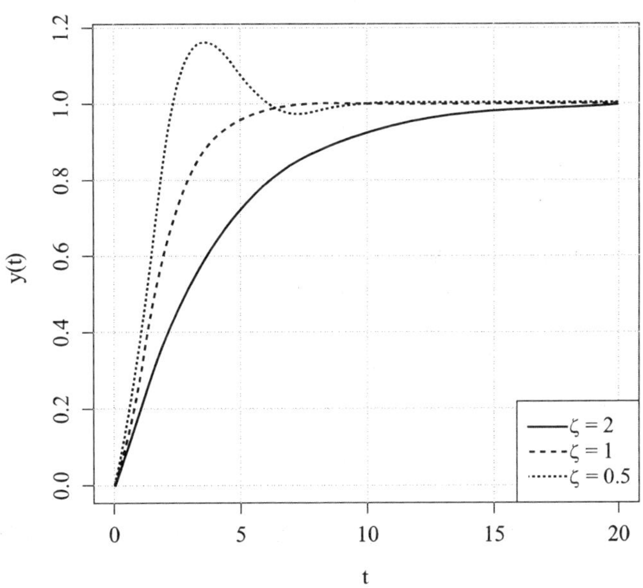

그림 2.7 $\tau_p=1$, $y(0)=0$, $y'(0)=0$인 2차계에 단위 계단 입력이 주어졌을 때 ζ에 따른 출력변수 $y(t)$의 거동

보기 2.3 병진운동계의 모델링

그림 E2.3과 같이 질량이 M인 물체가 스프링, 제동기와 연결된 계를 고려해보자. 외부에 힘 $f(t)$에 의해 물체가 움직이는 거리는 $y(t)$가 된다. 중력이 무시될 때 $f(t)$와 $y(t)$를 관련짓는 미분방정식을 유도하여라. 스프링 계수는 K이며 제동기의 마찰계수는 B이다.

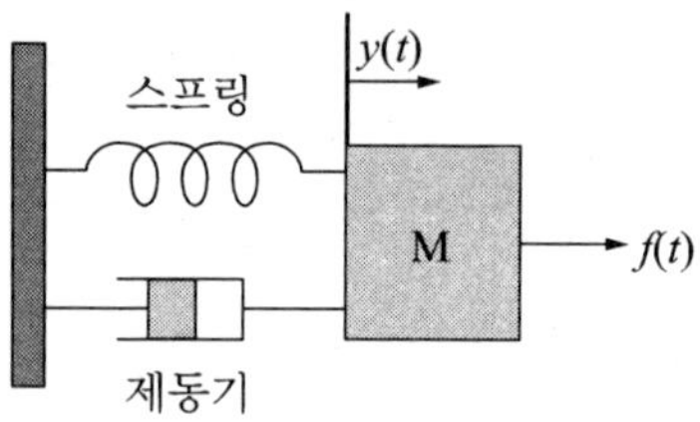

그림 E2.3

풀이 외부로부터 가해진 힘 $f(t)$에 의해 발생한 물체의 위치 변화가 $y(t)$이므로 스프링과 제동기에 의해 물체에 가해지는 힘은 물체가 움직이는 방향과 반대이며 다음과 같다.

스프링으로부터 물체가 받는 힘 : $-Ky(t)$

제동기로부터 물체가 받는 힘 : $-B\dfrac{dy(t)}{dt}$

또한 힘 $f(t)$에 의해 물체에 가속도가 발생하므로 이에 소모되는 힘은

$$-M\frac{d^2y(t)}{dt^2}$$

로 나타낼 수 있다. 뉴턴의 운동법칙에 따라 한 물체에 가해지는 모든 힘의 합은 0이 되어야 하므로 다음의 관계가 성립한다.

$$-M\frac{d^2y(t)}{dt^2} - B\frac{dy(t)}{dt} - Ky(t) + f(t) = 0$$

$$M\frac{d^2y(t)}{dt^2} + B\frac{dy(t)}{dt} + Ky(t) = f(t)$$

따라서 그림 E2.3의 계에서 $f(t)$는 계의 입력으로, $y(t)$는 계의 출력으로 생각될 수 있다.

2.3 시간지연이 있는 공정의 동특성

공정의 동특성을 기술하는 모델들은 비정상 상태의 물질, 에너지, 운동량 수지식 등으로부터 얻어지며 대부분 상미분방정식(ODE, Ordinary Differential Equation)으로 표현된다. 상미분방정식이 선형인 경우에는 해석해가 존재하며 비선형이면 수치해석 방법이 요구된다. 앞 절에서 다룬 공정들은 선형이므로 해석적인 방법으로 해를 구할 수 있었다. 하지만 일반적인 공정은 복잡한 고차공정이며 대부분 비선형이므로 해석적인 해를 구하기가 어렵다. 따라서 비선형계를 적절한 범위 내에서 선형화하고 고차공정을 다루기 쉬운 1차계나 2차계 시간지연 모델로 근사하는 방법이 널리 이용된다. 시간지연은 파이프를 통해 흐르는 유체의 플러그 흐름 혹은 컨베이어 벨트를 이용한 고체물질 수송공정과 기체 크로마토그래프(GC, Gas Chromatograph), 액체 고성능 크로마토그래프(HPLC, High Performance Liquid Chromatograph) 등의 시료 성분분석 공정에서 나타난다. 예를 들어, 그림 2.8과 같이 관 내부 흐름이 플러그 흐름이고 정상상태에 있다고 하자. $t=0$에서 관 입구 농도 $C_i(t)$가 계단변화를 보이더라도 이러한 변화가 관 출구농도 $C(t)$에 영향을 미치는 것은 θ만큼의 시간이 지난 후에 일어난다. 이 때 θ는 유입되는 액체가 관을 통과하는 시간이 된다.

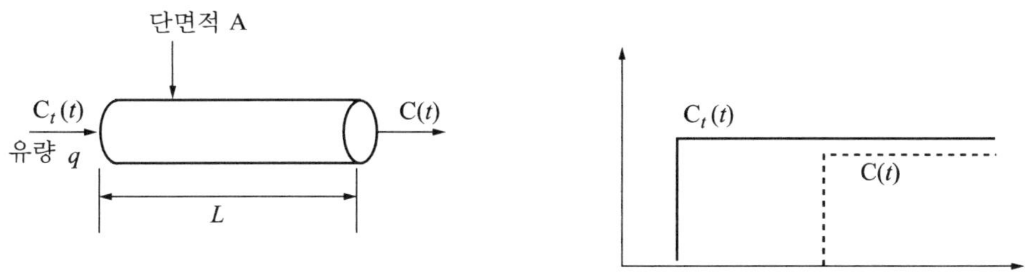

$$\theta = \frac{AL}{q} = \frac{\text{관의 부피}}{\text{유량}}$$

그림 2.8 유입농도 변화에 지연을 보이는 유출농도

1차계 시간지연(FOPTD, First Order Plus Time Delay) 모델과 2차계 시간지연(SOPTD, Second Order Plus Time Delay) 모델은 화학공정의 동특성 기술에 널리 활용되고 있으므로 이들에 대한 이해는 중요하다. 따라서 여기서는 이들 모델에 대한 표준 형

태와 계단입력에 대한 응답을 살펴보기로 하자.

① 1차계 시간지연 모델

고차공정에 대한 근사로 사용되는 1차계 모델은 표준 형태는 다음과 같다.

$$\tau_p \frac{dy(t)}{dt} + y(t) = K_p u(t-\theta_p) \tag{2.3.1}$$

여기서 τ_p는 시간상수, K_p는 공정의 이득, θ_p는 지연시간을 나타내며 $y(t)$와 $u(t)$는 각각 공정의 출력변수와 입력변수에 해당한다. 출력변수의 초기값이 $y(0)=0$인 경우를 고려해보자. $\theta_p = 0$일 때 $t>0$에서 크기 1의 단위 계단 변화로 입력이 주어질 경우 식 2.3.1에 대한 출력변수 $y(t)$의 변화는 다음과 같이 주어진다.

$$y(t) = K_p\left(1-\exp\left(-\frac{t}{\tau_p}\right)\right) \tag{2.3.2}$$

이제 $\theta_p \neq 0$인 경우를 생각해 보자. $u(t-\theta_p)$는 입력변수 $u(t)$를 시간 t축에서 θ_p만큼 이동시킨 것으로서 입력의 변화가 θ_p만큼 지연된 효과를 나타내므로 출력변수의 응답도 θ_p만큼 지연되어서 나타날 것이다. 따라서 입력변수가 $t=\theta_p$에서 크기가 1인 단위 계단 변화로 주어질 경우 출력변수 $y(t)$의 변화는 다음과 같이 표현될 수 있다.

$$y(t \geq \theta_p) = K_p(1-\exp(-(t-\theta_p)/\tau_p))S(t-\theta_p) \tag{2.3.3}$$

여기서 $S(t-\theta_p)$는 $t \leq \theta_p$에서 0, $t > \theta_p$에서 1의 값을 가지는 함수이다. 시간지연 공정의 응답은 R을 이용하여 수치적으로도 계산할 수 있다. 식 2.3.1에서 $\tau_p = 1$, $K_p = 1$, $\theta_p = 2$이고 입력변수 $u(t)$는 크기가 1인 단위 계단 함수이고 초기조건 $y(0)=0$일 때 출력변수 $y(t)$를 R에서 제공하는 미분방정식 풀이 패키지인 **deSolve**를 이용하여 계산해보자.

```
require(deSolve) # deSolve 패키지 로더
Ut=function(x) {      # 크기가 1인 계단함수의 정의
  if (x<=0) {
    result=0
  }
  else {
```

```
    result = 1
  }
  return(result)
}
UT=Vectorize(Ut) # 계단함수의 벡터화
foptd=function(t,y,parms) { # 1차 미분방정식을 정의하는 함수
    with(as.list(parms),{
    um=Ut(t-thetap)
    dy=(-y + Kp*um)/taup  # 식 2.3.1의 dy/dt=f(y,u(t))
    list(dy)
  })}

ps=c(Kp=1,taup=1,thetap=2) # 식 2.3.1의 매개변수
y0=0 # 출력변수 y의 초기치
tm=seq(0,20,length.out=1001) # 출력변수를 계산할 시간 구간
out=ode(func=foptd,y=y0,times=tm,parms=ps)
y=out[,2] # out의 두 번째열(출력변수의 값) 선택

x11()  # 그림 2.9 작성을 위한 X-윈도우 열기
par(mar=c(5.1,5.8,4.1,2.1))
par(mfrow=c(2,1))
plot(tm,UT(tm-2),ylim=c(0,1.2),type="l",xlab="t",lwd=2,
     ylab=expression(paste("U(t-",theta[p],")",sep="")))
grid()
plot(tm,y,type="l",ylim=c(0,1.2),xlab="t",ylab="y(t)",lwd=2)
grid()
```

위의 코드에서 foptd 함수는 미분방정식(식 2.3.1)을 $dy/dt = f(y, u(t))$의 형태로 정의한 함수이다. 출력변수의 응답은 ode 함수에 의해 계산되는데 이 함수는 R의 "deSolve" 패키지에 들어 있다. 따라서 ode 함수를 사용하기 위해서는 "deSolve" 패키지를 설치한 후 사용자 환경으로 불러들여야 하며 R 콘솔에서 다음의 명령을 통해 수행될 수 있다.

```
install.packages( "deSolve" ) # 패키지 설치
require(deSolve) # 패키지 로더
```

출력변수 $y(t)$의 계산을 위해 사용된 ode 함수의 인수들을 살펴보자.

```
out=ode(func=foptd,y=y0,times=tm,parms=ps)
```

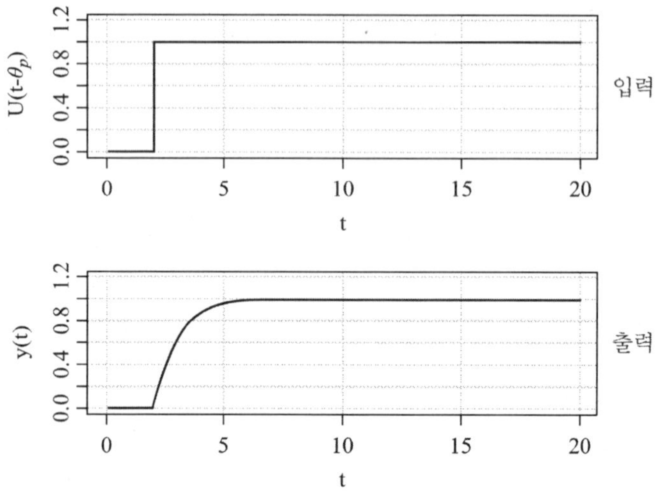

그림 2.9 시간지연이 있는 1차계의 응답($\tau_p = 1, K_p = 1, \theta_p = 2, y(0) = 0$)

인수 func로 넘겨지는 것은 foptd 함수이며, 인수 y에는 y의 초기값(y0)이 넘겨진다. 인수 parms는 K_p, τ_p, θ_p의 값을 저장한 변수 ps를 넘겨받으며 수치적분의 구간 tm은 인수 times로 넘겨진다. 따라서 ode 함수는 종속변수의 미분을 계산하는 함수, 종속변수의 초기값(적분구간의 시작점에서의 값) 및 적분구간을 인수로 받아 종속변수의 값을 계산하여 행렬형태(첫째 열은 시간을, 둘째 열은 출력변수)로 반환한다. 그림 2.9에서 보는 바와 같이 출력변수의 응답은 시간지연이 없는 경우($\theta_p = 0$)보다 시간 축에서 2만큼 늦어지는 것을 볼 수 있다.

만약 동일한 조건에서 출력변수 $y(t)$의 초기값이 0이 아닌 경우에는 ode 함수의 인수 "y"에 초기값만 달리 설정해 주면 된다. 예를 들어, $y(0) = 1$일 때의 해는 다음의 코드를 통해 계산되며 출력변수의 응답은 그림 2.10과 같다.

```
out=ode(func=foptd, y=1, times=tm, parms=ps)
```

② 2차계 시간지연 모델

2차계 시간지연 모델의 표준형은 다음과 같다.

$$\tau_p^2 \frac{d^2 y(t)}{dt^2} + 2\zeta\tau_p \frac{dy(t)}{dt} + y(t) = K_p u(t - \theta_p) \tag{2.3.4}$$

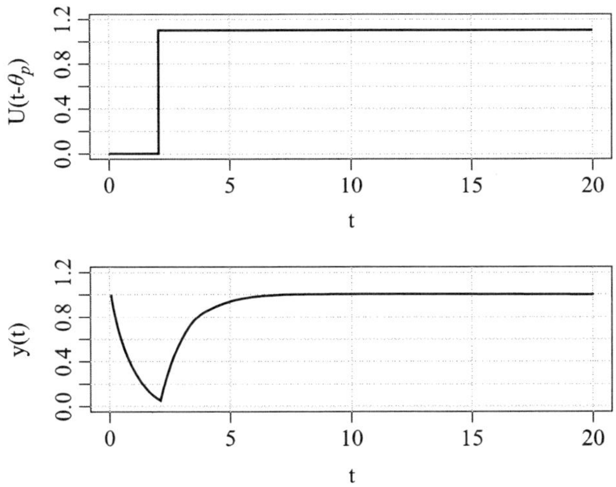

그림 2.10 $\tau_p=1$, $K_p=1$, $\theta_p=2$, $y(0)=1$일 때 입력변수 변화에 대한 출력변수의 응답

위의 시간지연 모델에 대한 출력변수의 응답은 시간지연이 없을 때의 응답을 시간축에서 θ_p 시간만큼 지연시킨 것과 같다. 1차계와 유사한 방식으로 식 2.3.4도 수치적분을 이용하여 출력변수의 거동을 계산할 수 있다. 먼저 2차 미분방정식을 두 개의 1차 연립 미분방정식으로 나타내보자. $y=y_1$, $dy_1/dt=y_2$로 두면 식 2.3.4는 다음과 같이 나타낼 수 있다.

$$\frac{dy_1}{dt}=y_2 \tag{2.3.5}$$

$$\frac{dy_2}{dt}=(-2\zeta\tau_p y_2-y_1+K_p u(t-\theta_p))/{\tau_p}^2$$

초기조건은 $y(0)=y_1(0)=0$, $y'(0)=y_2(0)=0$이고 감쇄인자 $\zeta=0.5$, 1, 2일 때 출력변수 $y(t)$의 시간에 따른 변화를 다음의 R 코드를 이용하여 계산해보자. $\tau_p=1$, $K_p=1$, $\theta_p=2$이고 $u(t)$는 단위 계단 함수라고 하자.

```
require(deSolve)
Ut=function(x) {      # 계단함수의 정의
  if (x<=0) {
    result=0
```

```
  }
  else {
    result = 1
  }
  return(result)
}
UT=Vectorize(Ut)
soptd=function(t,y,parms) { # 2차 미분방정식을 정의하는 함수
  with(as.list(parms),{
    um=Ut(t-thetap)
    dy1=y[2]
    dy2=(-2*zeta*taup*y[2]-y[1]+Kp*um)/taup^2
    list(c(dy1,dy2))
    })}

Kp=1; taup=1; thetap=2
zeta=c(0.5,1,2.0) # 변수 zeta는 벡터
zeta=cbind(zeta) # 변수 zeta는 행렬로 변환됨
yini=c(0,0) # 순서대로 y, y'의 초기값

tm=seq(0,20,length.out=1001)
outlist=list() # ode 함수에 의해 리턴되는 결과를 받기 위한 변수의 초기화
for (i in 1:3) {
  outlist[[i]]=ode(func=soptd,y=yini,times=tm,parms=zeta[i,])
  }
y=cbind(outlist[[1]][,2],outlist[[2]][,2],outlist[[3]][,2])

x11() # 그림 2.11 작성을 위한 X-윈도우 열기
par(mar=c(5.1,5.8,4.1,2.1))
par(mfrow=c(2,1))
plot(tm,UT(tm-2),ylim=c(0,1.2),type="l",xlab="t",lwd=2,
     ylab=expression(paste("U(t-",theta[p],")",sep="")))
grid()
matplot(tm,y,type="l",xlim=c(0,20),ylim=c(0,1.2),xlab="t",ylab="y(t)",col=1,
 lwd=2,lty=1:3)
grid()
legend("bottomright",legend=expression(paste(zeta,"=2",sep=""),
         paste(zeta,"=1",sep=""), paste(zeta,"=0.5",sep="")),
         lwd=2,lty=1:3,x.intersp=0.1,cex=1)
```

위의 R 코드에서 ode 함수를 통해 반환된 결과를 저장한 outlist는 길이가 3인 리스트 변수이며, $\zeta = 0.5$, 1, 2일 때의 결과가 각각 outlist[[1]], outlist[[2]], outlist[[3]]에 행렬의 형태로 저장되어 있다. 각 행렬의 첫 번째 열은 시간, 두 번째 열은 y, 세 번째 열은 y'에 해당된다. 여기서 관심 있는 것은 출력변수 y의 거동이므로 두 번째 열을 선택하면 된다. 그림 2.11은 위의 R 코드를 통해 계산된 입력변수와 출력변수의 시간에 따른 거동을 나타낸다. 시간지연 모델은 공정의 출력 혹은 응답의 지연 현상을 입력신호의 지연을 통해 모델화 될 수 있음을 보여준다.

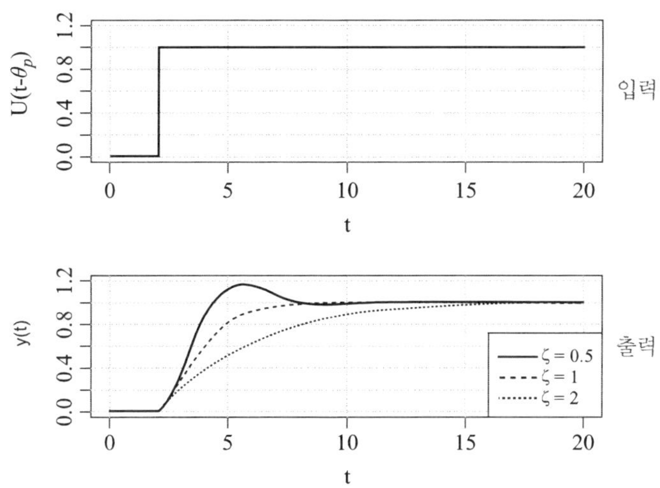

그림 2.11 2차계 시간지연모델($\tau_p = 1$, $K_p = 1$, $\theta_p = 2$)에서 $\zeta = 0.5$, 1, 2일 때 출력변수의 시간응답

Chapter 3

라플라스 변환과 전달함수

공정의 동특성 모델은 주로 미분방정식 형태로 표현된다. 미분방정식의 차수가 낮고 간단한 경우에는 해석적 방법을 통해서 쉽게 해를 구할 수 있지만 차수가 높고 복잡하게 얽혀있는 계의 경우에는 풀이가 쉽지가 않다. 라플라스 변환은 미분방정식을 대수방정식으로 전환시켜줌으로써 공정에 대한 미분방정식의 해를 쉽게 구할 수 있도록 해줄 뿐만 아니라 시스템의 입력과 출력 관계를 나타내는 전달함수의 계산에 유용하게 사용된다. 따라서 이 장에서는 라플라스 변환을 이용하여 미분방정식의 해와 전달함수를 구하는 방법에 대해 알아보도록 한다.

3.1 라플라스 변환

$t > 0$에서 정의된 함수 $f(t)$가 어떤 실수 σ_0에 대하여 다음과 같이 절대 수렴을 보일 때, $f(t)$는 라플라스 변환이 가능하다고 한다.

$$\int_0^{\infty} |f(t)| e^{-\sigma_0 t} < +\infty \tag{3.1.1}$$

예를 들어, $f(t) = e^{-t}$인 경우를 살펴보자.

$$\begin{aligned}\int_0^{\infty} |e^{-t}|\, e^{-\sigma_0 t} dt &= \int_0^{\infty} e^{-(1+\sigma_0 t)} dt \\ &= \left[\frac{1}{-(1+\sigma_0)} e^{-(1+\sigma_0)t} \right]_0^{\infty}\end{aligned} \tag{3.1.2}$$

위의 식에서 적분값이 수렴하기 위해서는 $1+\sigma_0 > 0$, 즉 $\sigma_0 > -1$이어야 한다. 즉, 함수 e^{-t}는 $\sigma_0 > -1$인 영역에서 라플라스 변환이 가능하다. $t > 0$에서 정의되는 함수 $f(t)$의 라플라스 변환은 다음과 같이 정의된다.

$$\begin{aligned}\mathcal{L}\{f(t)\} &= \int_0^{\infty} f(t) e^{-st} dt \\ &= F(s)\end{aligned} \tag{3.1.3}$$

여기서 $\mathcal{L}$은 라플라스 변환기호이며, s는 복소수로서 σ, ω가 실수일 때 $s = \sigma + j\omega$ $(j = \sqrt{-1})$와 같이 나타낼 수 있다. 식 3.1.3에서 $F(s)$는 $f(t)$를 라플라스 변환한 함수로서 다음의 경로적분(contour integral)을 통해 다시 $f(t)$로 변환될 수 있다.

$$\begin{aligned}\mathcal{L}^{-1}\{F(s)\} &= f(t) \\ &= \frac{1}{2\pi j} \int_{c-j\infty}^{c+j\infty} F(s) e^{st} ds\end{aligned} \tag{3.1.4}$$

여기서 $\mathcal{L}^{-1}$은 라플라스 역변환을 나타내는 기호이며, 실수 c는 식 3.1.1에서 수렴조건을 만족하는 영역($c > \sigma_0$)에서 선택된다. 라플라스 정의를 이용하여 함수 $f(t) = e^{-at}$ (a는 실수)의 라플라스 변환을 구하면 다음과 같다.

$$\mathcal{L}[e^{-t}] = \int_0^\infty e^{-at}e^{-st}dt = \left[\frac{-1}{s+1}e^{-(s+a)t}\right]_0^\infty \tag{3.1.5}$$

$$= \frac{1}{s+a} \quad (\mathrm{Re}(\mathrm{s}+\mathrm{a}) > 0)$$

위의 식에서 $\mathrm{Re}(s+a)$는 복소수 $s+a$의 실수부를 나타낸다. 즉, $\mathrm{Re}(s) > -a$인 영역에서 e^{-at}의 라플라스 변환이 정의될 수 있다.

라플라스 변환 및 역변환은 선형 상미분방정식의 풀이에 사용될 수 있는 다음의 중요한 성질을 가지고 있다.

① 라플라스 변환은 시간 영역(t-*domain*)에서 정의된 함수와 복소수 영역(s-*domain*)에서 정의된 함수 사이의 선형변환이다. 즉, $F_1(s)$와 $F_2(s)$이 각각 $f_1(t)$와 $f_2(t)$의 라플라스 변환이라면 $aF_1(s)+bF_2(s)$는 $af_1(t)+bf_2(t)$의 라플라스 변환이 되며, a와 b는 임의의 상수가 된다.

② 함수 $f(t)$의 도함수 $df(t)/dt$의 라플라스 변환은 다음과 같다.

$$\mathcal{L}\left\{\frac{df(t)}{dt}\right\} = sF(s) - f(0) \tag{3.1.6}$$

여기서 $f(0)$는 $f(t)$의 초기값을 나타낸다.

③ 함수 $f(t)$의 적분 $\int_0^t f(\tau)d\tau$의 라플라스 변환은 다음과 같다.

$$\mathcal{L}\left\{\int_0^t f(\tau)d\tau\right\} = \frac{F(s)}{s} \tag{3.1.7}$$

④ 함수 $f(t)$의 초기값은 다음의 관계를 가진다.

$$f(0) = \lim_{t\to 0} f(t) = \lim_{s\to\infty} sF(s) \tag{3.1.8}$$

⑤ 함수 $f(t)$에 대해 $\lim_{t\to\infty} f(t)$가 존재한다면 다음의 관계를 가진다.

$$f(\infty) = \lim_{t\to\infty} f(t) = \lim_{s\to 0} sF(s) \tag{3.1.9}$$

⑥ a가 0이 아닌 상수일 때, $f(t/a)$의 라플라스 변환은 다음과 같다.

$$\mathcal{L}\left\{f\left(\frac{t}{a}\right)\right\}=aF(as) \tag{3.1.10}$$

⑦ a가 0이 아닌 상수일 때, $F(s/a)$의 라플라스 역변환은 다음과 같다.

$$\mathcal{L}^{-1}\left\{F\left(\frac{s}{a}\right)\right\}=af(at) \tag{3.1.11}$$

⑧ $\theta>0$이고 $f(t-\theta)=0$일 때, $f(t-\theta)$의 라플라스 변환은 다음과 같다.

$$\mathcal{L}\{f(t-\theta)\}=e^{-s\theta}F(s) \tag{3.1.12}$$

⑨ a가 상수일 때, $e^{-at}f(t)$의 라플라스 변환은 다음과 같다.

$$\mathcal{L}\{e^{-at}f(t)\}=F(s+a) \tag{3.1.13}$$

⑩ 함수 $f_1(t)$, $f_2(t)$의 라플라스 변환을 각각 $F_1(s)$, $F_2(s)$라고 할 때, $f_1(t)f_2(t)$의 라플라스 변환은 다음과 같다.

$$\mathcal{L}\{f_1(t)f_2(t)\}=\frac{1}{2\pi j}\int_{c-j\infty}^{c+j\infty}F_1(\omega)F_2(s-\omega)d\omega \tag{3.1.14}$$

⑪ 함수 $F_1(s)$, $F_2(s)$의 라플라스 역변환을 각각 $f_1(t)$, $f_2(t)$라고 할 때, $F_1(s)F_2(s)$의 라플라스 역변환은 다음과 같다.

$$\mathcal{L}^{-1}\{F_1(s)F_2(s)\}=\int_0^t f_1(\tau)f_2(t-\tau)d\tau \tag{3.1.15}$$

$$=\int_0^t f_2(\tau)f_1(t-\tau)d\tau$$

3.2 계단함수, 램프함수, 임펄스 함수의 라플라스 변환

계단함수는 그림 3.1에 보인 바와 같이 시간 θ까지는 0으로 유지되다가 θ에서부터 갑자기 다른 일정한 값으로 유지되는 계단 형태를 갖는다. 이 때 일정한 값이 1인 경우를 단위 계단 함수(unit step function)라고 하고 다음과 같이 정의된다.

$$S(t-\theta) \equiv \begin{cases} 0 & \text{if} \quad t \le \theta \\ 1 & \text{if} \quad t > \theta \end{cases} \tag{3.2.1}$$

식 3.1.3을 이용하여 단위 계단 함수의 라플라스 변환을 계산해보면 다음과 같다.

$$\mathcal{L}\{S(t-\theta)\} = \int_0^\infty S(t-\theta)e^{-st}dt = \int_\theta^\infty e^{-st}dt$$

$$= -\left.\frac{e^{-st}}{s}\right|_\theta^\infty = \frac{e^{-\theta s}}{s}$$

위의 결과를 통해 $\theta = 0$일 때 단위 계단 함수의 라플라스 변환은 $1/s$이 됨을 알 수 있다.

단위 계단 함수의 적분은 다음과 같이 단위 램프함수(unit ramp function)가 된다.

$$\int_0^t S(t-\theta)dt = \begin{cases} 0 & t \le \theta \\ t-\theta & t > \theta \end{cases} \tag{3.2.2}$$

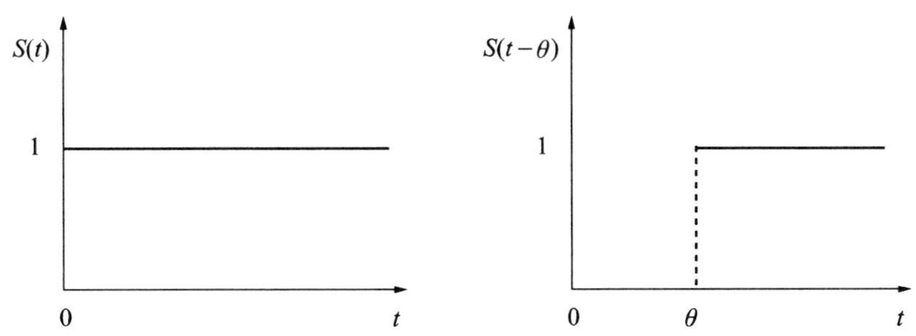

그림 3.1 단위 계단함수 $S(t)$, $S(t-\theta)$

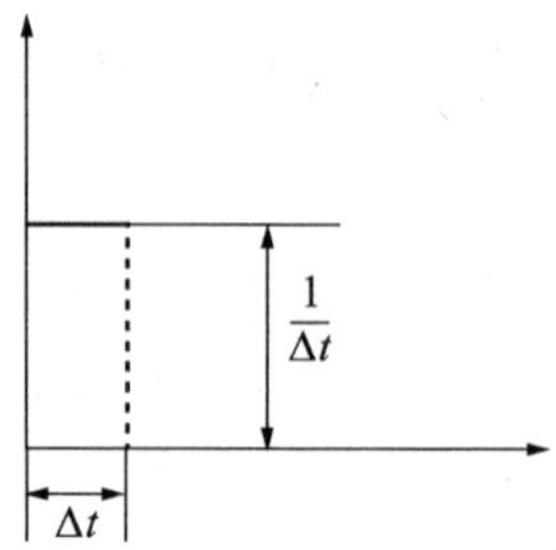

그림 3.2 단위 임펄스 함수

식 3.1.7을 이용하여 단위 램프함수의 라플라스 변환을 계산하면 다음과 같다.

$$\mathcal{L}\{t-\theta\} = \mathcal{L}\left\{\int_0^{\tau} S(\tau-\theta)d\tau\right\} \tag{3.2.3}$$

$$= \frac{e^{-\theta s}}{s}\frac{1}{s} = \frac{e^{-\theta s}}{s^2}$$

이제 단위 계단함수의 미분에 대하여 생각해 보자. $\theta = 0$일 때 단위 계단함수의 미분은 다음과 같다.

$$\lim_{\Delta t \to 0,\ \Delta t > 0}\left[\frac{S(t) - S(t-\Delta t)}{\Delta t}\right] \tag{3.2.4}$$

위의 식에서 괄호 [ ] 안의 부분은 그림 3.2에서와 같이 폭이 Δt인 사각형의 높이, 즉 $1/\Delta t$에 해당한다. $\Delta t \to 0$일 때 사각형의 높이는 ∞가 되고 폭은 0으로 근접하게 되지만 Δt의 값에 상관없이 사각형의 면적은 1이 되므로 식 3.2.4를 단위 임펄스 함수 $\delta(t)$라고 한다.

단위 임펄스 함수 $\delta(t)$는 다음의 성질을 가진다.

$$\delta(t) = \begin{cases} 0 & t \neq 0 \\ \infty & t = 0 \end{cases} \tag{3.2.5}$$

$$\int_{-\infty}^{\infty} \delta(t)dt = 1$$

단위 임펄스 함수는 단위 계단함수의 미분으로 간주될 수 있으므로 식 3.1.6에 의해 단위 임펄스 함수의 라플라스 변환은 다음과 같이 계산된다.

$$\mathcal{L}\{\delta(t)\} = \mathcal{L}\left\{\frac{dS(t)}{dt}\right\}$$

$$= s\frac{1}{s} - S(0) = 1$$

공정제어에서 흔히 사용되는 함수들에 대한 라플라스 변환을 정리하면 표 3.1과 같다.

표 3.1 공정제어 사용되는 주요 함수들의 라플라스 변환

$f(t)$	$F(s)$	$f(t)$	$F(s)$
$\delta(t)$	1	te^{-at}	$\frac{1}{(s+a)^2}$
$S(t)$	$\frac{1}{s}$	$\frac{1}{b-a}(e^{-at}-e^{-bt})$	$\frac{1}{(s+a)(s+b)}$
t	$\frac{1}{s^2}$	$\frac{1}{a-b}(ae^{-at}-be^{-bt})$	$\frac{s}{(s+a)(s+b)}$
t^n	$\frac{n!}{s^{n+1}}$	$\frac{1}{a^2}(1-e^{-at}-ate^{-at})$	$\frac{1}{s(s+a)^2}$
e^{-at}	$\frac{1}{s+a}$	$\frac{1}{a^2}(at-1+e^{-at})$	$\frac{1}{s^2(s+a)}$
$\sin\omega t$	$\frac{\omega}{s^2+\omega^2}$	$S(t-\theta)$	$\frac{1}{s}e^{-\theta s}$
$\cos\omega t$	$\frac{s}{s^2+\omega^2}$	$S(t)-S(t-\theta)$	$\frac{1}{s}(1-e^{-\theta s})$
$e^{-at}\sin\omega t$	$\frac{\omega}{(s+a)^2+\omega^2}$	$\frac{1}{\omega}e^{-at}\sin\omega t$	$\frac{1}{(s+a)^2+\omega^2}$
$e^{-at}\cos\omega t$	$\frac{s+a}{(s+a)^2+\omega^2}$	$\frac{1}{\omega^2}(1-\cos\omega t)$	$\frac{1}{s(s^2+\omega^2)}$

보기 3.1 라플라스 변환

다음의 식에 대하여 라플라스 변환을 구하여라.

① $3e^{-t}-e^{-2t}$ ② $\frac{d}{dt}(e^{-t})$ ③ $\int_0^t e^{-\tau}d\tau$

④ $e^{-2t}\cos t$ ⑤ $e^{-4t}+\sin(t-2)+t^2e^{-2t}$

풀이

① $\mathcal{L}\{3e^{-t}-e^{-2t}\}=3\mathcal{L}\{e^{-t}\}-\mathcal{L}\{e^{-2t}\}=\frac{3}{s+1}-\frac{1}{s+2}$

② $\mathcal{L}\left\{\frac{d}{dt}(e^{-t})\right\}=s\left(\frac{1}{s+1}\right)-1=\frac{-1}{s+1}$ (식 3.1.6)

③ $\mathcal{L}\left\{\int_0^t e^{-\tau}d\tau\right\}=\frac{1}{s}\left(\frac{1}{s+1}\right)=\frac{1}{s(s+1)}$ (식 3.1.7)

④ $\mathcal{L}\{e^{-2t}\cos t\}=\frac{s+2}{(s+2)^2+1}=\frac{s+2}{s^2+4s+5}$ (식 3.1.13)

⑤ $\mathcal{L}\{e^{-4t}+\sin(t-2)+t^2e^{-2t}\}=\frac{1}{s+4}+\frac{e^{-2s}}{s^2+1}+\frac{2}{(s+2)^3}$

$\left(\mathcal{L}\{\sin t\}=\frac{1}{s^2+1},\ \mathcal{L}\{t^2\}=\frac{2}{s^3}\right)$

보기 3.2 $\mathcal{L}\left\{f\left(\frac{t}{a}\right)\right\}=aF(as)$의 증명

식 3.1.0을 증명하여라.

풀이

라플라스 정의에 의해 $f(t/a)$의 라플라스 변환은

$$\mathcal{L}\left\{f\left(\frac{t}{a}\right)\right\}=\int_0^\infty f\left(\frac{t}{a}\right)e^{-st}dt$$

이 된다. $\tau=t/a$, $\mathcal{L}\{f(t)\}=F(s)$라고 두면

$$\mathcal{L}\left\{f\left(\frac{t}{a}\right)\right\}=a\int_0^\infty f(\tau)e^{-(as)\tau}d\tau=aF(as)$$

3.3 라플라스 변환을 이용한 미분방정식의 풀이

라플라스 변환을 이용하여 미분방정식을 풀기 위한 절차는 다음과 같다.

① 라플라스 변환을 통해 시간영역(t-domain)의 미분방정식을 복소수 영역(s-domain)의 대수방정식으로 바꾼다.
② 대수방정식을 종속변수에 대하여 정리한다.
③ 라플라스 역변환을 통해 시간영역의 종속변수를 계산한다.

위의 절차를 이용하여 다음의 1차 미분방정식을 풀어보자.

$$\frac{dy(t)}{dt} = -y(t) + 1, \ \ y(0) = 0.5 \tag{3.3.1}$$

종속변수 $y(t)$의 라플라스 변환을 $Y(s)$라고 할 때 식 3.3.1의 양변에 라플라스 변환을 취하면 다음과 같다.

$$sY(s) - y(0) = -Y(s) + \frac{1}{s} \tag{3.3.2}$$

$y(0) = 0.5$를 대입한 뒤 $Y(s)$에 대하여 정리하면

$$Y(s) = \frac{0.5}{s+1} + \frac{1}{s(s+1)} = -\frac{0.5}{s+1} + \frac{1}{s} \tag{3.3.3}$$

라플라스 역변환을 통해 식 3.3.3으로부터 $y(t)$를 계산하면

$$\mathcal{L}^{-1}\{Y(s)\} = y(t) = \mathcal{L}^{-1}\left\{-\frac{0.5}{s+1}\right\} + \mathcal{L}^{-1}\left\{\frac{1}{s}\right\} = -0.5e^{-t} + 1 \tag{3.3.4}$$

이 된다. 고차 미분방정식의 경우도 동일한 방법으로 계산될 수 있으며 될 수 있으며 미분방정식의 차수가 n차라면 n개의 초기조건이 필요하다. 예를 들면, 이차 미분방정식의 경우 $t=0$에서 y의 값 $y(0)$와 미분계수 $y'(0)$를 포함하는 두 개의 초기조건이 요구된다. 시간지연이 있는 다음 이차 미분방정식을 고려해보자.

$$\frac{d^2y(t)}{dt^2}+2\frac{dy(t)}{dt}+y(t)=S(t-0.1),\ \frac{dy(t)}{dt}\bigg|_{t=0}=y(0)=0 \tag{3.3.5}$$

위의 식에서 이계도함수의 라플라스 변환을 계산하면

$$\begin{aligned}\mathcal{L}\left\{\frac{d^2y(t)}{dt^2}\right\}&=s\,\mathcal{L}\left\{\frac{dy(t)}{dt}\right\}-\frac{dy(t)}{dt}\bigg|_{t=0} \\ &=s(sY(s)-y(0))-\frac{dy(t)}{dt}\bigg|_{t=0} \\ &=s^2-sy(0)-\frac{dy(t)}{dt}\bigg|_{t=0}\end{aligned} \tag{3.3.6}$$

가 된다. 비슷한 방법으로 n차 미분의 라플라스 변환은 다음과 같이 된다.

$$\mathcal{L}\left\{\frac{d^nf}{dt^n}\right\}=s^nF(s)-s^{n-1}f(0)-s^{n-2}f^{(1)}(0)-\cdots\ sf^{(n-2)}(0)-f^{(n-1)}(0) \tag{3.3.7}$$

여기서 $f^{(n)}$은 n차 미분을 나타낸다. 위의 방법을 통해 식 3.3.5의 미분방정식을 라플라스 변환한 뒤 정리하면

$$s^2Y(s)-sy(0)-\frac{dy(t)}{dt}\bigg|_{t=0}+2[sY(s)-y(0)]+Y(s)=\frac{e^{-0.1s}}{s}$$

$$Y(s)=\frac{e^{-0.1s}}{s(s^2+2s+1)}=\left[\frac{1}{s}-\frac{1}{(s+1)^2}-\frac{1}{s+1}\right]e^{-0.1s}$$

이 된다. 위의 식을 라플라스 역변환하면 $y(t)$를 얻을 수 있다.

$$y(t)=\left[1-(t-0.1)e^{-(t-0.1)}-e^{-(t-0.1)}\right]S(t-0.1) \tag{3.3.8}$$

라플라스 변환은 미분방정식을 대수식으로 바꾸어주기 때문에 연립 미분방정식을 푸는 데에도 활용될 수 있다. 다음의 연립 미분방정식을 고려해 보자[3].

---

3) Sung, S.W. J. Lee, I.-B. Lee, Process identification and PID control. (John Wiley & Sons (Aisa) Pte, Ltd, 2009). p. 30. Example 1.48.

$$\frac{dy_1(t)}{dt} = -y_1(t) + 2y_2(t) + 1 \tag{3.3.9}$$

$$\frac{dy_2(t)}{dt} = 2y_1(t) + 2y_2(t) \tag{3.3.10}$$

$$y_1(0) = 0,\ y_2(0) = 0.5$$

식 3.3.9와 3.3.10의 미분방정식을 라플라스 변환을 통해 대수방정식으로 바꾸면

$$sY_1(s) - y_1(0) = -Y_1(s) + 2Y_2(s) + 1 \tag{3.3.11}$$
$$\rightarrow \quad (s+1)Y_1(s) - 2Y_2(s) = \frac{1}{s}$$

$$sY_2(s) - y_2(0) = 2Y_1(s) + 2Y_2(s) \tag{3.3.12}$$
$$\rightarrow \quad -2Y_1(s) + (s-2)Y_2(s) = 0.5$$

이 된다. 식 3.3.11과 3.3.12의 연립방정식에서 $Y_1(s)$와 $Y_2(s)$를 구하면 다음과 같다.

$$Y_1(s) = \frac{s-2}{s(s-3)(s+2)} + \frac{1}{(s-3)(s+2)} \tag{3.3.13}$$
$$= \frac{1/3}{s} + \frac{4/15}{s-3} - \frac{3/5}{s+2}$$

$$Y_2(s) = \frac{2}{s(s-3)(s+2)} + \frac{1/2(s+1)}{(s-3)(s+2)} \tag{3.3.14}$$
$$= \frac{-1/3}{s} + \frac{8/15}{s-3} + \frac{3/10}{s+2}$$

라플라스 역변환을 이용하여 식 3.3.13과 3.3.14로부터 $y_1(t)$와 $y_2(t)$를 계산하면

$$y_1(t) = \frac{1}{3} + \frac{4}{15}e^{3t} - \frac{3}{5}e^{-2t} \tag{3.3.15}$$

$$y_2(t) = -\frac{1}{3} + \frac{8}{15}e^{3t} + \frac{3}{10}e^{-2t} \tag{3.3.16}$$

이 된다.

보기 3.3 라플라스 변환을 이용한 미분방정식 풀이

다음과 같은 2차 선형 미분방정식에서 라플라스 변환/역변환을 이용하여 $y(t)$를 계산하여라.

$$\frac{d^2y(t)}{dt^2}+3\frac{dy(t)}{dt}+2y(t)=5u(t),\ \ y(0)=\left.\frac{dy(t)}{dt}\right|_{t=0}=0$$

여기서 입력 $u(t)$는 단위 계단 함수이다.

풀이 주어진 미분방정식에 대해 라플라스 변환을 취하면

$$\mathcal{L}\left\{\frac{d^2y}{dt^2}+3\frac{dy}{dt}+2y\right\}=\mathcal{L}\{5u(t)\}$$

$$s^2Y(s)+3Y(s)+2Y(s)=\frac{1}{s}$$

이 된다. 여기서 $Y(s)$는 $y(t)$의 라플라스 변환이다. 위의 식을 $Y(s)$에 대하여 정리하면

$$Y(s)=\frac{5}{s(s^2+3s+2)}=\frac{5}{s(s+1)(s+2)} \tag{1}$$

식 (1)을 다음과 같이 부분분수로 전개해 보자.

$$Y(s)=\frac{5}{s(s+1)(s+2)}=\frac{A}{s}+\frac{B}{s+1}+\frac{C}{s+2} \tag{2}$$

식 (2)에서 상수 A를 구하기 위해 양변에 s곱한 뒤 s에 0을 대입하면 된다.

$$\frac{5}{(s+1)(s+2)}=A+\frac{B}{s+1}s+\frac{C}{s+2}s \quad \Rightarrow\ A=\frac{5}{2}$$

유사한 방법으로 B를 계산하기 위해서는 식 (2)의 양변에 $s+1$을 곱한 뒤 s에 -1을 대입한다.

$$\frac{5}{s(s+2)}=\frac{A}{s}(s+1)+B+\frac{C}{s+2}(s+1)\ \Rightarrow\ B=-5$$

마지막으로 C를 계산하기 위해서는 식 (2)의 양변에 $(s+2)$를 곱한 뒤 s에 -2를 대입한다.

$$\frac{5}{s(s+1)}=\frac{A}{s}(s+2)+\frac{B}{s+1}(s+2)+C\ \Rightarrow\ C=\frac{5}{2}$$

따라서 식 (2)는 다음과 같이 정리될 수 있다.

$$Y(s)=\frac{5/2}{s}-\frac{5}{s+1}+\frac{5/2}{s+2} \tag{3}$$

식 (3)에 라플라스 역변환을 취하면

$$y(t) = \mathcal{L}^{-1}\left\{\frac{5/2}{s} - \frac{5}{s+1} + \frac{5/2}{s+2}\right\} = \frac{5}{2}u(t) - 5e^{-t} + \frac{5}{2}e^{-2t}$$

보기 3.4 라플라스 역변환

라플라스 변환 $F(s)$가 다음과 같이 주어졌을 때 라플라스 역변환 $f(t)$를 계산하여라.

$$F(s) = \frac{3}{s(s^2+2s+5)}$$

풀이 주어진 라플라스 변환을 부분분수로 나타내면

$$F(s) = \frac{3}{s(s^2+2s+5)}$$

$$= \frac{3}{5}\left(\frac{1}{s} - \frac{s+2}{s^2+2s+5}\right)$$

$$= \frac{3}{5}\left(\frac{1}{s} - \frac{s+1}{(s+1)^2+2^2} - \frac{1}{2}\frac{2}{(s+1)^2+2^2}\right)$$

이 된다. 따라서 $f(t)$는 다음과 같이 계산된다.

$$f(t) = \mathcal{L}^{-1}\left\{\frac{3}{5}\left(\frac{1}{s} - \frac{s+1}{(s+1)^2+2^2} - \frac{1}{2}\frac{2}{(s+1)^2+2^2}\right)\right\}$$

$$= \frac{3}{5}\left(u(t) - e^{-t}\cos 2t - \frac{1}{2}e^{-t}\sin 2t\right)$$

여기서 $u(t)$는 단위 계단함수이다.

3.4 전달함수

앞 절에서 라플라스 변환을 이용하여 미분방정식을 푸는 방법을 살펴보았다. 공정의 동특성을 기술하는 미분방정식의 해는 공정에 가해지는 자극(입력)에 대한 공정의 응답(출력)으로 해석될 수 있다. 미분방정식에서의 입력과 출력의 관계는 다음의 구성요소로 이루어진 상태선도를 통해 간단히 나타낼 수 있다.

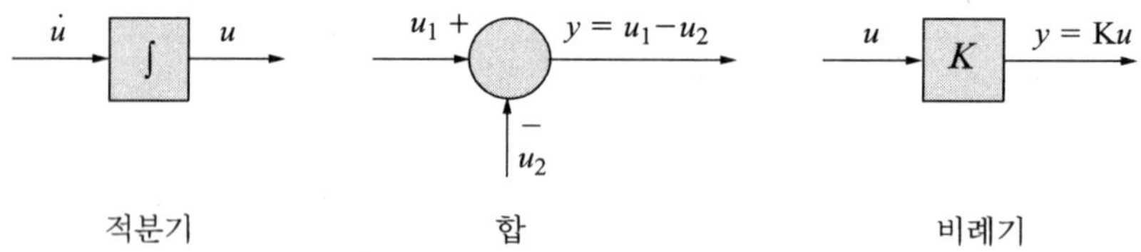

그림 3.3 상태선도의 기본 구성요소

입력이 u이고 출력이 y인 다음의 미분방정식을 고려해보자.

$$\ddot{y} + a\dot{y} + by = u \tag{3.4.1}$$

$x_1 = y, x_2 = \dot{y}$라고 두면 식 3.4.1은 다음과 같이 두 개의 연립미분방정식으로 나타낼 수 있다.

$$\begin{aligned} \dot{x}_1 &= x_2 \\ \dot{x}_2 &= -bx_1 - ax_2 + u \end{aligned} \tag{3.4.2}$$

여기서 도입된 변수 x_1, x_2는 상태변수라고 부르며 이들을 이용하면 선형인 고차 미분방정식을 1차 미분방정식의 연립형태로 쉽게 바꿀 수 있다. 식 3.4.2를 이용하여 미분방정식(식 3.4.1)을 상태선도로 나타내면 그림 3.4와 같다. 미분방정식을 상태선도로 나타내면 입력과 출력 변수의 관계를 쉽게 알 수 있으며 루프 구조(피드백 루프)가 생성됨을 알 수 있다.

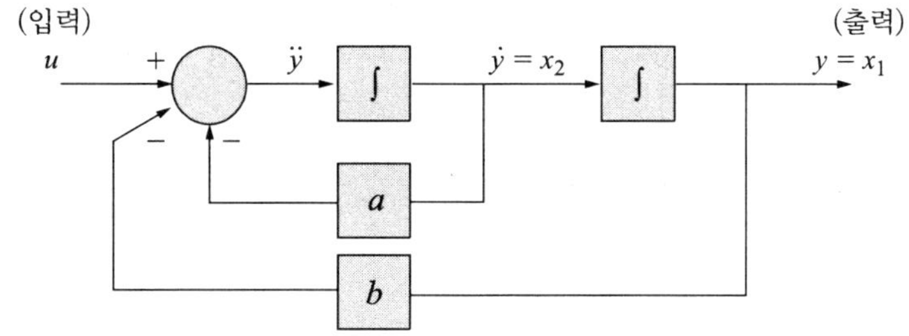

그림 3.4 미분방정식(식 3.4.2)의 상태선도

미분방정식으로 기술된 공정 모델에서 입출력 관계는 라플라스 변환을 통해서도 쉽게 나타낼 수 있다. 입출력 변수의 모든 초기치 값들이 0일 때 식 3.4.1의 라플라스 변환은 다음과 같다.

$$s^2 Y(s) + as\,Y(s) + Y(s) = U(s) \tag{3.4.3}$$

$$\frac{Y(s)}{U(s)} = \frac{1}{s^2 + as + 1}$$

여기서 $Y(s)$와 $U(s)$는 각각 출력변수 y와 입력변수 u의 라플라스 변환이다. 출력변수의 라플라스 변환함수와 입력변수의 라플라스 변환함수의 비로 나타나는 $Y(s)/U(s)$는 입출력에 상관없는 시스템 고유의 함수로서 전달함수(transfer function) 혹은 시스템 함수(system function)라고 부르며 일반적으로 $G(s)$로 나타낸다. 전달함수를 이용한 블록선도는 계의 입출력 관계를 상태선도보다 더욱 간결하게 표현할 수 있다. 즉, 입력변수의 라플라스 변환에 전달함수를 곱하면 출력변수의 라플라스 변환이 얻어진다[$Y(s) = G(s)U(s)$]. 식 2.1.4를 이용하여 1차 공정의 전달함수를 구하면 다음과 같다.

$$\tau_p s\,Y(s) + Y(s) = K_p U(s) \tag{3.4.4}$$

$$\Rightarrow \quad G(s) = \frac{Y(s)}{U(s)} = \frac{K_p}{\tau s + 1}$$

공정 혹은 시스템의 전달함수를 이용하여 입출력 변수를 관계를 나타낸 것이 블록선도이며 입출력 변수의 관계가 미적분의 관계가 아닌 대수관계이므로 상태선도보다 복잡하지 않다(그림 3.5).

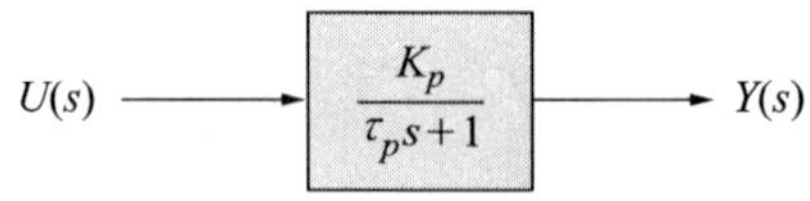

그림 3.5 1차 공정에 대한 블록선도

전달함수는 모든 입출력 변수의 초기치가 0일 때 정의된다는 것을 기억하도록 하자. 초기치를 0으로 하는 방법으로서 공정제어에서는 실제 변수에서 초기 정상상태 값을 뺀 편차변수를 사용하며 이에 대해서는 4장에서 자세히 살펴볼 것이다. 전달함수의 일반적인 특성을 살펴보면 다음과 같다.

① 전달함수가 $G(s)$인 공정에 단위 임펄스 입력이 주어지면 출력변수의 라플라스 변환은 $G(s)$가 된다. 즉, 전달함수는 단위 임펄스 입력에 대한 응답(출력변수)의 라플라스 변환이다.

② 전달함수에 나타난 s를 미분연산자 $D \equiv d/dt$로 치환하면 본래의 미분방정식을 얻을 수 있다. 예를 들면, $G(s)=(s+1)/(s^2+s+1)$일 때

$$\frac{y}{u}=\frac{D+1}{D^2+D+1}$$

$$D^2y+Dy+y=Du+u \quad \text{또는} \quad \frac{d^2y}{dt^2}+\frac{dy}{dt}+y=\frac{du}{dt}+u$$

③ 시불변 선형 시스템의 안정성은 전달함수의 분모(s의 다항식)의 근으로부터 로부터 결정될 수 있다. 여기서 안정성은 제한된 크기의 입력에 대해 출력의 크기가 제한되는 것을 의미한다.

④ 전달함수는 시스템 고유의 함수로서 입력과 무관하다.

위의 특성 가운데 ③은 전달함수로부터 시스템의 안정성을 판단하고자 할 때 유용하게 사용될 수 있다. 이에 대하여 좀 더 살펴보자. 전달함수의 분모와 분자는 일반적으로 각각 s의 멱급수 형태를 갖는다.

$$G(s)=\frac{b_m s^m+b_{m-1}s^{m-1}+\cdots+b_1 s+b_0}{a_n s^n+a_{n-1}s^{n-1}+\cdots+a_1 s+a_0} \tag{3.4.5}$$

$$=\frac{b_m(s-z_1)(s-z_2)\cdots(s-z_m)}{a_n(s-p_1)(s-p_2)\cdots(s-p_n)}\ , \quad n>m$$

여기서 분자를 0이 되게 하는 값들인 z_1, z_2, $\cdots$, z_m을 전달함수 $G(s)$의 영점(zero)이라고 하고, 분모를 0이 되게 하는 값들인 p_1, p_2, $\cdots$, p_n의 전달함수 $G(s)$의 극점(pole)이라고 한다. 전달함수에서 영점의 존재는 응답의 형태에 영향을 주며 극점은 응답의 안정성을 결정하게 된다. 영점과 극점은 실수 혹은 복소수이며 식 3.4.5와 같은 전달함수를 가지는 공정에 계단입력을 주어질 때 출력변수의 응답은 다음과 같이 부분분수로 나타낼 수 있다.

$$Y(s) = \frac{A_0}{s} + \frac{A_1}{s-p_1} + \frac{A_2}{s-p_2} + \cdots + \frac{A_n}{s-p_n} \tag{3.4.6}$$

따라서 라플라스 역변환을 통해 출력변수의 시간에 따른 응답을 구하면

$$y(t) = A_0 + A_1 e^{p_1 t} + A_2 e^{p_2 t} + \cdots + A_n e^{p_n t} \tag{3.4.7}$$

이 된다. 복소수 p_k의 실수부를 $\mathrm{Re}(p_k)$, 허수부를 $\mathrm{Im}(p_k)$할 때 Euler 관계식 $e^{\pm j\omega} = \cos\omega \pm j\sin\omega$ (ω는 실수)를 이용하면 $e^{p_k t}$는 다음과 같이 나타낼 수 있다.

$$\begin{aligned} e^{p_k t} &= e^{\mathrm{Re}(p_k t) + j\mathrm{Im}(p_k t)} \\ &= e^{\mathrm{Re}(p_k t)}\left[\cos(\mathrm{Im}(p_k t)) + j\sin(\mathrm{Im}(p_k t))\right] \\ k &= 1,\ 2,\ \cdots\ ,\ n \end{aligned} \tag{3.4.8}$$

식 3.4.8에서 $e^{\mathrm{Re}(p_k t)}$는 복소수의 크기를 나타내기 때문에서 식 3.4.5의 극점 중에 하나라도 실수부가 양수가 되면 $y(t)$는 시간이 증가함에 따라 기하급수적으로 무한정 증가하게 된다. 즉, 실수부가 양수인 극점이 존재하면 출력변수가 불안정한 거동을 보이게 된다. 극점이 순수한 허수로만 구성될 경우 공정의 출력은 진동을 보이게 되며 모든 극점의 실수부가 음수일 때만 출력변수가 시간이 지남에 따라 감쇠하여 안정한 거동을 보이게 된다. 이러한 결과를 바탕으로 전달함수의 극점은 계단입력이 공정에 주어질 때 출력변수의 응답 형태를 예측할 수 있도록 해 주며 다음의 특성을 보인다.

① 전달함수의 모든 극점이 실수라면 계단입력에 대해 출력변수의 응답은 진동을 보이지 않는다.

② 전달함수의 극점 중에 허수부를 가진 극점이 존재한다면 계단입력에 대해 출력변수

의 응답은 진동을 보이게 된다.

③ 전달함수의 모든 극점의 실수부가 음수라면 계단입력에 대해 출력변수의 응답은 발산하지 않는다. 즉, 출력변수는 안정한 거동을 보이게 된다.

④ 전달함수의 극점 중에 0이 있다면 계단입력에 대해 출력변수의 응답은 발산하게 된다.

보기 3.5 미분방정식의 상태선도와 블록선도

다음 미분방정식에 대해 상태선도와 블록선도를 작성하여라.

$$\ddot{y} + a\dot{y} + by = \dot{u} + u$$

풀이 입력이 u이고 출력이 y일 때 상태선도는 다음과 같다.

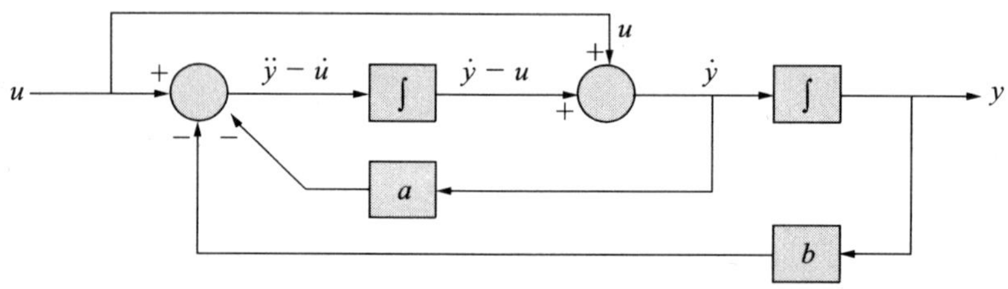

그림 E3.5A

블록선도의 경우 전달함수를 구해야 하므로 주어진 미분방정식을 라플라스 변환을 한다. y와 u의 라플라스 변환을 각각 $Y(s)$, $U(s)$라고 하자.

$$\mathcal{L}\{\ddot{y} + a\dot{y} + by\} = \mathcal{L}\{\dot{u} + u\}$$

$$s^2 Y(s) + as\,Y(s) + Y(s) = s\,U(s) + U(s)$$

따라서 전달함수는 다음과 같다.

$$G(s) = \frac{s+1}{s^2 + as + 1}$$

전달함수를 이용하여 블록선도를 작성하면 다음과 같다.

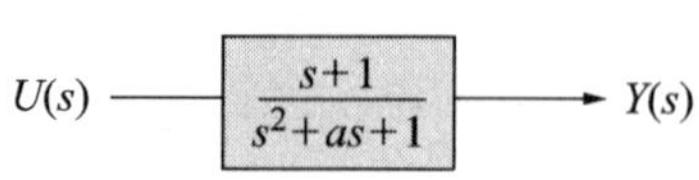

그림 E3.5B

보기 3.6 미분방정식으로부터 전달함수 계산

입력이 $r(t)$이고 출력이 $y(t)$인 어떤 시스템이 다음과 같은 미분방정식으로 표현될 때 이 시스템의 전달함수 $G(s)$를 계산하여라.

$$\frac{dx_1(t)}{dt} = -3x_1(t) + x_2(t) + 4r(t)$$

$$\frac{dx_2(t)}{dt} = -2x_1(t) - r(t)$$

$$y(t) = x_1(t) - 2x_2(t)$$

풀이 $r(t)$, $x_1(t)$, $x_2(t)$, $y(t)$의 라플라스 변환을 각각 $R(s)$, $X_1(s)$, $X_2(s)$, $Y(s)$라고 할 때 주어진 미분방정식을 라플라스 변환하면 다음과 같다.

$$sX_1(s) = -3X_1(s) + X_2(s) + 4R(s)$$

$$sX_2(s) = -2X_1(s) - R(s)$$

$$Y(s) = X_1(s) - 2X_2(s)$$

먼저 위의 첫 번째와 두 번째 식으로부터 $X_1(s)$와 $X_2(s)$를 계산해보자.

$$(s+3)X_1(s) - X_2(s) = 4R(s)$$

$$2X_1(s) + sX_2(s) = -R(s)$$

크래머 공식(Cramer's rule)을 이용하여 $X_1(s)$와 $X_2(s)$를 구하면 다음과 같다.

$$X_1(s) = \frac{\begin{vmatrix} 4R(s) & -1 \\ -R(s) & s \end{vmatrix}}{\begin{vmatrix} (s+3) & -1 \\ 2 & s \end{vmatrix}} = \frac{(4s-1)R(s)}{s^2+3s+2}$$

$$X_2(s) = \frac{\begin{vmatrix} (s+3) & 4R(s) \\ 2 & -R(s) \end{vmatrix}}{\begin{vmatrix} (s+3) & 4 \\ 2 & s \end{vmatrix}} = -\frac{(s+11)R(s)}{s^2+3s+2}$$

위에서 계산된 $X_1(s)$와 $X_2(s)$ $Y(s) = X_1(s) - 2X_2(s)$에 대입하여 정리하면

$$Y(s) = X_1(s) - 2X_2(s) = \left[\frac{4s-1}{s^2+3s+2} + 2\frac{(s+11)}{s^2+3s+2}\right]R(s) = \frac{6s+21}{s^2+3s+2}R(s)$$

이 된다. 따라서 출력과 입력의 비로 정의되는 전달함수는 다음과 같다.

$$\frac{Y(s)}{R(s)} = G(s) = \frac{6s+21}{s^2+3s+2}$$

참고로 주어진 미분방정식에 대한 상태선도는 다음과 같다.

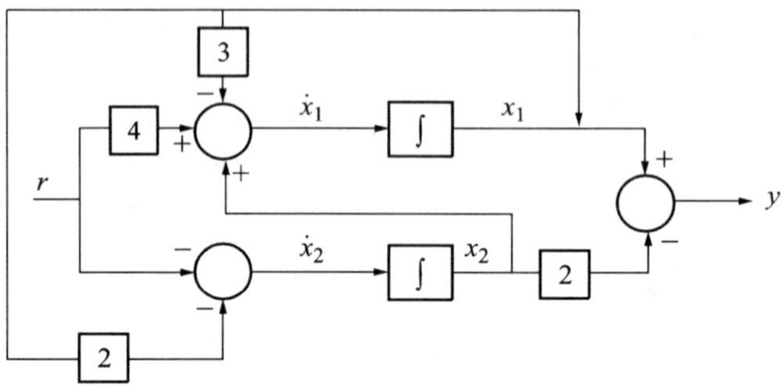

그림 E3.6

Chapter 4

전달함수를 이용한 공정의 모델링

공정 혹은 시스템이 선형 미분방정식으로 모델화되는 경우 라플라스 변환은 미분방정식을 대수방정식으로 바꿀 수 있으며 이 때 얻어지는 전달함수는 공정의 기본적인 동특성을 예측할 수 있게 해준다. 따라서 전달함수를 구하고 그 특성을 파악하는 것은 공정제어에서 중요하다. 관심 있는 공정에 대한 전달함수를 구하기 위해서는 먼저 모든 입출력 변수의 초기치를 0으로 만드는 것이 필요하며 이를 위해 편차변수(deviation variable)를 도입한다. 공정의 입력변수와 출력변수를 각각 $u(t)$, $y(t)$라고 할 때 이에 대한 편차변수 $u'(t)$, $y'(t)$는 다음과 같이 정의된다.

$$u'(t) = u(t) - u_s\ ,\ y'(t) = y(t) - y_s$$

여기서 u_s와 y_s는 각각 입력변수와 출력변수의 초기 정상상태 값을 나타낸다. 따라서 편차변수의 초기값은 항상 0이 되며, 공정의 전달함수는 사실상 편차변수의 라플라스 변환을 통해 계산된다. 몇 가지 화학공정에 대해 전달함수를 구하여 보기로 하자.

4.1 액위공정

그림 4.1은 단면적이 A인 탱크에 밀도가 ρ인 액체가 저장되는 시스템을 나타낸다. 탱크로 들어가고 나오는 부피유량은 각각 $q(t)$와 $q_o(t)$이며, 탱크 바닥으로부터 액체의 높이, 즉 액위는 $h(t)$이다. 탱크로부터 유출되는 유량과 액위는 다음과 같은 선형관계가 성립한다고 하자.

$$q_o(t) = \frac{h(t)}{R} \tag{4.1.1}$$

여기서 R은 유동저항을 나타낸다. 이러한 액위공정에서 유입유량(입력변수)과 액위(출력변수)를 관련시키는 전달함수를 구하여 보자. ρ가 일정할 때 탱크를 중심으로 비정상상태의 물질수지를 세우면 다음과 같다.

[탱크 안에 질량이 축적되는 속도]
= [탱크로 유입되는 질량속도] − [탱크로부터 유출되는 질량속도]

$$\frac{d(\rho A h(t))}{dt} = \rho q(t) - \rho q_o(t) \tag{4.1.2}$$

$$A\frac{dh(t)}{dt} = q(t) - q_o(t)$$

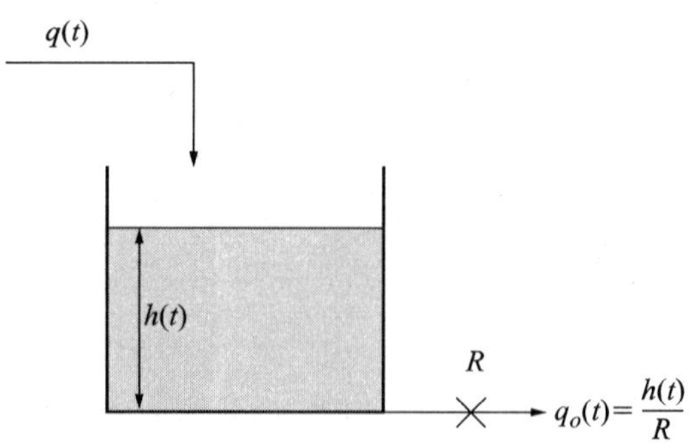

그림 4.1 유동저항이 R인 액위 시스템

앞의 식에서 식 4.1.1을 이용하여 $q_o(t)$를 소거하면

$$A\frac{dh(t)}{dt} = q(t) - \frac{h(t)}{R} \tag{4.1.3}$$

이 된다.

공정의 초기가 정상상태($dh/dt = 0$)이고 이때의 유입유량, 액위를 각각 q_s, h_s라고 하면

$$0 = q_s - \frac{h_s}{R} \tag{4.1.4}$$

이 된다.

식 4.1.3에서 식 4.1.4를 빼면

$$A\frac{dh(t)}{dt} = q(t) - q_s - \frac{(h(t) - h_s)}{R} \tag{4.1.5}$$

h_s가 상수이므로 $dh(t)/dt = d[h(t) - h_s]/dt$이다. 따라서 식 4.1.5는 다음과 같이 나타낼 수 있다.

$$A\frac{d[h(t) - h_s]}{dt} = q(t) - q_s - \frac{(h(t) - h_s)}{R} \tag{4.1.6}$$

이제 편차변수를 다음과 같이 정의해보자.

$$q'(t) = q(t) - q_s \tag{4.1.7}$$

$$h'(t) = h(t) - h_s$$

$q(t)$, $h(t)$의 초기치가 각각 q_s, h_s이므로 편차변수 $q'(t)$, $h'(t)$의 초기치는 모두 0이 됨을 알 수 있다. 식 4.1.6을 편차변수를 이용하여 나타내면

$$A\frac{dh'(t)}{dt} = q'(t) - \frac{h'(t)}{R} \tag{4.1.8}$$

이 된다. 식 4.1.8을 라플라스 변환한 뒤 정리하면 다음과 같다.

$$AsH(s) = Q(s) - \frac{H(s)}{R} \tag{4.1.9}$$

$$\frac{H(s)}{Q(s)} = \frac{R}{ARs+1}$$

여기서 $Q(s)$와 $H(s)$는 각각 편차변수 $q'(t)$와 $h'(t)$의 라플라스 변환을 나타낸다. 식 4.1.9를 1차 공정의 표준형태와 비교하면 $\tau = AR$임을 알 수 있다. 식 4.1.9로 표현되는 액위공정에 유입유량(입력변수)이 정상상태로 유지되다가 $t = \theta$에서 단위 계단변화를 보인다면 액위(출력변수)는 다음과 같이 나타낼 수 있다.

$$H(s) = \frac{R}{\tau s+1} Q(s) = \frac{R}{\tau s+1} \frac{e^{-\theta s}}{s} \tag{4.1.10}$$

$$= Re^{-\theta s}\left[\frac{1}{s} - \frac{\tau}{\tau s+1}\right] = Re^{-\theta s}\left[\frac{1}{s} - \frac{1}{s+1/\tau}\right]$$

$(\tau = AR)$

위의 식을 라플라스 역변환시킴으로 $t = \theta$에서 유입유량의 단위 계단 변화에 대한 액위 응답을 구할 수 있다.

$$h'(t) = R\left(1 - e^{-(t-\theta)/\tau}\right) S(t-\theta) \tag{4.1.11}$$

여기서 $S(t)$는 단위 계단 함수를 나타낸다. 입력의 변화가 주어지는 시점을 $t = 0$로 두면(즉, $\theta = 0$) 식 4.1.11은 다음과 같이 더욱 간단히 된다.

$$h'(t) = R\left(1 - e^{-t/\tau}\right) \tag{4.1.12}$$

라플라스 역변환을 통해 얻지는 출력변수의 응답은 편차변수임에 주의하자. 실제의 액위의 응답은 편차변수에 초기치를 더해 주어야 한다.

$$h(t) = h'(t) + h_s \tag{4.1.13}$$

만약 유출유량과 액위 사이에 선형관계가 성립하지 않을 경우에는 정상상태 값을 중심으로 Taylor 급수전개를 이용하여 선형화 시킨 후 전달함수를 구한다. 예를 들어, 유출유량과 액위가 제곱근의 관계를 가지는 경우를 살펴보자.

$$q_o(t) = C\sqrt{h(t)} \tag{4.1.14}$$

초기 정상상태의 액위 h_s를 중심으로 유출유량 q_o의 Taylor 급수전개는 다음과 같다.

$$q_o = q_o(h_s) + q_o'(h_s)(h - h_s) + \frac{q_o''(h_s)(h - h_s)^2}{2} + \cdots \tag{4.1.15}$$

여기서 $q_o'(h_s)$와 $q_o''(h_s)$는 각각 h_s에서 계산된 1차, 2차 미분계수를 나타낸다. 선형항만 취하여 정리하면

$$q_o \cong q_o(h_s) + q_o'(h_s)(h - h_s) \tag{4.1.16}$$

이 된다. $q_o'(h_s) = (1/2)Ch_s^{-1/2}$이므로

$$\begin{aligned} q_o - q_{os} &= q_o - q_o(h_s) \\ &= \frac{1}{2}Ch_s^{-1/2}(h - h_s) \\ &= \frac{1}{R_1}(h - h_s) \end{aligned} \tag{4.1.17}$$

여기서 $1/R_1 = (1/2)Ch_s^{-1/2}$이고, q_{os}는 초기 정상상태의 유출유량 $q_o(h_s)$이다. 이 액위계에 대한 비정상상태와 정상상태의 물지수지는 다음과 같다.

$$\text{비정상상태 물질수지} \quad A\frac{dh}{dt} = q - q_o \tag{4.1.18}$$

$$\text{초기 정상상태 물질수지} \quad 0 = q_s - q_{os} \tag{4.1.19}$$

식 4.1.18로부터 식 4.1.19를 뺀 뒤 정리하면 다음과 같다.

$$A\frac{d(h - h_s)}{dt} = (q - q_s) - (q_o - q_{os}) \tag{4.1.20}$$

위의 식에 식 4.1.17을 대입하고 편차변수 $Q = q - q_s$, $H = h - h_s$를 도입하여 라플라스 변환하면 다음과 같이 유동저항 R의 값만 다를 뿐 식 4.1.9와 동일한 형태임의 전달함수를 얻을 수 있다.

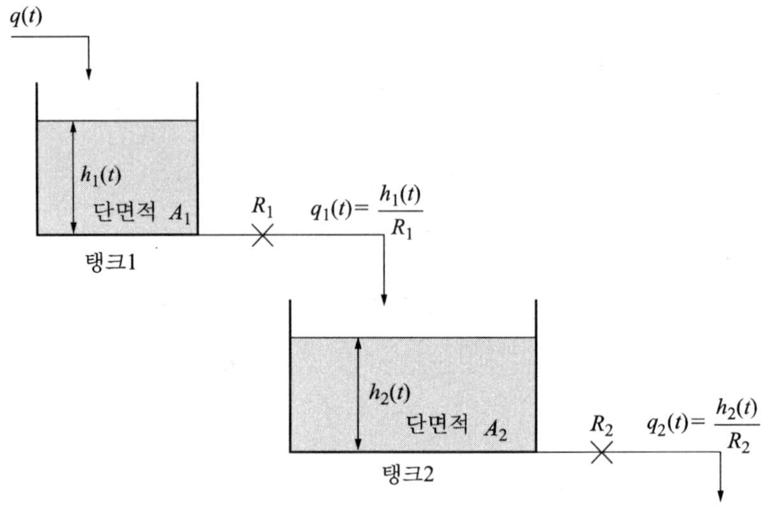

그림 4.2 두 개의 탱크가 직렬로 연결된 액위 시스템

$$\frac{H(s)}{Q(s)} = \frac{R_1}{AR_1 s + 1} \tag{4.1.21}$$

이제 좀 더 복잡한 액위공정을 살펴보도록 하자. 그림 4.2와 같이 첫 번째 탱크로부터 유출된 유량은 두 번째 탱크로 유입되며 흐름저항은 모두 액위와 선형관계를 가진다고 하자. 첫 번째 탱크로 유입되는 유량(입력변수)의 변화에 대한 두 번째 탱크의 액위(출력변수)를 관련시키는 전달함수를 계산해보자. 앞에서의 예와 같이 액체의 밀도와 탱크의 단면적은 일정하다고 가정하고 각 탱크에 대해 비정상상태 및 정상상태의 물질 수지를 세우면 다음과 같다.

$$\text{탱크 1}: q(t) - q_1(t) = A_1 \frac{dh_1(t)}{dt}, \quad q_s - q_{1s} = 0 \tag{4.1.22}$$

$$\text{탱크 2}: q_1(t) - q_2(t) = A_2 \frac{dh_2(t)}{dt}, \quad q_{1s} - q_{2s} = 0 \tag{4.1.23}$$

여기서 아래첨자 s는 정상상태를 나타낸다. 흐름저항이 선형이므로 각 탱크로부터 유출되는 유량은 다음의 관계를 가진다.

$$\text{탱크 1}: q_1(t)=\frac{h_1(t)}{R_1},\quad q_{1s}=\frac{h_{1s}}{R_1} \tag{4.1.24}$$

$$\text{탱크 2}: q_2(t)=\frac{h_2(t)}{R_2},\quad q_{2s}=\frac{h_{2s}}{R_2} \tag{4.1.25}$$

편차변수 $Q=q-q_s$, $Q_1=q_1-q_{1s}$, $H_1=h_1-h_{1s}$, $H_2=h_2-h_{2s}$를 도입하고 식 4.1.22~4.1.25로부터 각 탱크의 전달함수를 구하면 다음과 같다.

$$\text{탱크 1}: \frac{H_1(s)}{Q(s)}=\frac{R_1}{A_1R_1s+1} \tag{4.1.26}$$

$$\text{탱크 2}: \frac{H_2(s)}{Q_1(s)}=\frac{R_2}{A_2R_2s+1} \tag{4.1.27}$$

첫 번째 탱크에 유입되는 유량 $q(t)$의 변화에 의한 두 번째 탱크의 액위 $h_2(t)$의 변화에 관심이 있다면 전달함수 $H_2(s)/Q(s)$를 구하면 된다. 식 4.1.24로부터 $Q_1(s)=H_1(s)/R_1$임을 알 수 있으며 이 관계를 식 4.1.26에 대입하면 $Q_1(s)/Q(s)$를 얻을 수 있다.

$$\frac{H_1(s)}{Q(s)}=\frac{R_1Q_1(s)}{Q(s)}=\frac{R_1}{A_1R_1s+1} \tag{4.1.28}$$

$$\Rightarrow \quad \frac{Q_1(s)}{Q(s)}=\frac{1}{A_1R_1s+1}$$

식 4.1.27과 식 4.1.28로부터 $H_2(s)/Q(s)$를 계산하면

$$\begin{aligned}\frac{Q_1(s)}{Q(s)}\frac{H_2(s)}{Q_1(s)}&=\frac{H_2(s)}{Q(s)}\\&=\frac{1}{A_1R_1s+1}\frac{R_2}{A_2R_2s+1}\end{aligned} \tag{4.1.29}$$

따라서 첫 번째 탱크의 유입유량의 단위 계단 변화[$Q(s)=1/s$]가 생길 때 두 번째 탱크의 액위변화는 다음과 같이 주어진다.

$$H_2(s) = \frac{1}{s}\frac{R_2}{(A_1R_1s+1)(A_2R_2s+1)} \tag{4.1.30}$$

위의 식을 부분분수로 전개하여 라플라스 역변환하면 두 번째 탱크의 시간에 따른 액위 변화 $h'(t)$는 다음과 같다.

$$h_2'(t) = R_2\left[1 - \frac{\tau_1\tau_2}{\tau_1-\tau_2}\left(\frac{1}{\tau_2}e^{-t/\tau_1} - \frac{1}{\tau_1}e^{-t/\tau_2}\right)\right] \tag{4.1.31}$$

여기서 $\tau_1 = A_1R_1$, $\tau_2 = A_2R_2$이다.

보기 4.1 액위공정의 응답

그림 4.2와 같은 액위공정에서 $A_1R_1=0.5$, $A_2R_2=1$, $R_2=1$일 때 첫 번째 탱크에 유입되는 유량에 단위 계단변화가 발생하였을 때 두 번째 탱크의 액위변화를 그래프로 나타내어라.

풀이 식 4.1.30으로부터 전달함수는 다음과 같다.

$$\frac{H_2(s)}{Q(s)} = \frac{R_2}{(A_1R_1s+1)(A_2R_2s+1)} = \frac{1}{(0.5s+1)(s+1)}$$

따라서 단위 계단변화에 대한 $H_2(s)$

$$H_2(s) = \frac{1}{s}\frac{1}{(0.5s+1)(s+1)}$$

이 된다. $H_2(s)$를 부분분수로 전개해 보자.

$$\frac{1}{s}\frac{1}{(0.5s+1)(s+1)} = \frac{A}{s} + \frac{B}{0.5s+1} + \frac{C}{s+1}$$

양변에 s를 곱한 뒤 s에 0을 대입하면 $A=1$, 양변에 $(0.5s+1)$을 곱한 뒤 s에 -2를 대입하면 $B=1/2$, 양변에 $(s+1)$을 곱한 뒤 s에 -1을 대입하면 $C=-2$이므로

$$H_2(s) = \frac{1}{s} + \frac{1}{s+2} - \frac{2}{s+1}$$

따라서 라플라스 역변환을 통해 $h_2(t)$ 구하면 다음과 같다.

$$h_2(t) = 1 + e^{-2t} - 2e^{-t}$$

여기서 $h_2(t)$는 편차변수임을 기억하자. 두 번째 탱크의 액위의 초기 정상상태 값이 h_{2s}라면 실제 액위의 변화는 $h_2(t)+h_{2s}$가 된다. 편차변수 $h_2(t)$의 시간에 대한

변화를 그래프로 나타내기 위해 다음의 R 코드를 이용해보자.

```
t=seq(0,5,length.out=100)
ht=function(x) {    # 함수 h_2(t)=1+e^{-2t}-2e^{-t} 정의
  return(1+exp(-2*x)-2*exp(-x))
}
x11() # 그림 E4.1 작성을 위한 X-윈도우 열기
plot(t,ht(t),type="l",xlab="t",lwd=2,ylab=expression(paste(h[2],"(t)",sep="")))
grid()
```

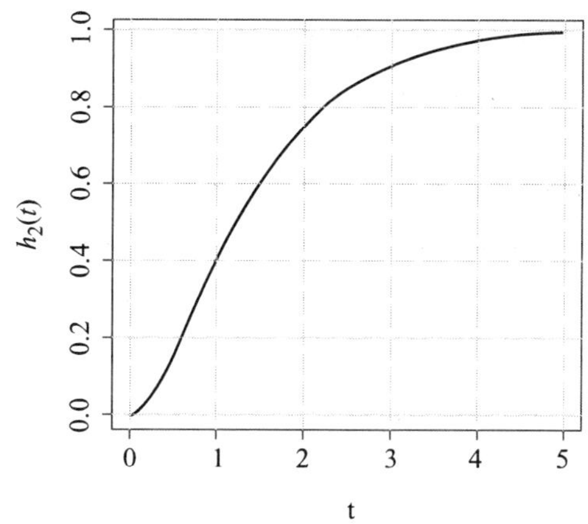

그림 E4.1 첫 번째 탱크에 유입되는 유량의 단위 계단변화에 대한 두 번째 탱크 액위의 편차변수 $h_2(t)$의 응답

4.2 가열공정

그림 4.3과 같이 CSTR에서 진행되는 액체의 가열공정을 생각해 보자. 탱크로 유입되는 액체의 온도는 T_i이며 탱크 내 액체의 온도와 출구에서의 온도는 T로서 동일하다. 비정상상태에서 탱크의 에너지 수지는 다음과 같다.

[탱크에 축적되는 에너지 속도]
= [탱크로 들어오는 에너지 속도] − [탱크로부터 나가는 에너지 속도]
+ [전열기를 통해 탱크로 공급되는 에너지 속도]

따라서 탱크로 공급되는 액체의 질량유속 w (kg/min), 밀도 ρ (kg/dm^3), 열용량 C (kJ/kg · ℃)로 일정할 때 탱크 내 액체의 부피를 V (dm^3)라고 하면 에너지 수지는 다음과 같다.

$$\rho VC\frac{d(T-T_{ref})}{dt}=wH_i(T_i)-wH(T)+q \tag{4.2.1}$$

$$\rho VC\frac{dT}{dt}=wC(T_i-T_{ref})-wC(T-T_{ref})+q$$

여기서 q는 전열기를 통해 탱크로 공급되는 에너지 속도, H는 유체의 단위 질량당 엔탈피이며 T_{ref}는 기준 엔탈피가 측정되는 온도이다.

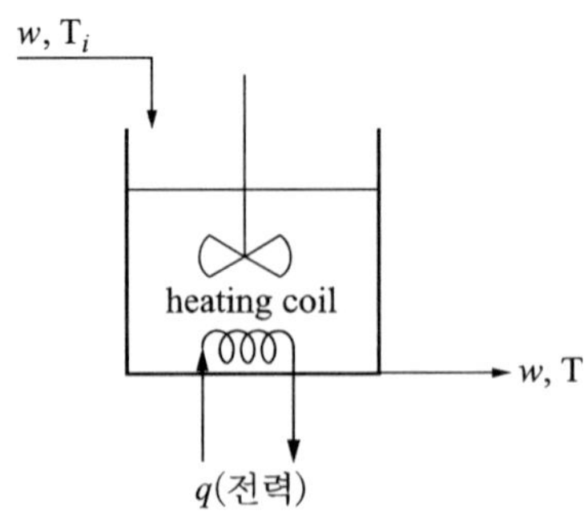

그림 4.3 CSTR에서 진행되는 가열공정

정상상태에서 식 4.2.1은

$$0 = wC(T_{is} - T_{ref}) + wC(T_s - T_{ref}) + q_s \tag{4.2.2}$$

이 된다. 여기서 아래첨자 s는 정상상태를 나타낸다. 식 4.2.1에서 식 4.2.2를 뺀 후 정리하면

$$\rho CV \frac{d(T - T_s)}{dt} = wC(T_i - T_{is}) + wC(T - T_{is}) + q - q_s \tag{4.2.3}$$

이 된다. 편차변수 $T_i^{'} = T_i - T_s$, $T^{'} = T - T_s$, $q^{'} = q - q_s$를 도입하면 식 4.2.3은 다음과 같이 나타낼 수 있다.

$$\rho CV \frac{dT^{'}}{dt} = wCT_i^{'} + wCT^{'} + q^{'} \tag{4.2.4}$$

위의 식을 통해 탱크 내 액체온도는 출력변수가 되며 탱크로 유입되는 액체온도와 탱크로 공급되는 열은 입력변수에 해당됨을 알 수 있다. 식 4.2.4를 라플라스 변환하면 다음과 같다.

$$\frac{\rho V}{w} sT(s) = T_i(s) - T(s) + \frac{Q(s)}{wC} \tag{4.2.5}$$

여기서 $T(s)$, $T_i(s)$, $Q(s)$는 각각 편차변수 $T^{'}$, $T_i^{'}$, $q^{'}$의 라플라스 변환을 나타낸다. $\tau = (\rho V)/w$로 두고 식 4.2.5를 정리하면

$$T(s) = \frac{1}{\tau s + 1} T_i(s) + \frac{1/wC}{\tau s + 1} Q(s) \tag{4.2.6}$$

이 된다. 식 4.2.6은 $T_i(s) = 0$이면 탱크 내 액체온도는 탱크로 공급되는 열 $Q(s)$의 변화에 의해 의존하며 $Q(s) = 0$이면 탱크로 유입되는 온도 $T_i(s)$에 의존함을 나타낸다. 그림 4.4는 식 4.2.6의 전달함수로 표현된 $T(s)$, $T_i(s)$, $Q(s)$의 관계를 두 개의 동등한 블록선도로 나타낸 것이다.

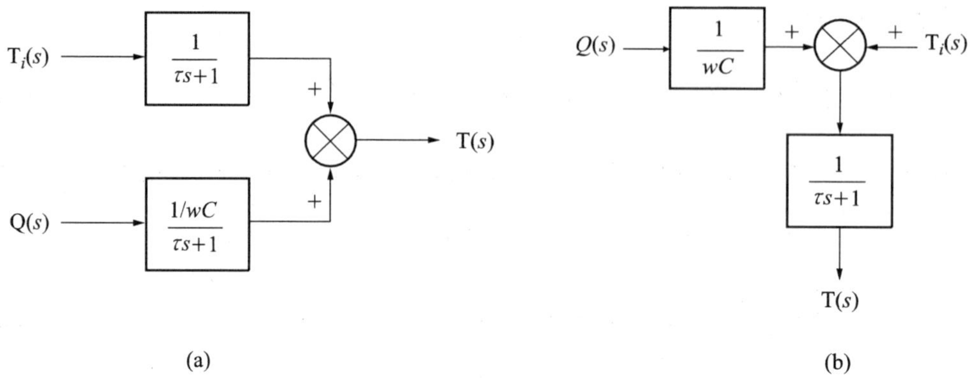

그림 4.4 가열공정에 대한 블록선도

보기 4.2 가열공정에서 유입온도 변화에 따른 유출온도의 변화

그림 4.3과 같은 가열공정에서 60℃의 물이 1,000 dm^{3}의 탱크로 들어와서 80℃로 유출되고 있다. 유량과 전열기를 통해 탱크로 공급되는 열이 일정할 때 유입온도가 70℃로 계단변화할 때 탱크로부터 유출되는 온도는 시간에 따라 어떻게 변하는지 그래프로 나타내어라. 탱크로 공급되는 유량은 v = 200 dm^3/min이다.

풀이 탱크로 공급되는 열이 일정하므로 식 4.2.6에서 $Q(s)=0$이 된다. 따라서 유입온도 T_i와 유출온도 T사이에는 다음의 관계가 성립한다.

$$T(s)=\frac{1}{\tau s+1}T_i(s)$$

이 된다. 여기서

$$\tau=\rho V/\omega=V/(w/\rho)=V/v=1{,}000\ \mathrm{dm}^3/(200\,\mathrm{dm}^3/\mathrm{min})=5\,\mathrm{min}$$

이 된다. 따라서 전달함수는 다음과 같다.

$$G(s)=\frac{T(s)}{T_i(s)}=\frac{1}{5s+1}$$

유입온도가 60℃에서 70℃로 계단변화를 보인 것은 크기가 10인 계단변화이므로 $T_i(s)=10/s$이 된다. 따라서

$$T(s)=\frac{10}{s}\frac{1}{5s+1}$$

위의 식에 라플라스 역변환을 취하면

$$\mathcal{L}^{-1}\{T(s)\} = T(t) = \mathcal{L}^{-1}\left\{\frac{10}{s(5s+1)}\right\} = 10\mathcal{L}^{-1}\left\{\frac{1}{s} - \frac{5}{5s+1}\right\} = 10(1-e^{-t/5})$$

이 된다[$T(s)$는 $T(t)$의 라플라스 변환임]. $T(t)$는 편차변수이므로 초기의 탱크 출구온도 T_s를 더해 주어야 실제 출구온도 $T_{real}(t)$가 된다. 따라서 실제 출구온도는 다음과 같다.

$$T_{real}(t) = T(t) + T_s = 10(1-e^{-t/5}) + 80$$

출구온도 변화에 대한 그래프 작성을 위해 다음의 R 코드를 이용해보자.

```
t=seq(0,20,length.out=100)
ht=function(x) {
  return(10*(1-exp(-x/5))+80)
}
x11() # 그림 E4.2 작성을 위한 X-윈도우 열기
plot(t,ht(t),type="l",xlab="t (min) ",lwd=2,
     ylab=expression(paste(T[out], "(",degree,"C)",sep="")))
grid()
```

그림 E4.2는 유입온도의 크기가 10인 계단에 변화에 대하여 출구온도가 80℃에서 90℃로 변하고 있음을 나타낸다. 전달함수가 주어진 경우 계단입력 변화에 대한 출력의 변화는 control 패키지의 step 함수를 이용하여 계산할 수 있다. 주의할 것은 step 함수는 입력함수가 단위 계단변화를 보일 때의 출력변화를 계산하므로 계단크기의 변화가 1이 아닐 때에는 계단크기의 값만큼 step 함수의 출력값에 곱하여 주어야 한다. 또한 step 함수의 출력값은 실제의 출력변수의 값이 아니라 출력변수의 변화량, 즉 편차변수로서의 출력값에 해당함을 기억하자. 다음의 R 코드는 그림 E4.2와 동일한 그래프를 작성한다.

```
require(control) # control 패키지 로더
t=seq(0,20,length.out=100)
G=tf(1,c(5,1)) # 전달함수 1/(5s+1)
res=step(G,t) # 단위 계단입력에 대한 출력
yreal=10*res$y+80 # 계단변화의 크기 10, 초기값 80
x11()
plot(t,yreal,type="l",xlab="t (min) ",lwd=2,
     ylab=expression(paste(T[out], "(",degree,"C)",sep="")))
grid()
```

위의 코드에서 step 함수는 결과를 list로 반환하며 세 개의 원소 t (시간), x (상태변수), y (시간응답)를 포함한다. 따라서 리스트 변수 res 내의 시간응답에 접근하기 위해 res$y를 사용하였다.

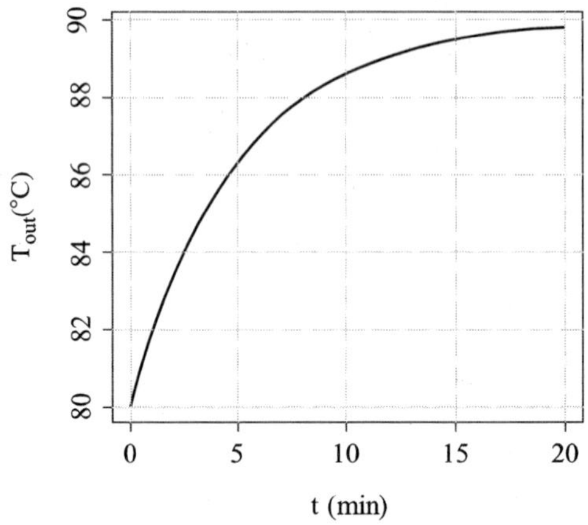

그림 E4.2

4.3 화학반응 공정

그림 4.5와 같이 열교환기가 설치된 CSTR에서 액상 1차 반응($A \rightarrow P$, $-r_A = kC_A$)이 진행되는 경우를 고려해보자. 반응기 입구에서 반응물 A 의 농도는 C_{A0}이고 온도는 T_i이다.

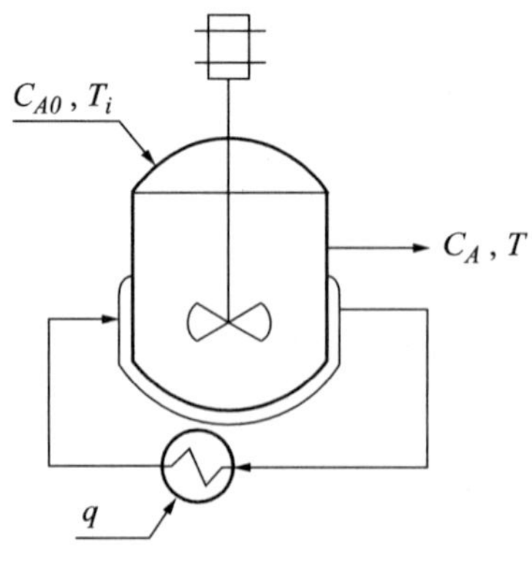

그림 4.5 열교환기가 설치된 CSTR

반응기 내에서 물질이 완전히 혼합되는 CSTR의 특성에 의해 반응기 출구에서의 A농도, 즉 C_A와 온도 T는 반응기 내부와 동일하게 되며 몰수지와 에너지 수지는 다음과 같다.

① 반응물 A에 대한 몰수지

부피유량(υ_0)이 일정할 때, 반응물 A에 대한 몰수지는 다음과 같다.

[반응기 내에 A가 축적되는 속도]
= [반응기로 유입되는 A속도] − [반응기로부터 유출되는 A속도]
− [반응에 의한 A소모속도]

$$\frac{d(C_A V)}{dt} = \upsilon_0 C_{A0} - \upsilon_0 C_A - kC_A V \tag{4.3.1}$$

여기서 V는 반응기 내 액체의 부피에 해당한다. $\tau = V/\upsilon_0$로 두고 식 4.3.1을 재정리하면

$$\tau\frac{d(C_A)}{dt} = C_{A0} - C_A - \tau kC_A \tag{4.3.2}$$

이 된다. τ의 물리적 의미는 반응혼합물이 반응기에 머무는 평균시간이며 공간시간이라고 부른다. 식 4.3.2에서 보는 바와 같이 이 반응계에서 출력변수는 출구에서의 반응물 A의 농도임을 알 수 있다. 출력변수에 영향을 줄 수 있는 입력변수로서 반응입구에서의 반응물 A의 농도 C_{A0}와 반응속도 상수 k에 영향을 주는 반응기 내 온도 T가 있다. 이 반응계를 전달함수로 나타내보자. 정상상태에서 식 4.3.2는 다음과 같이 된다.

$$0 = C_{A0s} - C_{As} - \tau(kC_A)_s \tag{4.3.3}$$

여기서 반응속도 k는 상수가 아니라 온도에 의존하는 함수 $k(T)$임에 주의하자. 아래첨자 부분에서 s는 각 변수의 정상상태를 나타낸다. 식 4.3.2에서 식 4.3.3을 빼면

$$\tau\frac{d(C_A - C_{As})}{dt} = (C_{A0} - C_{A0s}) - (C_A - C_{As}) - \tau[(kC_A) - (kC_A)_s] \tag{4.3.4}$$

이 된다. $C_{A0}-C_{As}$와 C_A-C_{As}는 각각 편차변수 C_{A0}', C_A'로 간단히 나타낼 수 있지만 변수 (kC_A)의 경우는 k가 온도의 함수이므로 두 독립변수의 Talyor 급수 전개를 이용하여 선형화하는 것이 필요하다. 예를 들면, 두 독립변수 x, y의 함수 $f(x,y)$의 정상상태 값을 x_s, y_s라고 하면 정상상태 부근에서 선형화는 다음과 같이 나타낼 수 있다.

$$f(x,y)\cong f(x_s,y_s)+\left.\frac{\partial f}{\partial x}\right|_{(x_s,y_s)}(x-x_s)+\left.\frac{\partial f}{\partial y}\right|_{(x_s,y_s)}(y-y_s) \tag{4.3.5}$$

위의 근사식을 이용하여 변수 (kC_A)에 대한 편차변수를 계산해보자. 기준온도 T_0에서 반응속도상수 k_0와 활성화 에너지 E가 주어진다면 온도 T에서의 반응속도 상수 k는 $k(T)=k_0e^{-E/RT}$로 나타낼 수 있다. 따라서 변수 (kC_A)에 대한 편차변수는 식 4.3.5에 의해 다음과 같이 계산되어 진다.

$$(kC_A)-(kC_A)_s=\frac{k_0EC_{As}}{RT_s^2}e^{-E/RT_s}(T-T_s)+k_0e^{-E/RT_s}(C_A-C_{As}) \tag{4.3.6}$$

여기서 T_s는 정상상태 출구온도를 나타낸다. 식 4.3.6의 결과를 식 4.3.4에 대입하여 편차변수로 정리하면

$$\tau\frac{d(C_A')}{dt}=C_{A0}'-\left(1+\tau k_0e^{-E/RT_s}\right)C_A'-\frac{\tau k_0EC_{As}}{RT_s^2}e^{-E/RT_s}T' \tag{4.3.7}$$

이 된다. 식 4.3.7을 라플라스 변환하여 정리하면 다음과 같다.

$$C_A(s)=\frac{1}{\left(\tau s+1+\tau k_0e^{-E/RT_s}\right)}C_{A0}(s)-\frac{\tau k_0EC_{As}e^{-E/RT_s}/RT_s^2}{\left(\tau s+1+\tau k_0e^{-E/RT_s}\right)}T(s) \tag{4.3.8}$$

여기서 $C_A(s)$, $C_{A0}(s)$, $T(s)$는 각각 편차변수 C_A', C_{A0}', T'의 라플라스 변환을 나타낸다. 식 4.3.8을 통해 반응기의 온도를 일정하게 유지하면서 C_{A0}에 계단변화를 가하면 C_A는 증가하고, C_{A0}를 일정하게 유지하면서 반응기 내의 온도를 높여주면 C_A가 감소함을 알 수 있다.

② 에너지 수지

액체의 몰열용량(C_p), 몰밀도(ρ_M)가 일정할 때 에너지 수지는 다음과 같다.

[반응기에 축적되는 에너지 속도]
= [원료를 반응기 입구온도(T_i)에서 반응온도(T)까지 변화시키는데 소모되는 에너지 속도] + [온도 T에서 반응에 의한 발열속도] + [외부로부터 열로서 공급되는 에너지 속도]

반응 엔탈피를 ΔH_{rxn} (kJ/mol, cal/mol 등)라고 하면 반응에 의한 발열속도는 $-\Delta H_{rxn} k C_A V$가 된다. 따라서 반응기에 대한 에너지 수지는

$$\rho_M V C_p \frac{dT}{dt} = -FC_p(T - T_i) + (-\Delta H_{rxn}(T))kC_A V + q \tag{4.3.9}$$

이 된다. 여기서 F는 반응기로 공급되는 원료의 몰유량을 나타낸다. ΔH_{rxn} 이 온도와 무관하게 일정하다면 식 4.3.9는 다음과 같이 나타낼 수 있다.

$$\rho_M V C_p \frac{dT}{dt} = FC_p(T_i - T) + (-\Delta H_{rxn})kC_A V + q \tag{4.3.10}$$

위의 식을 통해 이 반응계의 출력변수는 반응기 출구 온도 T이며 입력변수는 F, T_i, C_A, q 등이 될 수 있다. F가 일정할 때 정상상태에서 식 4.3.10은 다음과 같다.

$$0 = FC_p(T_{is} - T_s) + (-\Delta H_{rxn})V(kC_A)_s + q_s \tag{4.3.11}$$

여기서 T_{is}, T_s는 각각 정상상태에서 반응기 입구와 출구의 온도이다. 식 4.3.10에서 4.3.11을 뺀 후 편차변수로 정리하면

$$\rho_M V C_p \frac{d(T - T_s)}{dt} = FC_p(T_i - T_{is}) - FC_p(T - T_s) + (-\Delta H_{rxn})V[(kC_A) - (kC_A)_s] + q - q_s$$

$$\rho_M V C_p \frac{dT'}{dt} = FC_p T_i' - FC_p T' + (-\Delta H_{rxn})V(kC_A)' + q' \tag{4.3.12}$$

이 된다. 여기서 $(kC_A)'$를 식 4.3.6의 결과로 치환하면 다음 식이 얻어진다.

$$\frac{dT'}{dt} = \frac{F}{\rho_M V}T_i' - \frac{F}{\rho_M V}T' + \frac{(-\Delta H_{rxn})}{\rho_M C_p}\left[\frac{k_0 E C_{As} e^{-E/RT_s}}{RT_s^2}T' + k_0 e^{-E/RT_s}C_A'\right] + \frac{q'}{\rho_M V C_p} \tag{4.3.13}$$

위의 식을 라플라스 변환한 뒤 정리하면

$$T(s) = \frac{F/\rho_M V}{\left[s + \dfrac{F}{\rho_M V} + \left(\dfrac{\Delta H_{rxn}}{\rho_M C_p}\right)\left(\dfrac{k_0 E C_{As} e^{-E/RT_s}}{RT_s^2}\right)\right]}T_i(s) + \frac{k_0 e^{-E/RT_s}(-\Delta H_{rxn}/\rho_M C_p)}{\left[s + \dfrac{F}{\rho_M V} + \left(\dfrac{\Delta H_{rxn}}{\rho_M C_p}\right)\left(\dfrac{k_0 E C_{As} e^{-E/RT_s}}{RT_s^2}\right)\right]}C_A(s) + \frac{1/\rho_M V C_p}{\left[s + \dfrac{F}{\rho_M V} + \left(\dfrac{\Delta H_{rxn}}{\rho_M C_p}\right)\left(\dfrac{k_0 E C_{As} e^{-E/RT_s}}{RT_s^2}\right)\right]}Q(s) \tag{4.3.14}$$

이 된다. 반응기 출구의 온도(T)는 반응기로 공급되는 원료의 온도(T_i)와 반응기 내 A의 농도(C_A) 그리고 반응기에 공급되는 열(Q)에 의해 변화될 수 있음을 알 수 있다. 또한, 에너지 수지식에서 출력변수인 온도 T는 몰수지식(식 4.3.7)에서는 입력변수가 된다. 식 4.3.7과 4.3.14를 블록선도로 나타내면 몰수지식과 에너지 수지식의 상호관련성을 쉽게 알 수 있다(그림 4.6). 열교환기를 통해 반응기 내의 온도를 일정하게 제어한다면 C_A는 C_{A0}에 의존하게 되며, C_{A0}가 일정할 경우에는 C_A는 반응기 내의 온도 T에 의해 음의 피드백을 받게 된다.

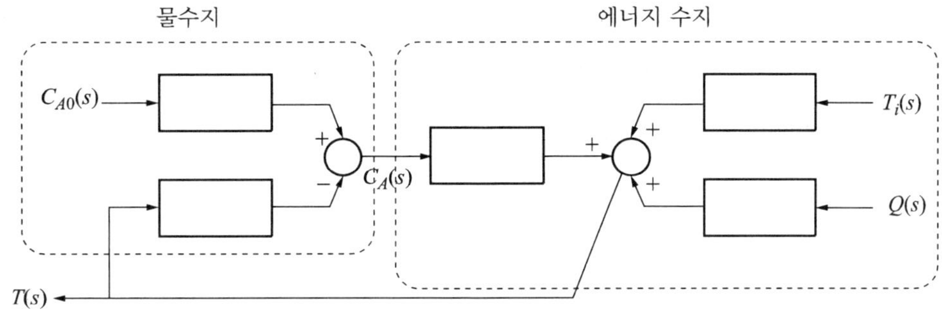

그림 4.6 1차 반응계에서 몰수지와 에너지수지의 관계(□ : 전달함수)

보기 4.3 CSTR에서 공급농도와 반응기 출구농도의 전달함수[4)]

그림 E4.3과 같이 액상 이차반응이 CSTR에서 진행되고 있다. 몰수지식으로부터 공급농도 C_{A0}의 변화와 반응기 출구 농도 C_A에 관한 전달함수를 결정하여라. 만약 공급농도가 1 mol/L에서 2 mol/L로 계단변화를 보인다면 1분 뒤의 출구농도와 새로운 정상상태의 출구농도는 어떻게 되겠는가? 반응속도 상수는 다음과 같다.

$$k = \frac{2}{(\mathrm{mol/L})\mathrm{min}}$$

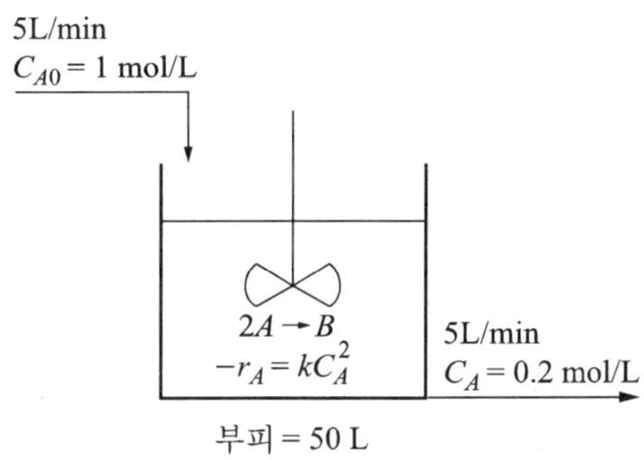

그림 E4.3

풀이 부피유량을 v라고 할 때 반응물 A에 대한 몰수지는 다음과 같다.

$$vC_{A0} - vC_A - kVC_A^2 = V\frac{dC_A}{dt} \tag{1}$$

4) Coughanowr, D.R., S.E. LeBlanc, Process systems analysis and control. 3rd ed. (McGraw-Hill, 2009). p 119, Problem 5.16.

전달함수를 구하기 전에 비선형항 kVC_A^2 을 선형화하는 것이 필요하다. C_A^2 을 초기 정상상태 값 C_{AS} 근처에서 Taylor 전개 후 1차항만 취하면

$$C_A^2 \simeq C_{As}^2 + 2C_{As}(C_A - C_{As})$$

따라서 식 (1)은 다음과 같이 나타낼 수 있다.

$$vC_{A0} - vC_A - kV(C_{As}^2 + 2C_{As}(C_A - C_{As})) = V\frac{dC_A}{dt} \tag{2}$$

전달함수 함수를 구하기 위해서는 편차변수로 표현된 미분방정식이 필요하다. 정상상태에서 식 (2)는 다음과 같다.

$$vC_{A0s} - vC_{As} - kV(C_{As}^2 - 2C_{As}(C_{As} - C_{As})) = V\frac{dC_{As}}{dt} \tag{3}$$

식 (2)에서 식 (3)을 빼면

$$v(C_{A0} - C_{A0s}) - v(C_A - C_{As}) - 2kVC_{As}(C_A - C_{As}) = V\frac{d(C_A - C_{As})}{dt} \tag{4}$$

여기서 $C_{A0} - C_{As} = C_{A0}^{'}, C_A - C_{As} = C_A^{'}$ 라 하면

$$v(C_{A0}^{'}) - v(C_A^{'}) - 2kVC_{As}(C_A^{'}) = V\frac{d(C_A^{'})}{dt} \tag{5}$$

식 5에 대해 라플라스 변환을 취하면

$$C_{A0}^{'}(s) - C_A^{'}(s) - 2k\tau C_{As}C_A^{'}(s) = \tau s C_A^{'}(s) \tag{6}$$

$$C_{A0}^{'}(s) = (\tau s + 1 + 2k\tau C_{As})C_A^{'}(s)$$

$$\frac{C_A^{'}(s)}{C_{A0}^{'}(s)} = \frac{1}{\tau s + 1 + 2k\tau C_{As}} = \frac{1}{\tau s + K}$$

여기서 $\tau = V/v$, $K = 1 + 2k\tau C_{As}$ 이다. $V = 50$ L, $v = 5$ L/min으로부터 $\tau = 10$ min이 된다. 출구농도의 초기정상상태 농도는 $C_{As} = 0.2$ mol/L이므로 $K = 1 + 2 \times 2 \times 10 \times 0.2 = 9$이다. 따라서 식 (6)으로부터 전달함수는 다음과 같이 정리될 수 있다.

$$\frac{C_A^{'}(s)}{C_{A0}^{'}(s)} = \frac{1}{10s + 9} = \frac{0.11}{1.11s + 1} \tag{7}$$

공급농도를 1 mol/L에서 2 mol/L로 갑자기 변화시키는 것은 단위 계단변화, 즉 $C_{A0}^{'}(s) = 1/s$에 해당하므로

$$C_A^{'}(s) = \frac{1}{s}\frac{0.111}{1.11s + 1} \quad \Rightarrow \quad C_A^{'}(t) = 0.111(1 - e^{-t/1.11}) \tag{8}$$

따라서

$$C(t) = 0.2 + 0.111(1 - e^{-t/1.11}) \tag{9}$$

식 (9)를 이용하여 공급농도의 계단변화 후 1분 뒤의 출구농도와 새로운 정상상태의 출구농도는 다음과 같다.

$$C(t=1) = 0.2 + 0.111(1 - e^{-1/1.11}) = 0.2659 \text{ mol/L}$$
$$C(t=\infty) = 0.2 + 0.11(1 - e^{-\infty/1.11}) = 0.311 \text{ mol/L}$$

다음의 R 코드를 이용하여 전달함수를 통해 계산된 출구농도와 실제 미분방정식을 통해 계산된 출구된 출구농도를 그래프로 나타내보자.

```
require(control) # 함수 tf, step 사용하기 위한 패키지 로더
require(deSolve) # 함수 ode를 사용하기 위한 패키지 로더
# 전달함수를 이용한 출구농도 계산
Cas=0.2
G=tf(0.111,c(0.111,1))
res=step(G,seq(0,10,length.out=100))
Ca_li=Cas+res$y # 전달함수를 통해 계산된 출구 농도
# 미분방정식을 이용한 출구농도 계산
Cdot=function(t,Ca,parms) {
    with(as.list(parms),{
    dCa=(Cin-Ca-k*tau*Ca^2)/tau
    list(dCa)
  })}
ps=c(k=2,tau=10,Cin=2) # Cin에는 변화된 공급농도 대입
t=seq(0,10,length.out=100)
out=ode(func=Cdot,y=0.2,times=t,parms=ps)
Ca_real=out[,2] # 미분방정식 풀이를 통해 계산된 출구농도
x11() # 그림 E4.3A
matplot(t,cbind(t(Ca_li),Ca_real),type="l",lwd=2,col=1,
        xlab="Time (min)",ylab="")
legend("bottomright",legend=c("Linearized Soln.","Real Soln."),lty=1:2)
grid()
```

위의 코드를 통해 작성된 그림 E4.3A는 선형화 과정을 통해 구해진 전달함수에 의한 출구농도과 실제 미분방정식 풀이에 의한 실제 출구농도를 비교한 것이다. 선형화에 의한 근사값은 초기 정상상태에서 멀어질수록 잘 맞지 않음을 알 수 있다.

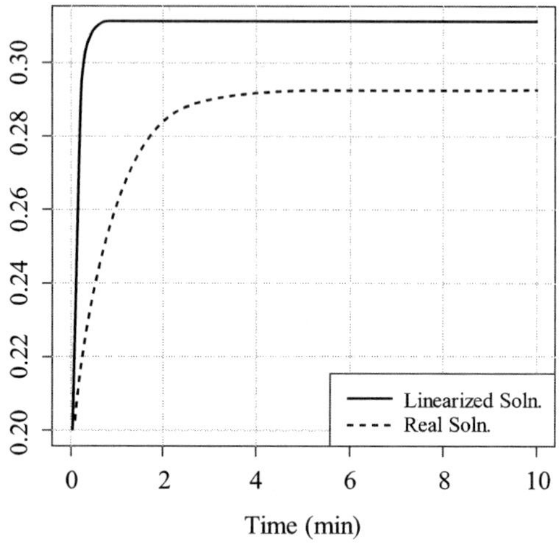

그림 E4.3A

4.4 구동기와 감지기

가열공정에서 구동기(최종제어요소)는 열원으로 전기를 사용할 경우에는 저항가열요소에 공급되는 전류의 세기를 조절하기 위해 사용되는 가변변압기이며, 수증기를 사용할 경우에는 수증기의 흐름을 조절하는 제어밸브(control value)가 된다. 공압식 밸브를 사용하는 구동기는 전류−공압 변환기(I/P converter), 계기공기 장치(instrument air system), 제어 밸브로 구성된다. 전류−공압 변환기는 아날로그 전류신호의 변화를 입력받아 계기공기 장치를 작동시켜 제어밸브 내부의 격막(diaphragm)을 확장 혹은 수축시켜 밸브 축의 변화를 유도하여 가열공정으로 공급되는 수증기의 유량을 조절하게 된다. 밸브의 응답은 구동기 내 다른 구성요소(I/P converter, 계기공기 장치 등)의 응답에 비해 매우 느리므로 구동기 시스템의 동특성은 주로 밸브의 동특성에 의존하게 된다. 밸브의 동특성은 선형 1차 공정으로 알려져 있으며 밸브를 통해 흐르는 유량 q는 다음과 같이 나타낼 수 있다.

$$\frac{dq}{dt}=\frac{1}{\tau_v}(q_i-q) \tag{4.4.1}$$

여기서 τ_v는 밸브의 시간상수이며 q_i는 독립변수로서 유량제어기의 입력에 해당한다. 액위 감지기, 온도 감지기 등도 1차 선형 모델식으로 표현될 수 있다. 예를 들어, 액위 감지기의 경우 측정된 액위를 L_m이라고 하면

$$\frac{dL_m}{dt}=\frac{1}{\tau_L}(L-L_m) \tag{4.4.2}$$

이 된다. 여기서 τ_L은 액위 감지기의 시간상수이며 L은 공정의 실제 액위가 된다. 유사한 방식으로 온도 감지기의 경우도 측정온도 T_m이라고 하면 다음과 같이 표현될 수 있다.

$$\frac{dT_m}{dt}=\frac{1}{\tau_T}(T-T_m) \tag{4.4.3}$$

여기서 τ_T는 온도 감지기의 시간상수이고 T는 실제 공정의 온도에 해당한다. 식 4.4.1 ~4.4.3의 라플라스 변환은 모두 식 3.4.4와 같이 1차 공정의 형태로 표현됨을 알 수 있다.

보기 4.4 온도계에서 온도변화

1차계 동특성을 가진 온도계를 100℃의 수조에 넣어 정상상태에 도달하게 한 후, $t=0$에서 120℃의 수조에 넣고 1분간 방치 후 당시 100℃ 수조로 옮겼다. 온도계의 시간상수 1분이라고 할 때 다음 물음에 답하여라.

① 시간의 따른 온도계 눈금의 변화를 그래프로 나타내어라.

② $t=0.5$, 2에서 각각 온도계의 눈금을 계산하여라.

풀이 ① 1차계이므로 전달함수는 다음과 같이 둘 수 있다.

$$G(s)=\frac{1}{\tau s+1} \tag{A}$$

온도계에 주어지는 입력의 변화는 100℃ → 120℃ → 100℃이므로 입력변수를 $x(t)$라고 하면

$$x(t)=20(u(t)-u(t-1)) \tag{B}$$

여기서 $u(t)$는 단위 계단 함수이다. 따라서

$$X(s) = 20\left(\frac{1}{s} - \frac{e^{-s}}{s}\right) \tag{C}$$

온도계의 눈금변화에 대한 라플라스 변환을 $Y(s)$라고

$$Y(s) = G(s)X(s) = \frac{1}{\tau s+1}\left[20\left(\frac{1}{s} - \frac{e^{-s}}{s}\right)\right] = \frac{20}{s}\frac{1}{\tau s+1} - \frac{20e^{-s}}{s}\frac{1}{\tau s+1}$$

$$\mathcal{L}^{-1}\{Y(s)\} = y(t) = 20(1-e^{-t/\tau}) - 20(1-e^{-(t-1)/\tau})u(t-1)$$

$\tau = 1$ 므로 위의 식에 대입하면 온도계의 시간에 따른 눈금변화는 다음과 같다.

$$y(t) = 20(1-e^{-t}) - 20(1-e^{-(t-1)})u(t-1) \tag{D}$$

$t \le 1$일 때 $u(t-1) = 0$이고 $t > 1$일 때 $u(t-1) = 1$이므로

$$y(t) = \begin{cases} 20(1-e^{-t}) & t \le 1 \\ 20(e^{-(t-1)} - e^{-t}) & t > 1 \end{cases} \tag{E}$$

실제 눈금은 눈금의 변화 $y(t)$에 초기값을 더한 값이 되므로

$$y_{real}(t) = \begin{cases} 20(1-e^{-t}) + 100 & t \le 1 \\ 20(e^{-(t-1)} - e^{-t}) + 100 & t > 1 \end{cases} \tag{F}$$

다음의 R 코드를 이용하여 수조의 온도와 온도계의 눈금변화를 그래프로 나타내보자.

```
U=function(x)  ifelse(x<= 0,0,1)
u=Vectorize(U)
t=seq(0,10,length.out=1000)
ys=100
yreal=20*(1-exp(-t))-20*(1-exp(-(t-1)))*u(t-1) + ys # 온도계의 눈금변화

Ui=20*(u(t)-u(t-1))+100 # 수조의 온도변화
x11() # 그림 E4.4 작성을 위한 X-윈도우 열기
par(mar=c(5.1,5.8,4.1,2.1))
matplot(t,cbind(Ui,yreal),
        type="l",xlab="t (min)",lwd=2,ylim=c(100,120),col=1,
        ylab=expression(paste(Temperature, "(",degree,"C)",sep="")))
legend("topright",legend=c("Bath Temp","Thermometer Temp"),lwd=1:2,lty=1:2)
grid()
```

위의 R 코드에서 ifelse(x<=0,0,1)는 x가 0보다 작거나 같으면 0을, 그 외의 경우에는 1을 반환한다는 의미이다. 따라서 함수 U는 단위 계단함수를 구현한 것이며 인수로 스칼라를 취한다. 함수 U와 u는 단위 계단함수를 구현한 것이지만 함수 u는 인수로 벡터를 취할 수 있다.

그림 E4.4는 시간에 따른 온도계의 눈금을 그래프로 나타낸 것이며, 120℃ 수조에 있는 는 1 분간동안 온도계는 112.64℃까지만 증가하게 되며 이후 100℃ 수조로 옮겨진 후 온도는 100℃까지 감소하게 됨을 알 수 있다.

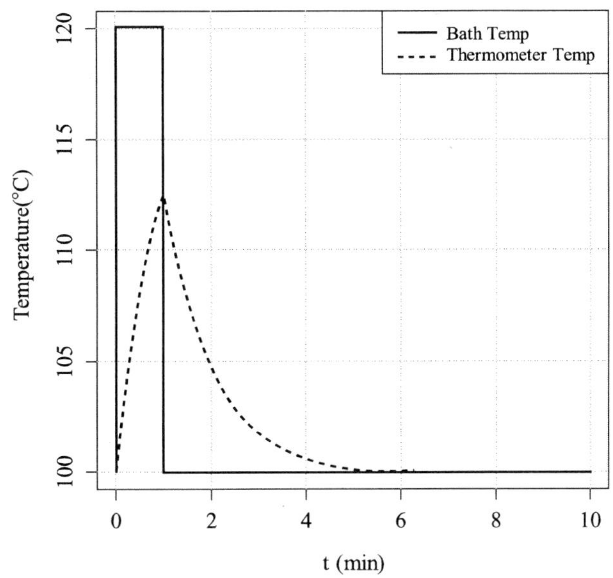

그림 E4.4

② 식 (F)를 이용하면

$$y_{real}(0.5) = 20(1 - e^{-0.5}) + 100 = 107.87℃$$

$$y_{real}(2) = 20(e^{-1} - e^{-2}) + 100 = 104.65℃$$

Chapter 5

제어기의 전달함수와 동특성

제어기는 공정에서 외란이 발생하더라도 출력변수의 값을 설정값으로 유지시키거나 설정값의 변화에 따라 출력변수의 값이 따르도록 하는 역할을 한다. 화학공장에서 가장 일반적으로 사용되는 제어기는 비례-적분-미분(PID) 제어기이며 유량제어, 압력제어, 액위제어, 온도제어 및 조성제어 등에 사용된다. 여기서는 제어기의 전달함수와 함께 1차 공정의 설정점변화에 대한 비례(P), 비례-적분(PI), 비례-미분(PD), 비례-적분-미분(PID) 제어기의 응답 특성에 대해 알아보도록 한다.

선형 미분방정식으로 표현되는 공정들은 라플라스 변환을 통해 전달함수로 표현될 수 있음을 4장에서 살펴보았다. 실제 화학공정은 여러 공정들이 서로 관련되어 있으며 제어변수의 값이 설정값에 맞도록 조절되는 제어계로 구성된다. 그림 5.1은 공정 외에 감지기, 제어기, 구동기 등으로 구성된 일반적인 제어계의 블록선도를 나타낸 것이다. 블록선도를 이용하면 제어계 구성요소의 상호 관련성을 쉽게 알 수 있다.

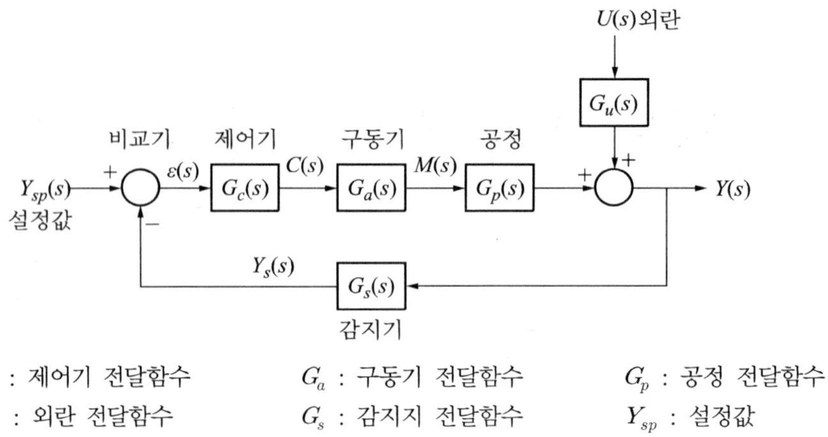

그림 5.1 일반적인 제어계의 블록선도

그림 5.1에서 출력변수 $Y(s)$의 측정치 $Y_s(s)$와 설정값 $Y_{sp}(s)$의 차는 제어기의 입력이 되며 제어기의 출력은 다시 구동기의 입력이 된다. 구동기의 출력은 공정의 입력이 되며 공정의 출력과 외란의 합이 출력 $Y(s)$가 된다. $Y(s)$는 다시 감기기를 통해 비교기로 되돌아간다. 이러한 제어구조를 되먹임 혹은 피드백 제어구조라고 한다. 여기서 제어기의 역할은 외란이 발생하더라도 출력변수의 값을 설정값으로 유지하거나 설정값의 변화에 따라 출력변수의 값을 조정하도록 구동기에 신호를 보내는 역할을 한다. 그림 5.1에 나타낸 제어계에서 입력(설정값, 외란)의 변화에 의한 출력변수의 응답은 다음과 같이 계산된다.

공정의 출력 : $Y(s) = G_p(s)M(s) + G_u(s)U(s)$ (5.1)

구동기의 출력 : $M(s) = C(s)G_a(s)$ (5.2)

제어기의 출력 : $C(s) = G_c(s)\epsilon(s)$ (5.3)

감지기의 출력 : $Y_s(s) = G_s(s)Y(s)$ (5.4)

비교기의 출력 : $\epsilon(s) = Y_{sp}(s) - Y_s(s)$ (5.5)

위의 식들을 이용하여 $Y(s)$를 입력 $Y_{sp}(s)$, $U(s)$와 전달함수 $G_c(s)$, $G_a(s)$, $G_p(s)$, $G_c(s)$로 나타내면

$$Y(s) = \frac{G_c(s)G_a(s)G_p(s)Y_{sp}(s) + G_u(s)U(s)}{1 + G_c(s)G_a(s)G_p(s)G_s(s)} \tag{5.6}$$

이 된다. 식 5.6에서 $U(s) = 0$(외란이 없음)이면 설정점 변화에 대응하는 총괄전달함수는 다음과 같다.

$$\frac{Y(s)}{Y_{sp}(s)} = \frac{G_c(s)G_a(s)G_p(s)}{1 + G_c(s)G_a(s)G_p(s)G_s(s)} \tag{5.7}$$

식 5.7은 출력이 설정점에 따라 조정되기 때문에 설정점 추적 제어라고도 한다. 만약 식 5.6에서 $Y_{sp}(s) = 0$(설정점이 고정됨)인 경우에는 부하 변화에 대응하는 총괄전달함수는 다음과 같다.

$$\frac{Y(s)}{U(s)} = \frac{G_u(s)}{1 + G_c(s)G_a(s)G_p(s)G_s(s)} \tag{5.8}$$

식 5.8은 외란에도 불구하고 출력을 고정된 설정값으로 유지하도록 제어하기 때문에 조정제어라고도 부른다. 설정점 추적이나 외란 제거의 총괄전달함수에서 분모가 모두 같음을 알 수 있다. 피드백 제어계에서 총괄전달함수의 분모를 0으로 둔 것을 특성방정식이라고 하며 특성방정식의 근은 공정의 동특성을 결정한다. 그림 5.1에 나타낸 제어계의 특성방정식은 다음과 같다.

$$1 + G_c(s)G_a(s)G_p(s)G_s(s) = 0 \tag{5.9}$$

피드백 제어계에서 구동기, 공정, 감지기의 전달함수가 정해진 경우 특성방정식의 근은 제어기 전달함수에 의해 결정됨을 알 수 있다. 화학공정에서 가장 일반적인 제어기는 비례-적분-미분(PID, Proportional-Integral-Derivative) 제어기로서 유량, 압력, 액위, 조성, 온도 등의 제어에 사용된다.

5.1 PID 제어기의 전달함수

그림 5.1과 같은 피드백 제어계에서 PID 제어기가 사용될 경우 설정값과 측정된 변수값의 오차 $e(t) = y_{sp}(t) - y(t)$는 제어기의 입력이 되며 제어기 출력은 다음 세 부분의 합에 의해 계산된다.

$$\text{비례부분(P)} : u_P(t) = K_c(y_{sp}(t) - y(t)) = K_c e(t) \tag{5.1.1}$$

$$\text{적분부분(I)} : u_I(t) = \frac{K_c}{\tau_I}\int_0^t (y_{sp}(\tau) - y(\tau))d\tau = \frac{K_c}{\tau_I}\int_0^t e(\tau)d\tau \tag{5.1.2}$$

$$\text{미분부분(D)} : u_D(t) = K_c\tau_D\frac{d(y_{sp}(t) - y(t))}{dt} = K_c\tau_D\frac{de(t)}{dt} \tag{5.1.3}$$

따라서 PID 제어기 출력은 다음과 같이 비례부분, 적분부분, 미분부분의 합으로 구성된다.

$$u(t) = u_P(t) + u_I(t) + u_D(t) = K_c e(t) + \frac{K_c}{\tau_I}\int_0^t e(\tau)d\tau + K_c\tau_D\frac{de(t)}{dt} \tag{5.1.4}$$

여기서 상수 K_c, τ_I, τ_D는 사용자가 조절하는 매개변수이며 각각 비례이득(proportional gain), 적분시간(integral time), 미분시간(derivative time)이라고 부른다. 비례이득 K_c 대신 다음과 같이 정의되는 비례밴드(PB, Proportional Band)라는 양을 사용할 때도 있다.

$$PB = \frac{u_{\max} - u_{\min}}{K_c} \tag{5.1.5}$$

여기서 $u_{\max}$, $u_{\min}$은 각각 제어기의 최대출력과 최소출력을 나타낸다. $u_{\max} - u_{\min} = 100$으로 두면 PB(%) = $100/K_c$가 되며 PB(%)는 제어기 출력신호가 최소값에서 최대값으로 변하는 데 요구되는 %오차신호임을 알 수 있다. 적분시간 τ_I는 오차가 단위 계단함수로 주어질 때 적분부분(식 5.1.2)의 출력이 K_c가 되는데 걸리는 시간이다. 식 5.1.3의 미분부분은 출력신호가 오차의 변화율에 따라 결정된다. PID 제어기의 전달함수는 식 5.1.4의 라플라스 변환으로부터 다음과 같이 주어진다.

$$\frac{U(s)}{E(s)} = G_c(s) = K_c(1 + \frac{1}{\tau_I s} + \tau_D s) \tag{5.1.6}$$

여기서 $E(s)$와 $U(s)$는 각각 제어기의 입력신호 $e(t)$와 출력신호 $u(t)$의 라플라스 변환에 해당된다. 오차, 오차의 시간적분 그리고 오차의 시간변화율의 선형결합으로 이루어진 PID 제어기는 오차의 감소와 안정도에 있어서 성능이 우수하므로 석유 정제, 제지, 금속성형 등의 산업 공정분야에서도 거의 표준화된 제어방식으로 사용되고 있다.

보기 5.1 비례제어기에서 비례이득의 계산

유체를 가열하는 공정에서 공압식 비례 제어기가 밸브를 통해 열매체(수증기)의 유량을 조절하고 있다고 하자. 설정점이 일정한 값으로 고정된 상태에서 측정된 온도가 15℃에서 23℃로 변할 때 출력압력이 3 psig(밸브의 완전차단)에서 15 psig(밸브의 완전개방)까지 도달하도록 조정되어 있다면 비례 제어기의 이득 K_c는 얼마인가? 또한 PB(%)는 얼마인가?

풀이 제어기에서 이득은 제어기의 출력(여기서는 압력)의 변화를 입력(여기서는 온도)의 변화로 나눈 값이므로

$$K_c = \frac{\Delta p}{\Delta \epsilon} = \frac{(15-3)\,\text{psig}}{(23-15)\,℃} = 1.5\ \text{psig}/℃$$

따라서, $\text{PB}(\%) = \frac{100}{K_c} = \frac{100}{1.5} = 66.7\%$

즉, 밸브의 완전 닫힘과 완전 열림에 필요한 온도변화는

(23 − 15)℃ × 0.667 = 5.336℃

보기 5.2 PID 제어기의 계단응답

PID 제어기에 오차가 단위 계단변화로 도입될 때 제어기의 응답을 계산하여라. 제어기의 전달함수는 다음과 같다.

$$G_c(s) = 10\left(1 + \frac{1}{s} + 0.5s\right)$$

풀이 제어기에 입력되는 오차 $E(s)$, 제어기로부터의 출력을 $Y(s)$로 두면

$$Y(s) = G_c(s)E(s) = 10\left(1 + \frac{1}{s} + 0.5s\right)\frac{1}{s} = \frac{10}{s} + \frac{10}{s^2} + 5$$

따라서, $y(t) = \mathcal{L}^{-1}\{Y(s)\} = 10 + 10t + 5\delta(t)$

보기 5.3 PI 제어기의 응답

PI 제어기에 그림 E5.3과 같은 입력 $u(t)$가 주어질 때 출력 $y(t)$의 시간에 따른 그래프를 작성하여라. 제어기 전달함수는 $2(1+2/s)$이다.

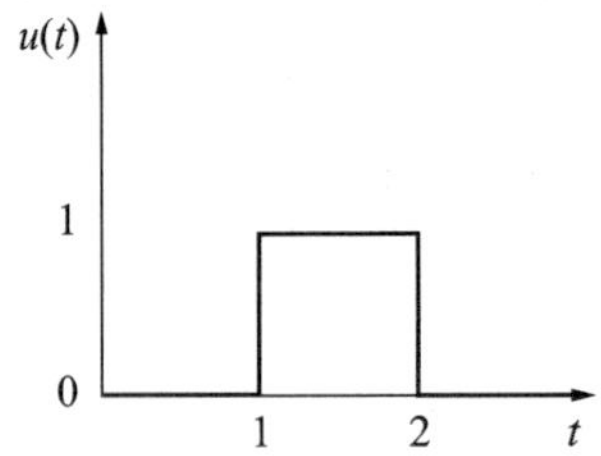

그림 E5.3

풀이 control 패키지에 있는 lsim 함수를 이용하여 전달함수와 입력신호가 주어졌을 때 출력신호를 계산해 보도록 하자.

```
require(control) # control 패키지 로더
signal=function(x) {  # 입력신호 작성을 위한 함수 정의
  a=ifelse((x 〉 1 & x 〈2),1,0)
  return(a)
}
Signal=Vectorize(signal)
t=seq(0,5,0.01)  # 시간의 범위 (0에서 5 까지)
u=Signal(t)  # 입력신호
Sys=TF("2*(1+2/s)") # PI 제어기의 전달함수
res=lsim(Sys,u,t) # 입력신호가 주어졌을 때 출력신호의 계산
x11() # 그림 E5.3A 작성을 위한 X-윈도우 열기
plot(t, res$y, type = "l", xlab="time",ylab="y(t)",lty=1,lwd=2)
lines(t, u, type = "l", lty=2, lwd=2)
grid(5,5)
legend("topright",c("y(t)","u(t)"),lty=1:2)
```

위의 R 코드에서 함수 lsim은 전달함수, 입력신호, 시간을 인수로 취하여 결과를 리스트로 반환하며 시간응답의 결과는 리스트 내의 원소 y에 저장된다(여기서는 res$y). 그림 E5.3A는 시간에 따른 PI 제어기의 입력과 출력의 변화를 나타낸다.

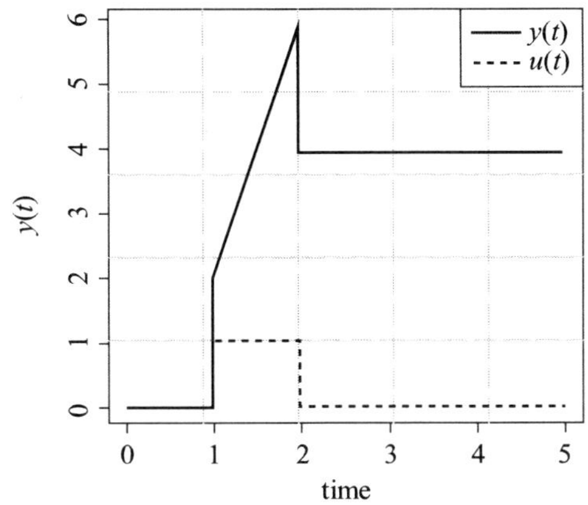

그림 E5.3A

5.2 PID 제어기의 기능해석

PID 제어기의 비례, 적분 및 미분동작에 대한 기본 특성을 알아보기 위해 그림 5.2와 같은 간단한 피드백 제어계를 고려해보자.

이 제어계의 총괄전달함수는 다음과 같다.

$$\frac{C(s)}{R(s)} = \frac{G_c(s)G_p(s)}{1+G_c(s)G_p(s)} \tag{5.2.1}$$

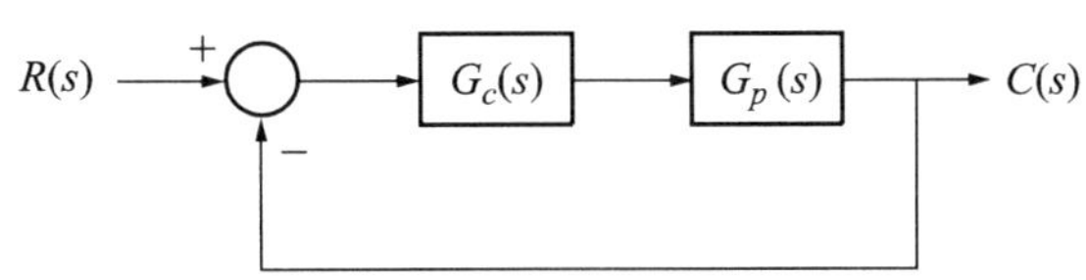

그림 5.2 피드백 제어계

공정이 1차 공정이라고 하면 전달함수는 $G_p(s) = K_p/(\tau_p s + 1)$로 나타낼 수 있다. 제어기의 전달함수 $G_c(s)$의 형태에 따라 제어계의 응답이 어떻게 변하는지 살펴보자.

① 비례 제어기(P 제어기)

비례 제어기는 PID의 제어기에서 비례동작 부분만을 가지는 제어기로서 $G_c(s) = K_c$인 경우이다. 이 경우의 총괄전달함수는

$$\frac{C(s)}{R(s)} = \frac{G_c(s)G_p(s)}{1 + G_c(s)G_p(s)} = \frac{K_c K_p}{\tau_p s + 1 + K_c K_p} \tag{5.2.2}$$

이 된다. 설정값에 단위 계단 입력이 주어질 때 공정출력의 최종 정상상태 값은 $K_c K_p/(1 + K_c K_p)$로서 설정값인 1보다 적음을 알 수 있다. 설정값과 정상상태의 차이를 잔류편차(offset)라고 부르며 여기서는 $1 - K_c K_p/(1 + K_c K_p) = 1/(1 + K_c K_p)$이 된다. K_p가 일정할 때 제어기의 비례이득 K_c가 증가하면 잔류편차는 감소하지만 없어지지는 않는다. 비례제어기에서 K_c의 증가에 따라 잔류편차가 감소함을 다음의 R 코드를 통해 확인해 보도록 하자.

```
require(control) # control 패키지 로더
Kp=3
taup=2
Kc=c(0.05,0.1,0.3)
res=list()
tm=seq(0,8,0.1)
for (i in 1:3) {
res[[i]]=step(tf(Kp*Kc[i],c(taup,1+Kc[i]*Kp)),tm)$y/(Kc[i]*Kp/(1+Kc[i]*Kp))
}
Yt=cbind(t(res[[1]]),t(res[[2]]),t(res[[3]]))

x11() # 그림 5.3 작성을 위한 X-윈도우 열기
matplot(tm,Yt,ylab=expression(y[n]),xlab="Time",type="l",lwd=2,col=1)
legend("bottomright",legend=expression(paste(K[c],"=0.05",sep=""),
        paste(K[c],"=0.1",sep=""), paste(K[c],"=0.3",sep="")),
        lwd=2,lty=1:3,x.intersp=0.1,cex=1)
grid(col="darkgray")
```

위의 R 코드는 식 5.2.2에서 $K_p = 3$, $\tau_p = 2$일 때 K_c의 변화에 따른 피드백 제어계의 응답을 계산하고 결과를 그래프로 작성하는데 사용되었다. K_c에 따라 계단응답에 대한 정상상태 값이 달라지므로 정상상태 값을 1로 표준화하기 위해 계단응답을 정상상태의 값 $K_c K_p / (1 + K_c K_p)$로 나누어 주었다. 이에 해당하는 코드 부분은 아래와 같다.

```
res[[i]]=step(tf(Kp*Kc[i],c(taup,1+Kc[i]*Kp)),tm)$y/(Kc[i]*Kp/(1+Kc[i]*Kp))
```

그림 5.3에서 보는 바와 같이 K_c가 증가함에 따라 잔류편차는 줄어들고 응답은 빨라짐을 알 수 있다. 이러한 측면에서 K_c를 가능한 크게 하는 것이 유리할 수 있지만 물리적으로 K_c를 무한히 크게 할 수 없으며 공정이 일차가 아닌 고차인 경우에는 K_c의 증가가 시스템의 불안정성을 유도할 수 있다. 따라서 P 제어기 사용하는 피드백 시스템은 잔류편차를 완전히 없앨 수 없음을 알 수 있다.

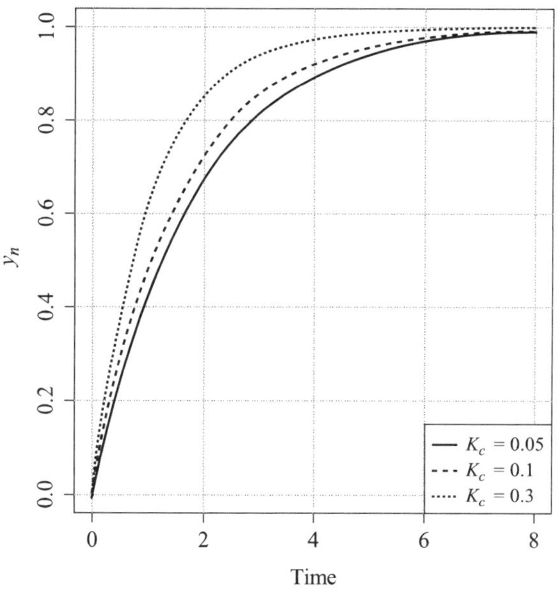

그림 5.3 1차 공정의 설정점 변화에 대한 비례제어기의 응답에서 K_c의 영향. y_n은 y를 정상상태 값으로 나눈 값임.

② 비례-적분 제어기(PI 제어기)

비례-적분 제어기는 PID의 제어기에서 미분동작이 빠진 비례동작과 적분동작으로 구성된 제어기로서 $G_c(s) = K_c(1 + 1/\tau_I s)$인 경우이다. 이 경우의 총괄전달함수는

$$\frac{C(s)}{R(s)} = \frac{G_c(s)G_p(s)}{1 + G_c(s)G_p(s)} = \frac{K_cK_p\tau_I s + K_cK_p}{\tau_I\tau_p s^2 + (1 + K_cK_p)\tau_I s + K_cK_p} \tag{5.2.3}$$

이 된다. 설정값에 단위 계단 입력이 주어질 때 공정출력의 최종 정상상태 값은 1로서 설정값과 같게 된다. 즉, 비례 제어기와 달라 잔류편차가 없다. $K_c = 2$, $K_p = 3$, $\tau_p = 2$일 때 적분시간 τ_I의 값에 따라 피드백 비례-적분 제어계의 응답을 아래의 R 코드를 사용하여 계산해보자.

```
Kp=3
taup=2
Kc=2
taui=c(0.1,0.5,1)
res=list()
for (i in 1:3) {
  res[[i]]=step(tf(c(Kc*Kp*taui[i],Kc*Kp),  # 식 5.2.3에 단위 계단변화
           c(taui[i]*taup,(1+Kc*Kp)*taui[i],Kc*Kp)),seq(0,10,0.1))
}
Time=res[[1]]$t
Yt=cbind(t(res[[1]]$y),t(res[[2]]$y),t(res[[3]]$y))
x11() # 그림 5.4 작성을 위한 X-윈도우 열기
matplot(Time,Yt,ylab="y",xlab="Time",type="l",lwd=2,col=1)
legend("bottomright",legend=expression(paste(K[c],"=0.1",sep=""),
         paste(K[c],"=0.5",sep=""),
       paste(K[c],"=1",sep="")),lwd=2,lty=1:3,x.intersp=0.1,cex=1)
grid(col="gray")
```

위의 코드를 통해 작성된 그림 5.4에서 보는 바와 같이 설정값에 단위 계단 입력변화가 주어졌을 때 τ_I가 작아지면 제어계의 응답은 빨라지지만 큰 오버슈트(overshoot)가 생기고 진동이 더 지속된다. 반면에 비례 제어기의 경우와 달리 최종값이 설정값과 동일하여 잔류편차가 없어짐을 알 수 있다. 잔류편차가 허용되고 않고 공정의 응답이 느리지 않는 경우에는 비례-적분 제어기를 사용할 수 있다. 적분동작은 잔류편차를 제거하는 장점이 있지만 오차가 0보다 클 경우 오차의 적분값은 시간이 갈수록 커지게 된다. 제어기의 출

력값은 물리적으로 한계가 있으므로 오차의 적분값은 계속 증가되어도 출력의 최대치에 머물게 되며 이러한 현상을 와인드업(windup)이라고 한다. 실제 제어기들은 이러한 경우 적분을 중지시키는 기능을 가지고 있다.

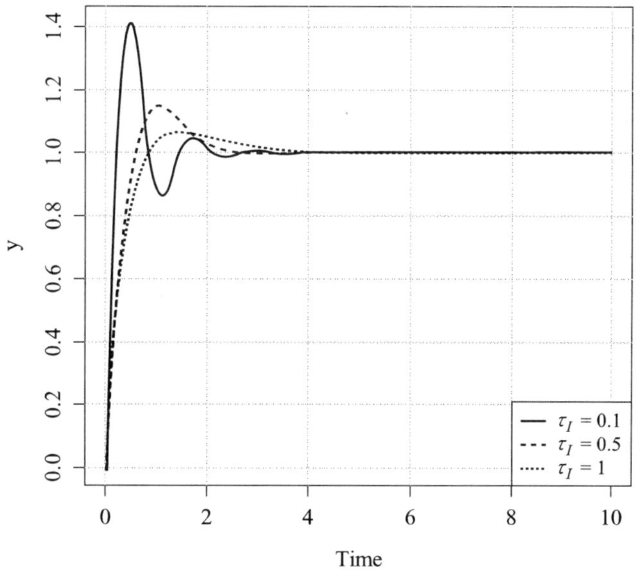

그림 5.4 1차 공정의 설정점 변화에 대한 비례-적분 제어기의 응답에서 τ_I의 영향

③ 비례-미분 제어기(PD 제어기)

비례-미분 제어기는 PID의 제어기에서 적분동작이 빠진 비례동작과 미분동작으로 구성된 제어기로서 $G_c(s) = K_c(1+\tau_D s)$인 경우이다. 이 경우의 총괄전달함수는

$$\frac{C(s)}{R(s)} = \frac{G_c(s)G_p(s)}{1+G_c(s)G_p(s)} = \frac{K_cK_p\tau_D s + K_cK_p}{(\tau_p + K_cK_p\tau_D)s + 1 + K_cK_p} \tag{5.2.4}$$

이 된다. 설정값에 단위 계단 입력이 주어질 때 공정출력의 최종 정상상태 값은 $K_cK_p/(1+K_cK_p)$로서 1보다 작게 되며 잔류편차가 존재하게 된다. 미분동작은 제어변수의 점진적인 변화를 가능하도록 하는 기능을 가진다. 즉, 제어변수의 기울기(시간에 대한 미분)가 증가하면 점진적인 변화를 유도하기 위해 기울기를 감소시키는 방향으로 제어작용을 증가시킨다. $K_c = 2$, $K_p = 3$, $\tau_p = 2$일 때 적분시간 τ_D의 값에 따라 피드백 비례-미분 제어계의 응답을 아래의 R 코드를 사용하여 계산해보자.

```
Kp=3
taup=2
Kc=2
taud=c(0.1,0.5,1)
res=list()
tm=seq(0,5,0.1)
for (i in 1:3) {
  res[[i]]=step(tf(c(Kc*Kp*taud[i],Kc*Kp),
                   c(taup+Kc*Kp*taud[i],1+Kc*Kp)),tm)$y/(Kc*Kp/(1+Kc*Kp))
}
Yt=cbind(t(res[[1]]),t(res[[2]]),t(res[[3]]))

x11() # 그림 5.5 작성을 위한 X-윈도우 열기
matplot(tm,Yt,ylab="y",xlab="Time",ylim=c(0,1.2),type="l",lwd=2,col=1)
legend("bottomright",legend=expression(paste(tau[D],"=0.1",sep=""),
              paste(tau[D],"=0.5",sep=""),
paste(tau[D],"=1",sep="")),lwd=2,lty=1:3,x.intersp=0.1,cex=1)
grid(col="gray")
```

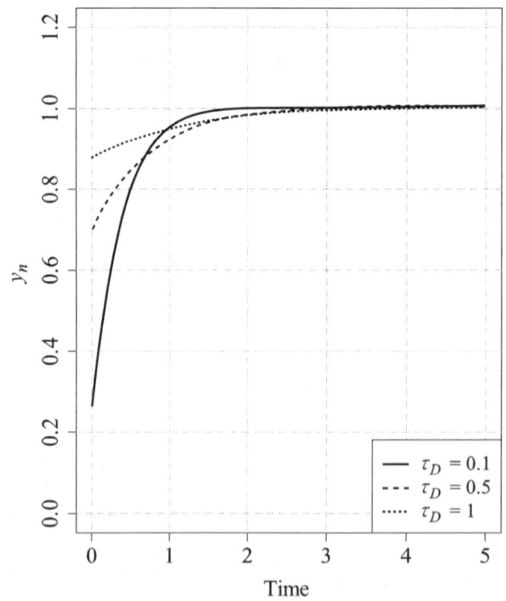

그림 5.5 1차 공정의 설정점 변화에 대한 비례-미분 제어기의 응답에서 τ_D의 영향. y_n은 y를 정상상태 값으로 나눈 값임.

앞의 코드에서 단위 계단변화의 응답은 P 제어기의 경우와 마찬가지로 정상상태 값으로 표준화한 값이다. 그림 5.5에서 보듯이 τ_D가 증가할수록 최종값에 도달하는 시간은 길어지지만 완만한 응답을 보여준다. 비례 제어기의 경우와 같이 잔류편차를 제거하지 못하지만 비례 제어기만 있는 경우보다 τ_D시간만큼 빠른 응답을 보여준다.

④ 비례－적분－미분 제어기(PID 제어기)

PID의 제어기에서 비례, 적분, 미분 동작을 갖춘 제어기로서 $G_c(s) = K_c\left(1 + \frac{1}{\tau_I s} + \tau_D s\right)$이다. 이 경우의 총괄전달함수는

$$\frac{C(s)}{R(s)} = \frac{G_c(s)G_p(s)}{1 + G_c(s)G_p(s)} \tag{5.2.5}$$

$$= \frac{K_c K_p \tau_D \tau_I s^2 + K_c K_p \tau_I s + K_c K_p}{(K_c K_p \tau_D \tau_I + \tau_D \tau_I)s^2 + (K_c K_p \tau_I + \tau_I)s + K_c K_p}$$

이 된다. 설정값에 단위 계단 입력이 주어질 때 공정출력의 최종 정상상태 값은 1로서 설정값과 같게 되어 잔류편차가 없다. 또한, 미분동작을 통해 공정의 응답이 빠르게 된다. P 제어기의 매개변수 K_c 하나이고, PI 제어기의 매개변수는 K_c와 τ_I, PD 제어기의 매개변수는 K_c와 τ_D이다. PID 제어기의 매개변수는 K_c, τ_I, τ_D로서 세 개가 된다. 만족할만한 제어성능을 보이기 위해서는 K_c, τ_I, τ_D의 값을 조율하는 것이 필요하며 Ziegler-Nichols 방법, Cohen-Coon 방법들이 있다. 식 5.2.5에서 $K_p = 3$, $\tau_p = 2$일 때 K_c, τ_I, τ_D의 값에 따라 단위 계단 변화에 대한 출력변수의 응답이 어떻게 변하는지를 아래의 R 코드를 통해 계산해보자.

```
Kp=3 ; taup=2; Kc=c(1,2,3); taui=c(0.1,0.5,1); taud=c(0.1,0.5,1)
plist=cbind(Kc,taui,taud)
PID=function(parms) {
  res=with(as.list(parms),
  step(tf(c(Kc*Kp*taud*taui,Kc*Kp*taui,Kc*Kp),
     c(Kc*Kp*taud*taui+taud*taui,Kc*Kp*taui+taui,Kc*Kp)),seq(0,10,0.01)))
     return(res)
}
resPID=list()
for (i in 1:3) {
```

```
  resPID[[i]]=PID(plist[i,])
}
Time=resPID[[1]]$t
Yt=cbind(t(resPID[[1]]$y),t(resPID[[2]]$y),t(resPID[[3]]$y))
x11() # 그림 5.6 작성을 위한 X-윈도우 열기
matplot(Time,Yt,ylab="y",xlab="Time",ylim=c(0,1.2),type="l",lwd=2,col=1)
legend("bottomright",legend=
          expression(paste(K[c],"=1 ",tau[I],"= 0.1 ",tau[D],"=0.1",sep=""),
          paste(K[c],"=2 ",tau[I],"= 0.5 ",tau[D],"=0.5",sep=""),
               paste(K[c],"=3 ",tau[I],"= 1.0 ",tau[D],"=1.0",sep="")),
                                        lwd=2,lty=1:3,x.intersp=0.1,cex=1)
grid(col="gray")
```

위의 코드를 통해 작성된 그림 5.6은 PID 제어기의 매개변수 K_c, τ_I, τ_D 값에 따른 공정출력의 응답특성을 보여준다. 공정의 목적에 맞게 K_c, τ_I, τ_D의 값은 최적화될 필요가 있음을 알 수 있다.

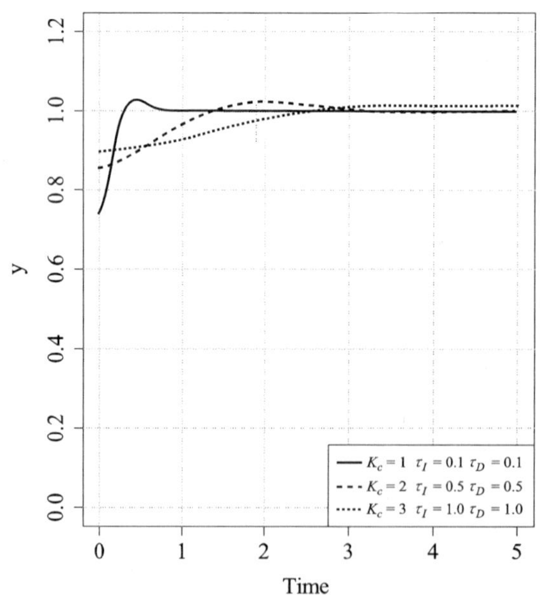

그림 5.6 1차 공정의 설정점 변화에 대한 비례-적분-미분 제어기의 응답에서 K_c, τ_I, τ_D의 영향

보기 5.4 비례제어기에서 비례이득과 응답

그림 E5.4와 같은 피드백 시스템에서 설정값에 단위 계단변화가 주어졌을 때 $K_c = 0.5$, 1일 때의 응답을 비교하여 보라.

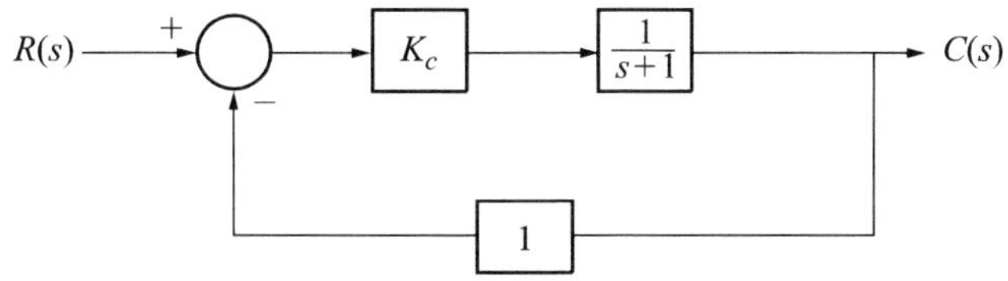

그림 E5.4

풀이 피드백 제어루프로부터 직접 전달함수를 계산할 수 있지만 여기서는 control 패키지에 있는 feedback 함수를 이용해보자. 예를 들어, 그림 E5.4와 같은 피드백 루프의 전달함수는 다음과 같이 계산될 수 있다.

$$\text{feedback}\left(\frac{K_c}{s+1}\,,\;1\right)$$

다음의 R 코드를 이용해보자.

```
require(control) # control 패키지 로더
G1=tf(0.5,c(1,1)) # 전달함수 0.5/(s+1)
G2=tf(1,c(1,1))  # 전달함수 1/(s+1)
C1=feedback(G1,1) # Kc=0.5일 때의 피드백 루프 전달함수
C2=feedback(G2,1) # Kc=1일 때의 피드백 루프 전달함수
t=seq(0,10,length.out=100)
res1=step(C1,t) # Kc=0.5일 때의 단위 계단 입력에 대한 응답
res2=step(C2,t) # Kc=1일 때의 단위 계단 입력에 대한 응답
res=cbind(t(res1$y),t(res2$y))
x11() # 그림 E5.4A 작성을 위한 X-윈도우 열기
matplot(t,res,type="l",xlab="t",ylab="y(t)",col=1,lwd=2,lty=1:2)
legend("bottomright",legend=c("Kc=0.5","Kc=1"),lty=1:2)
grid()
```

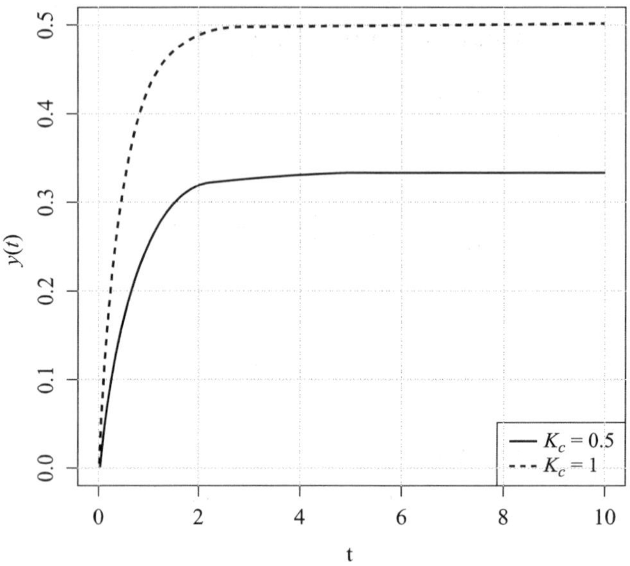

그림 E5.4A

보기 5.5 비례-미분제어기에서 단위 계단 응답

그림 E5.5와 같은 피드백 시스템에서 설정값의 단위 계단 변화가 발생하였을 때의 응답을 그래프로 나타내어라.

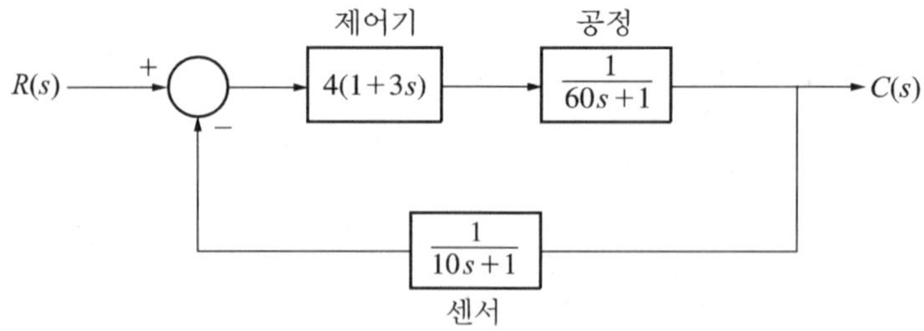

그림 E5.5

풀이 피드백 루프의 전달함수를 직접 구하여 계산할 수도 있지만 보기 5.4와 같이 control 패키지에 있는 함수들을 이용하여 피드백 루프의 응답을 계산해 보도록 하자. 제어기 전달함수 $G_c = 4(1+3s)$, 공정의 전달함수 $G_p = 1/(60s+1)$, 피드백 전달함수 $H = 1/(10s+1)$로 두면 그림 E5.5의 피드백 시스템의 전달함수는 feedback(G_cG_p, H)와 같다. G_cG_p는 control 패키지의 series 함수를 사용해서 계산하면 seriesG_c, G_p)가 된다. 다음의 R 코드를 이용해보자.

```
Gc=TF("4+12*s") # 제어기 전달함수
```

```
Gp=tf(1,c(60,1)) # 공정 전달함수
G=series(Gc,Gp)
H=tf(1,c(10,1)) # 피드백 함수
CL=feedback(G,H) # 피드백 시스템의 전달함수
t=seq(0,100,length.out=1000)
res=step(CL,t)
x11() # 그림 E5.5A 작성을 위한 X-윈도우 열기
plot(t,res$y,type="l",lwd=2,xlab="Time", ylab="y(t)")
grid()
```

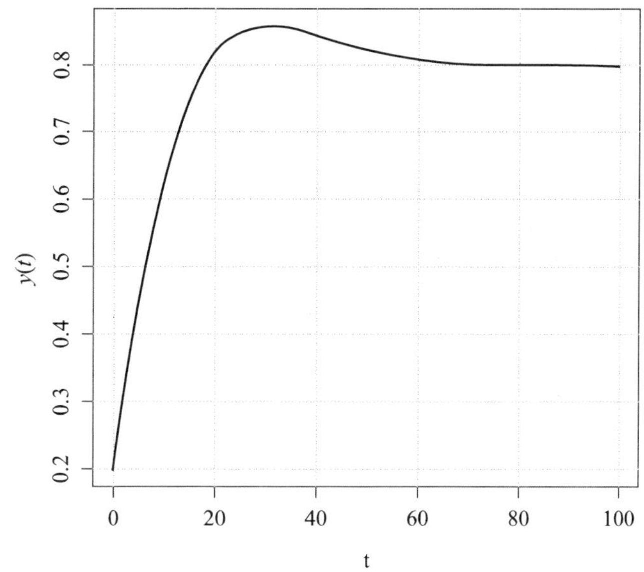

그림 E5.5A

보기 5.6 비례-적분-미분제어기에서 단위 계단 응답

그림 E5.6과 같은 피드백 시스템에 설정값의 단위 계단 변화가 발생하였을 때의 응답을 그래프로 나타내어라.

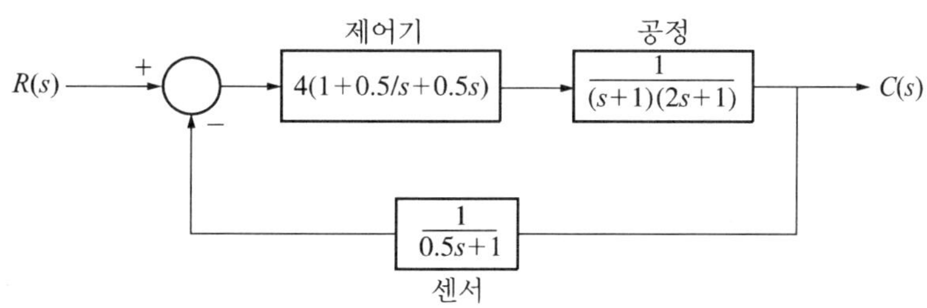

그림 E5.6

풀이 $G_c = 4(1+0.5/s+0.5s)$, $G_p = 1/(s^2+3s+1)$, $H = 1/(0.5s+1)$로 두고 아래의 R 코드를 이용해보자.

```
require(control)
Gc=TF("4*(1+0.5/s+0.5*s)") # 제어기 전달함수
Gp=tf(1,c(2,3,1)) # 공정 전달함수
G=series(Gc,Gp)
H=tf(1,c(0.5,1)) # 피드백 전달함수
CL=feedback(G,H) # 피드백 시스템에 대한 전체 전달함수
t=seq(0,10,length.out=100)
res=step(CL,t)
x11() # 그림 E5.6A 작성을 위한 X-윈도우 열기
plot(t,res$y,type="l",lwd=2,xlab="t", ylab="y(t)")
grid()
```

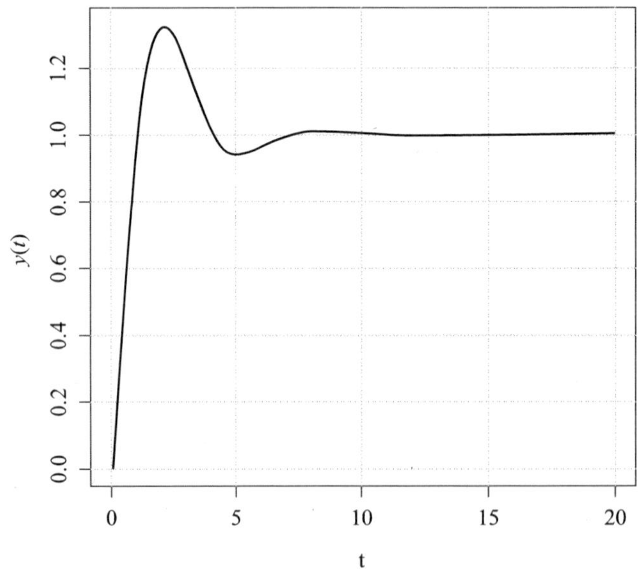

그림 E5.6A

※ R 코드 보충설명

control 패키지에 있는 TF 함수와 tf 함수는 모두 전달함수를 반환하지만 인수의 형태는 다름에 유의하자. 즉, TF 함수에서 사용되는 인수는 s의 다항식 혹은 분수식으로 주어지는 반면에 tf 함수의 인수는 분수식 형태의 전달함수에서 분자에 나타난 s의 계수와 분모에 나타난 s의 계수를 이용한다. 예를 들면 전달함수 $4(1+0.5/s+0.5s)$를 tf 함수를 사용해서 나타내기 원한다면 $(2s^2+4s+2)/s$ 형태로 고치면 된다. 다음 코드를 통해 확인해 보자.

```
TF("4*(1+0.5/s+0.5*s)")
y1:
    2 s^2 + 4 s + 2
  - - - - - - - - - - - -
              s
Transfer Function: Continuous time model
tf(c(2,4,2),c(1,0)) # 분자의 계수 c(2,4,2), 분모의 계수 c(1,0)
[1] "TFCHK: Transfer function may not be proper and may lead to errors. Num > Den"
y1:
    2 s^2 + 4 s + 2
  - - - - - - - - - - - -
              s
Transfer Function: Continuous time model
```

위의 결과에서 보는 바와 같이 TF 함수와 tf 함수가 동일한 전달함수를 반환하지만 tf 함수를 사용할 때 분자의 차수가 분모의 차수보다 높을 때에는 경고 메시지를 나타낸다. 따라서 분모의 차수가 분자의 차수보다 낮을 때에는 TF 함수를 사용하는 것이 편리하다. 또한 tf의해 반환된 값은 TF의 인수로 사용될 수 있다. 다음의 예를 살펴보자.

```
sys1=tf(1,c(1,1))
sys2=tf(3,c(1,3))
TF("sys1*sys2")
y1:
             3
  - - - - - - - - - - -
     s^2 + 4 s + 3
Transfer Function: Continuous time model
TF("sys1+sys2")
```

```
y1:
    4 s^1 + 6
  - - - - - - - - - - -
     s^2 + 4 s + 3
Transfer Function: Continuous time model
```

Chapter 6

피드백 시스템의 총괄전달함수

피드백 제어계는 기본적으로 제어하고자 하는 공정 이외에 센서, 전환기, 제어기, 최종제어요소들로 구성되며 블록선도나 신호 흐름도로 표현될 수 있다. 제어계를 구성하는 요소가 많아지고 복잡하게 연결될 때 입력과 출력을 단일블록으로 축소하면 시스템의 동특성을 해석하기가 편리해 진다. 여기서는 피드백 제어계를 블록선도와 신호 흐름도로 표현하는 방법과 대등한 관계를 유지하면서 블록선도와 신호 흐름도를 간소화하는 방법에 대해 알아보고 이를 이용하여 복잡한 피드백 시스템의 총괄전달함수를 구해보도록 한다.

선형 공정의 변수들의 관계를 블록선도로 나타낼 때 변수와 전달함수에 관한 표준 기호는 다음과 같다[5]. (특별한 설명이 없을 때 변수는 편차변수를 의미하며 초기치는 0이다)

$R(s)$: 설정점(set point) 혹은 원하는 값(desired value)의 라플라스 변환
$C(s)$: 제어변수(controlled variable)의 라플라스 변환
$\epsilon(s)$: 오차신호(error)의 라플라스 변환
$B(s)$: 측정변수(variable produced by measuring element)의 라플라스 변환
$M(s)$: 조작변수(manipulated variable)의 라플라스 변환
$U(s)$: 부하변수(load variable) 또는 외란(disturbance)의 라플라스 변환
$G_c(s)$: 제어기 전달함수
$G_1(s)$: 최종제어요소 전달함수
$G_2(s)$: 공정의 전달함수
$H(s)$: 측정요소의 전달함수

위의 변수들을 이용하여 제어계를 나타내면 다음과 같다.

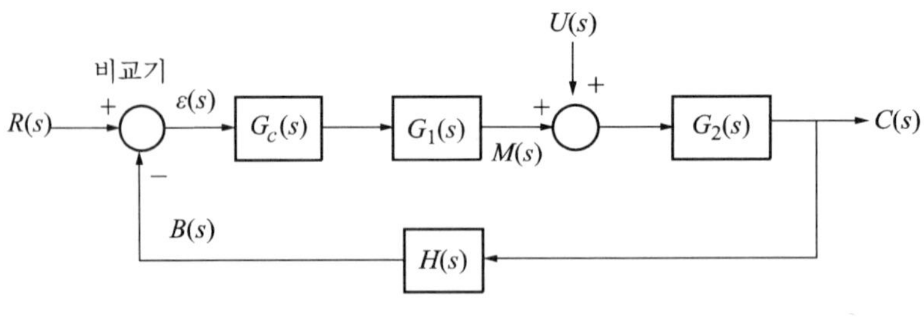

그림 6.1 표준기호로 나타낸 제어계

제어기 전달함수 $G_c(s)$와 최종제어요소 전달함수 $G_1(s)$를 하나로 합쳐 나타낼 경우도 있다. 그림 6.1에서 보는 바와 같이 제어변수의 측정값이 비교기(comparator)라고 부르는 장치로 되돌아가는 계를 닫힌루프계(closed-loop) 혹은 피드백 시스템(feed-back system)이라고 부른다. 비교기에서는 제어변수의 설정점과 측정값의 오차를 계산하여 제어기로 보내게 되며 제어기는 제어변수가 설정점으로 돌아오도록 최종 제어요소를 조절하게 된

5) Coughanowr, D.R., S.E. LeBlanc, Process systems analysis and control. 3rd ed. (McGraw-Hill, 2009). p. 218.

다. 블록선도로 표시된 피드백 시스템의 동특성을 해석하기 위해서는 제어변수(출력변수)와 설정점/부하(입력변수) 사이의 총괄전달함수를 계산하는 것이 필요하다. 공정의 제어 구조를 나타낸 블록선도로부터 총괄전달함수를 계산하기 전에 블록선도를 간소화 하는 방법에 대해 알아보도록 하자.

6.1 블록선도의 간소화

블록선도는 공정 혹은 장치의 전달함수를 나타내는 블록, 정보(신호)의 흐름방향을 나타내어주는 화살표, 정보가 모여지는 집합점 및 정보가 분산되는 분기점으로 구성된다. 공정의 전달함수를 $G(s)$라고 할 때 입력변수 $X(s)$와 출력변수 $Y(s)$는 다음과 관계로 주어진다.

$$Y(s) = G(s)X(s) \tag{6.1.1}$$

위의 식을 블록선도로 나타내면 다음과 같다.

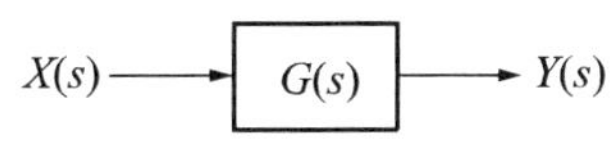

위의 그림에서 정보의 흐름방향이 입력변수로부터 출력변수 쪽으로 일정함을 알 수 있다. 그림 6.2는 블록선도에서 집합점과 분기점의 성질을 보여준다. 집합점은 정보가 모여지는 곳으로 오직 하나의 출력신호만을 가져야 하며 화살표 머리(arrowhead) 옆의 부호는 신호의 합에서 사용된다. 반면에 정보가 분산되는 분기점에서 분기된 모든 신호는 모두 동일하다. 블록선도는 선형 미분방정식으로 기술된 시스템 모델을 라플라스 변환을 통해 대수식으로 바꾼 뒤 이를 도식화한 것이다. 동일한 대수식을 여러 모양으로 표현할 수 있는 것과 같이 블록선도도 입출력 사이의 동일한 관계를 유지하면서 직관적으로 알기 쉽게 간소화하거나 재배열 할 수 있다. 예를 들면, 연속적으로 연결되는 두 블록의 전달함수는 두 블록의 전달함수의 곱으로 표현된 하나의 전달함수로 블록을 간소화 할 수 있다[그림

6.3 (a)]. 두 블록이 병렬로 연결될 경우에는 두 블록의 전달함수를 합하여 하나의 전달함수로 나타낼 수 있다[그림 6.3 (b)].

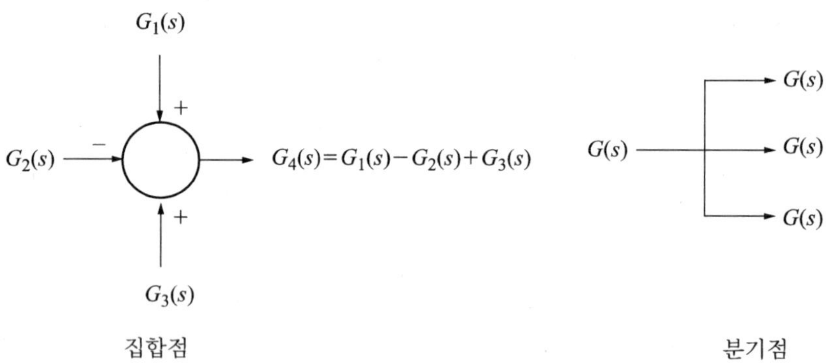

그림 6.2 블록선도에서 분기점과 집합점의 성질

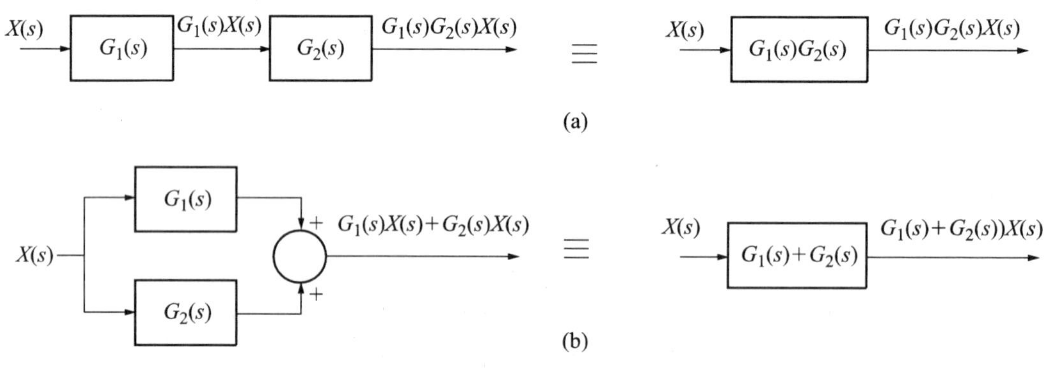

그림 6.3 대등한 블록선도의 예

이제 그림 6.4와 같이 하나의 집합점과 분기점, 그리고 두 개의 블록으로 구성되는 간단한 피드백(feedback) 구조의 블록선도에서 총괄전달함수를 구해보자. 그림 6.4로부터 다음의 관계식이 성립함을 알 수 있다.

$$Y(s) = E(s)G(s)$$
$$E(s) = R(s) - M(s)$$

$$M(s) = Y(s)H(s)$$

위의 관계식들로부터 $E(s)$와 $M(s)$를 소거하면 다음과 같이 총괄전달함수를 얻을 수 있다.

$$\frac{Y(s)}{R(s)} = \frac{G(s)}{1 + G(s)H(s)} \tag{6.1.2}$$

이 된다.

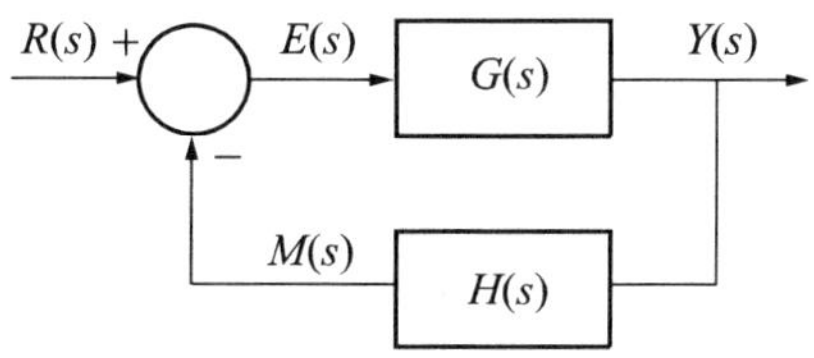

그림 6.4 간단한 피드백 구조를 가진 블록선도

블록선도를 간소화하는데 도움이 되는 몇몇 대등한 관계를 정리하면 다음과 같다.

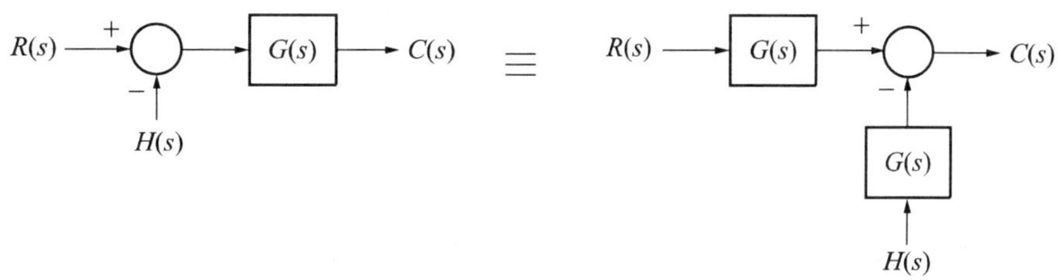

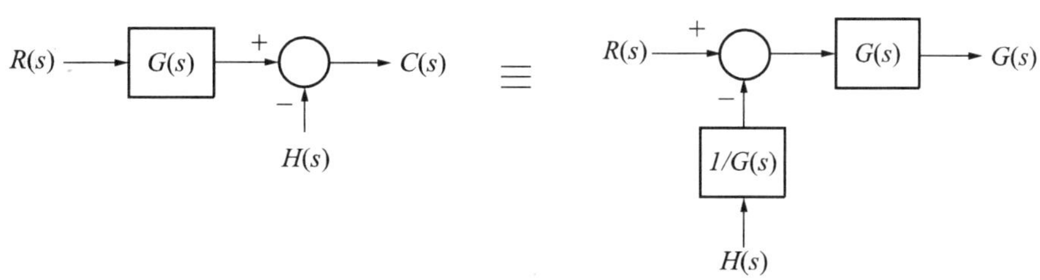

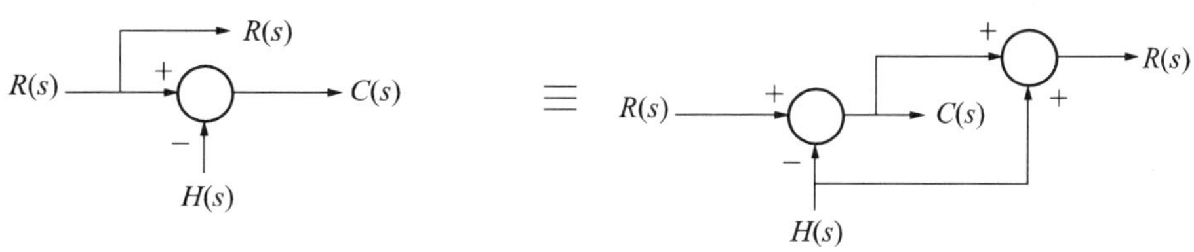

보기 6.1 블록선도의 간소화

그림 E6.1의 블록선도를 기본적인 피드백 시스템의 블록선도로 간소화시켜 보라.

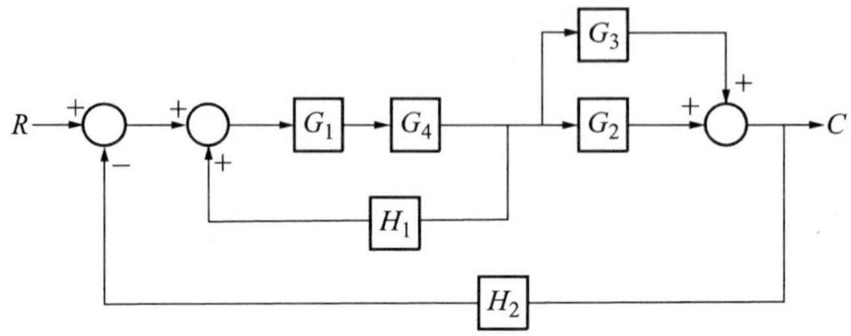

그림 E6.1

풀이 다음과 그림에서 보는 바와 같이 점선 영역 1과 2를 먼저 간소화 시켜보자.

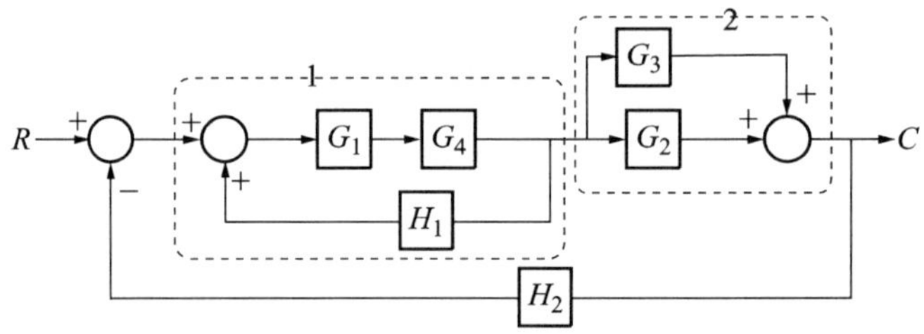

영역 1 : $\dfrac{G_1 G_4}{1 - G_1 G_4 H_1}$

영역 2 : $G_2 + G_3$

따라서 E6.1의 블록선도는 다음과 같이 간소화 될 수 있다.

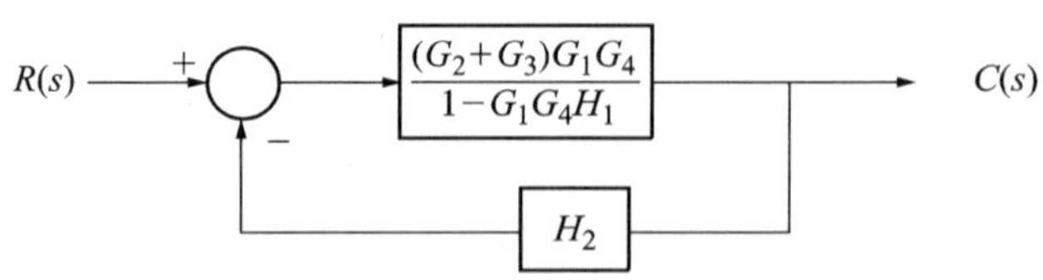

6.2 총괄전달함수

총괄전달함수는 제어계의 동특성 해석에 중요한 정보를 제공한다. 그림 6.1에서 부하의 변동이 없을 때($U=0$) 설정점 R의 변화에 대한 제어계의 응답은 서보 문제(servo problem)의 해가 되고, 설정점이 고정되고($R=0$) 부하변동에 대한 제어계의 응답은 조절기 문제(regulator problem)의 해가 된다. 설정점 변화와 부하변동이 동시에 주어질 경우의 응답은 서보문제 문제의 해와 조절기 문제의 해의 선형결합으로써 주어진다. 그림 6.1의 제어계에서 설정점 변화와 부하 변화에 따른 총괄전달함수를 각각 구해보도록 하자.

① 설정점 변화에 대한 총괄전달함수

$U(s)=0$일 때 그림 6.1에 나타난 블록선도는 다음과 같이 단순화 될 수 있다.

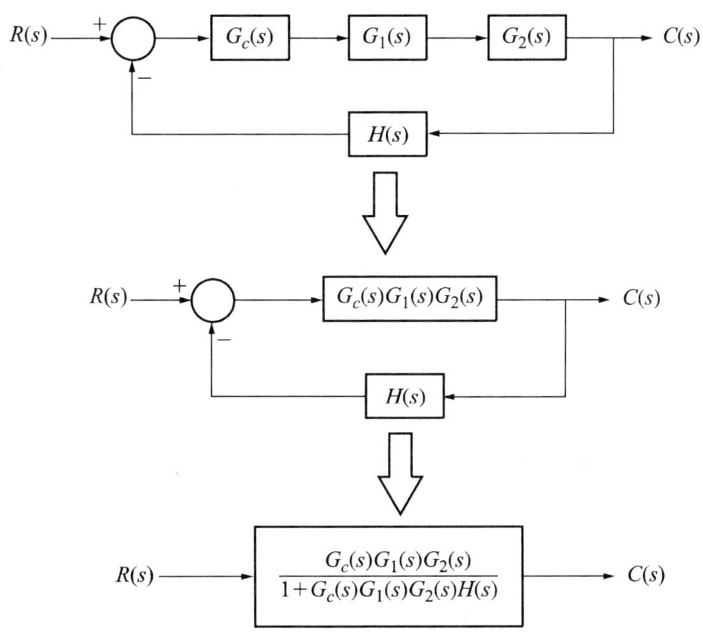

따라서 총괄전달함수는 다음과 같다.

$$\frac{C(s)}{R(s)}=\frac{G_c(s)G_1(s)G_2(s)}{1+G_c(s)G_1(s)G_2(s)H(s)} \tag{6.2.1}$$

② 부하 변화에 대한 총괄전달함수

$R(s)=0$일 때 그림 6.1에 나타난 블록선도는 다음과 같이 단순화 될 수 있다.

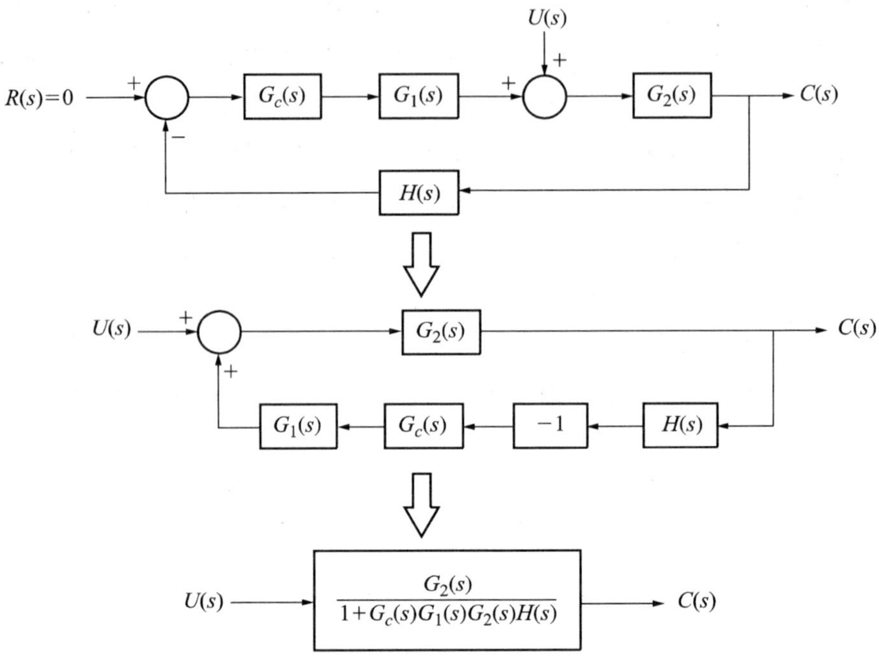

따라서 총괄전달함수는 다음과 같다.

$$\frac{C(s)}{U(s)}=\frac{G_2(s)}{1+G_c(s)G_1(s)G_2(s)H(s)} \tag{6.2.2}$$

설정점 변화나 부하변화에 대한 총괄전달함수는 모두 동일한 분모를 가짐을 알 수 있다.

다음의 간단한 규칙은 그림 6.1과 같은 단일루프 피드백 시스템의 결과를 일반화하는데 사용된다. 피드백 되는 신호가 비교기에서 감산되는 경우를 음의 되먹임(negative feedback), 합산되는 경우를 양의 되먹임(positive feedback)이라고 할 때, 임의의 변수 $X(s)$와 $Y(s)$ 사이의 전달함수는 다음의 관계식을 통해 구할 수 있다[6].

6) Coughanowr, D.R., S.E. LeBlanc, Process systems analysis and control. 3rd ed. (McGraw-Hill, 2009). p. 222.

$$\frac{Y(s)}{X(s)} = \frac{\pi_{forward}}{1+\pi_{loop}} \qquad \text{(음의 되먹임)} \tag{6.2.3}$$

$$\frac{Y(s)}{X(s)} = \frac{\pi_{forward}}{1-\pi_{loop}} \qquad \text{(양의 되먹임)} \tag{6.2.4}$$

여기서 $\pi_{forward}$는 $X(s)$와 $Y(s)$ 사이의 진행경로 내의 전달함수의 곱을 나타내며 π_{loop}는 루프 내의 모든 전달함수의 곱이 된다.

보기 6.2 총괄전달함수의 계산

그림 E6.2와 같은 피드백 시스템에 대해 전달함수 C/R, C/U를 계산하여라.

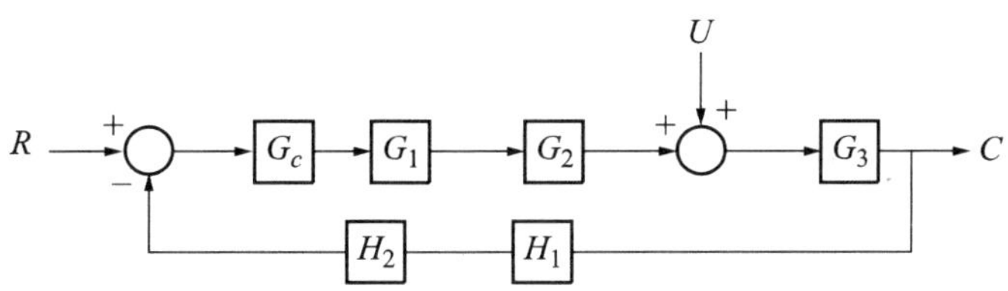

그림 E6.2

풀이 음의 되먹임 구조이므로 식 6.2.3을 사용하면 된다. $\pi_{loop} = G_cG_1G_2G_3H_1H_2$이고 R과 C 사이의 진행경로 상의 전달함수는 $\pi_{forward} = G_cG_1G_2G_3$이므로 C/R은 다음과 같다.

$$\frac{C}{R} = \frac{\pi_{forward}}{1+\pi_{loop}} = \frac{G_cG_1G_2G_3}{1+G_cG_1G_2G_3H_1H_2}$$

유사한 방법으로 C/U는

$$\frac{C}{U} = \frac{\pi_{forward}}{1+\pi_{loop}} = \frac{G_3}{1+G_cG_1G_2G_3H_1H_2}$$

가 된다. R과 C가 동시에 변한다면 전체 응답 C는 다음과 같다.

$$C = \frac{G_cG_1G_2G_3}{1+G_cG_1G_2G_3H_1H_2}R + \frac{G_3}{1+G_cG_1G_2G_3H_1H_2}U$$

6.3 신호 흐름도

라플라스 변환된 신호 사이의 관계를 기술하는 방법으로 블록선도 외에 신호 흐름도(signal flow graph)가 있다. 신호 흐름도는 복잡한 계를 블록선도보다 간단히 표현하면서도 간소화를 체계적으로 할 수 있는 장점이 있다. 신호 흐름도는 기본적으로 변수를 나타내는 노드(node)와 신호의 흐름방향을 나타낸 화살표로 표시된 브랜치(branch) 및 브랜치에 표시된 이득(gain)으로 구성된다(그림 6.5).

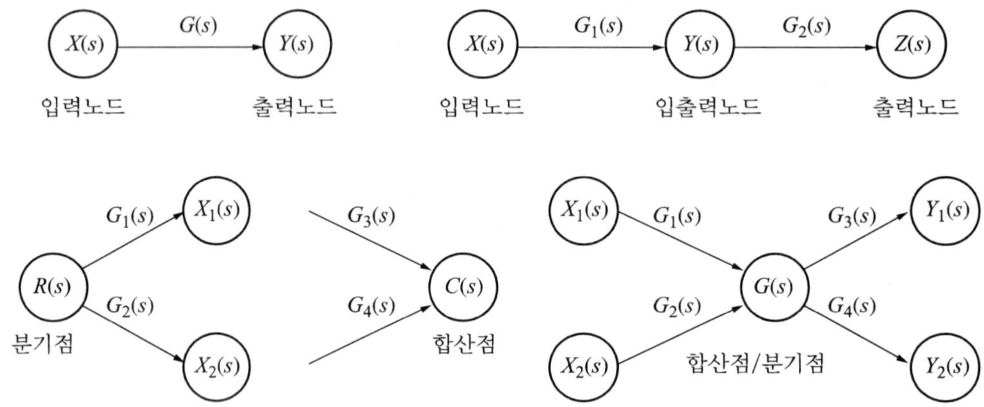

그림 6.5 신호 흐름도의 기호 및 정의

노드는 변수를 나타내며 두 노드를 연결하는 화살표의 방향은 두 변수의 인과관계, 즉 입출력 관계를 보여 준다. 브랜치의 이득은 전달함수에 해당한다. 그림 6.5에서 보는 바와 같이 출력노드에 두 개 이상의 브랜치가 연결되어 있을 때에는 합산점의 기능을 겸하며 입력노드에 두 개 이상의 브랜치가 연결되어 있으면 분기점의 기능을 겸하게 된다. 공정들 사이의 신호의 흐름 및 연결 관계를 신호 흐름도로 나타내기 전에 그림 6.6을 이용하여 신호 흐름도에서 사용되는 용어들을 살펴보기로 하자.

① 경로 : 한 노드에서 다른 노드까지 이동하기 위해 순차적으로 거쳐야 하는 브랜치들의 집합으로서 도중에 거치는 브랜치들은 방향이 같아야 하며 동일한 노드를 두 번 이상 거쳐서는 안 된다. 예를 들어, $X_1(s)$와 $Y(s)$ 사이의 경로로는 $[(G_2(s))(G_3(s))]$, $[(-H(s))G_4(s)]$가 있다.

② 입력노드 혹은 소스(source) : $R(s)$와 같이 노드로부터 나가는 출력 브랜치만을 가지는 노드를 의미한다.

③ 출력노드 혹은 싱크(sink) : $Y(s)$와 같이 입력 노드로 들어오는 입력 브랜치만을 가지는 노드를 의미한다.

④ 전방향 경로(forward path) : 입력노드에서 출력노드까지의 경로이다. 예를 들어 $R(s)$와 $Y(s)$ 사이의 전방향 경로로는 $[(1)(G_1(s))(G_2(s))(G_3(s))]$, $[(1)G_4(s)]$ 등이 있다.

⑤ 루프(loop) : 하나의 노드에서 출발하여 같은 노드로 돌아오는 경로로서 출발 노드를 제외하고 두 번 이상 거쳐서는 안 된다. $E(s)$ 노드에서 출발하여 경로 $[(G_1(s))(-H(s)]$를 거치면 $E(s)$로 돌아오게 되며 루프에 해당된다.

⑥ 경로이득(path gain) : 경로를 구성하는 브랜치들의 이득을 모두 곱한 것을 의미한다.

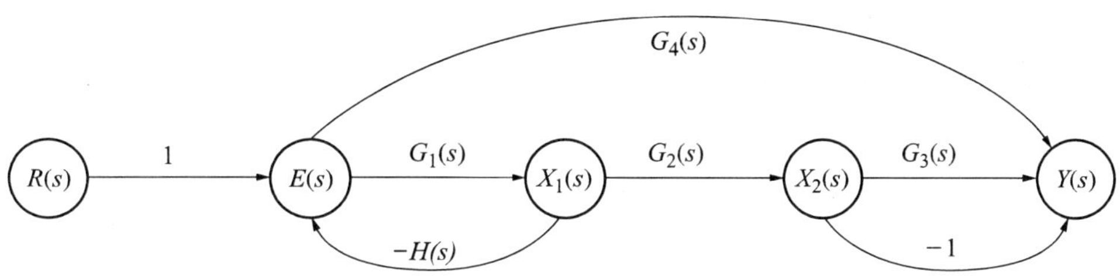

그림 6.6 신호 흐름도의 예

그림 6.6을 신호 흐름도를 동일한 제어구조를 가진 블록선도로 나타내면 그림 6.7과 같이 되며 신호 흐름도가 블록선도보다 더 간결함을 알 수 있다.

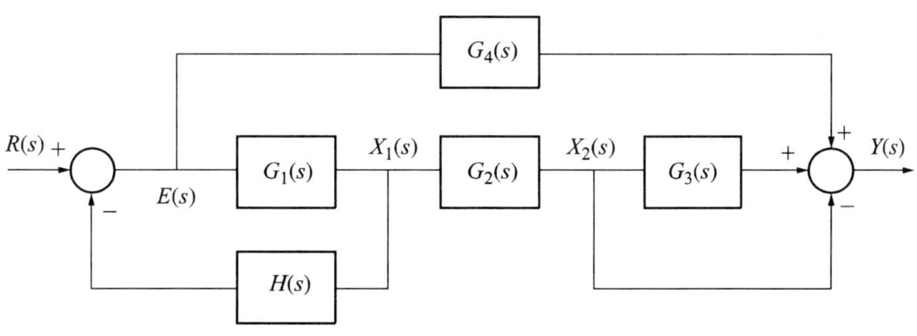

그림 6.7 신호 흐름도(그림 6.6)와 동일한 제어구조를 나타내는 블록선도

대수식을 이용하여 블록선도의 간소화 하듯이 신호 흐름도도 간소화할 수 있다. 다음은 신호 흐름도의 간소화를 위해 유용할게 사용될 수 있는 몇몇 대등한 관계를 나타낸다.

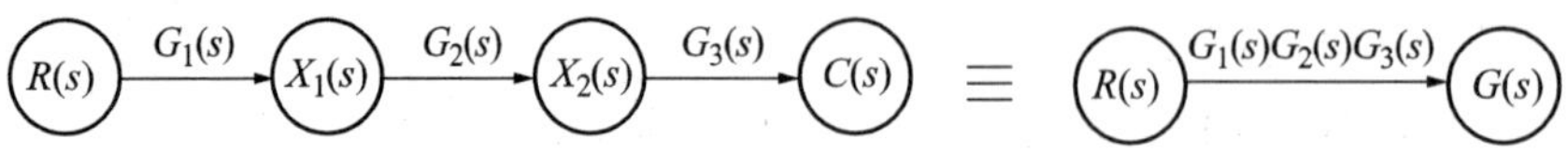

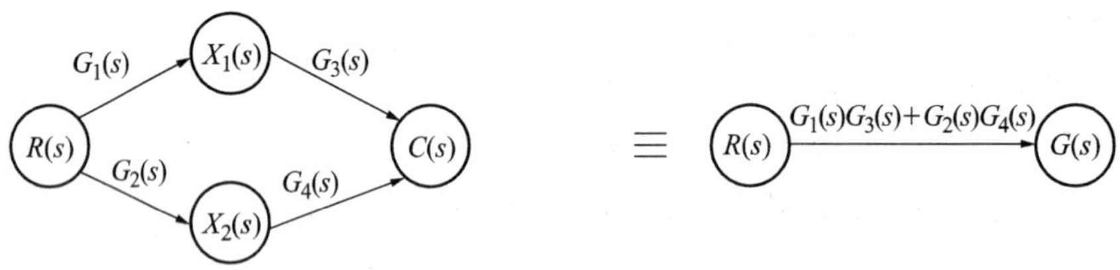

블록선도를 이용하여 총괄전달함수를 계산하는 것과 같이 메이슨의 법칙(Mason's rule)을 이용하면 신호 흐름도로부터도 총괄전달함수를 계산할 수 있다.

$$\text{메이슨의 법칙 : } G(s) = \frac{X_{out}(s)}{X_{in}(s)} = \frac{\sum_{i=1}^{n} G_i \Delta_i}{\Delta} \tag{6.3.1}$$

여기서 $X_{in}(s)$는 입력노드, $X_{out}(s)$는 출력노드를 나타내며 n은 입력노드와 출력노드 사이의 있는 전방향 경로의 전체의 수에 해당한다. G_i는 i 번째 전방향 경로의 전달함수 혹은 이득을 나타내며 Δ는 다음과 같이 정의된다.

$$\Delta = 1 - \sum_j L_{j1} + \sum_j L_{j2} - \sum_j L_{j3} + \cdots \tag{6.3.2}$$

위의 식에서 L_{jr} 는 r 개의 비접촉 루프의 가능합 조합들 중 j 번째 조합의 루프 이득들의 곱을 나타낸다. 따라서 식 6.3.2는 다음과 같이 나타낼 수 있다.

$$\Delta = 1 - \sum(\text{각 루프의 이득}) + \sum(\text{두 개의 비접촉 루프 이득의 곱}) - \sum(\text{세 개의 비접촉 루프 이득의 곱}) + \cdots$$

식 6.3.1에서 Δ_i는 i번째 전방향 경로와 접촉하는 루프를 제거한 뒤 식 6.3.2에 의해 계산된 Δ에 해당한다.

보기 6.3 블록선도로부터 신호 흐름도 작성

그림 E6.1의 블록선도를 신호 흐름도로 나타내고 메이슨의 법칙을 이용하여 총괄전달함수를 계산하여라.

풀이 그림 E6.1의 블록선도를 신호 흐름도로 나타내면 다음과 같다.

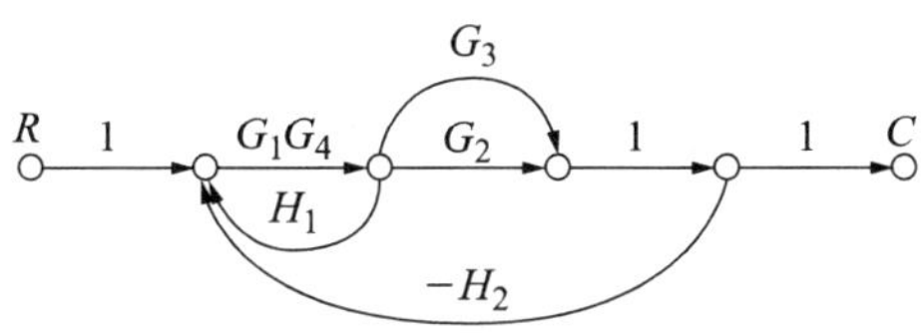

위의 상태선도에서 입력신호 R과 출력신호 C 사이의 전방향 경로는 2가지이며 각 경로에 대한 이득은 다음과 같다.

$P_1 = G_1G_2G_4$, $P_2 = G_1G_3G_4$

또한 3개의 루프에 대한 이득은 다음과 같다.

$L_{11} = G_1G_4H_1$, $L_{21} = -G_1G_2G_4H_2$, $L_{31} = -G_1G_3G_4H_2$

식 6.3.2를 이용하여 Δ를 계산하면

$\Delta = 1 - G_1G_4H_1 + G_1G_2G_4H_2 + G_1G_3G_4H_2$

이 된다. 두 개의 전방향 경로들과 겹치지 않는 루프는 없으므로 $\Delta_1 = 1$, $\Delta_2 = 1$이 된다. 따라서 총괄전달함수는 식 6.3.1에 의해 다음과 같이 계산된다.

$$\frac{C}{R} = \frac{P_1\Delta_1 + P_2\Delta_2}{\Delta} = \frac{G_1G_2G_4 + G_1G_3G_4}{1 - G_1G_4H_1 + G_1G_2G_4H_2 + G_1G_3G_4H_2}$$

보기 6.4 신호 흐름도로부터 전달함수 계산

신호 흐름도가 그림 E6.4와 같을 때 전달함수 C/R을 계산하여라.

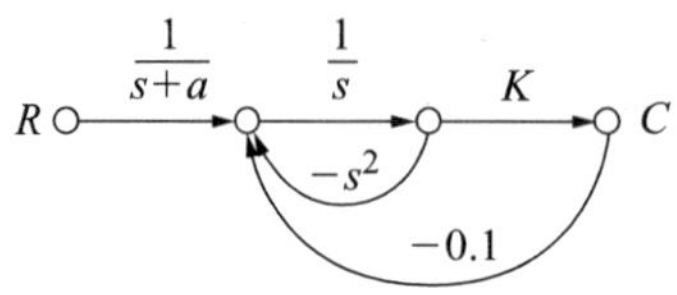

그림 E6.4

풀이 전방향 경로는 하나뿐이며 이 경로의 이득은 다음과 같다.

$$P_1 = \left(\frac{1}{s+a}\right)\left(\frac{1}{s}\right)K = \frac{K}{s(s+a)}$$

두 개의 루프 이득은 다음과 같다.

$$L_{11} = \left(\frac{1}{s}\right)(-s^2) = -s,\ L_{21} = \left(\frac{1}{s}\right)(-0.1K) = \frac{-0.1K}{s}$$

전방향 경로와 겹치지 않은 루프는 없으므로 $\Delta_1 = 1$이다. 따라서

$$\Delta = 1 - (L_{11} + L_{21}) = 1 + s + \frac{0.1K}{s} = \frac{s^2 + s + 0.1K}{s}$$

$$\frac{C}{R} = \frac{P_1\Delta_1}{\Delta} = \left(\frac{K}{s(s+a)}\right)\left(\frac{s}{s^2+s+0.1K}\right) = \frac{K}{(s+a)(s^2+s+0.1K)}$$

그림 E6.4에 대응하는 블록선도는 다음과 같다.

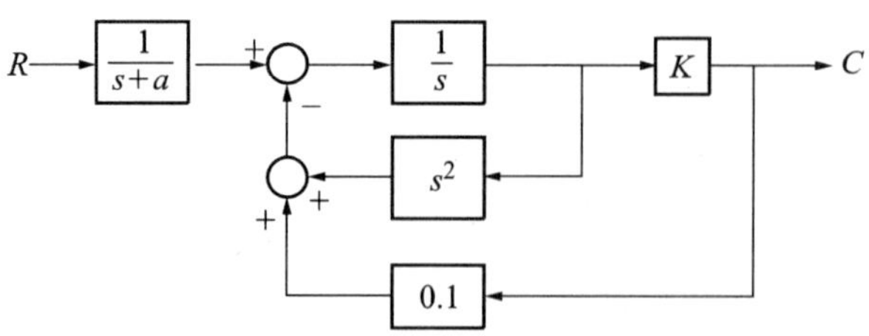

Chapter 7

피드백 시스템의 안정성

피드백 시스템의 안정성은 특성방정식의 근에 의해 결정된다. 즉, 특성방정식의 모든 근이 복소평면의 좌반평면에만 존재할 때 피드백 시스템은 안정하게 된다. 전달함수가 알려진 경우 안정성을 판별하는 대표적인 두 가지 방법, 즉 Routh 방법과 근 궤적을 이용하는 방법이 있다. Routh 방법은 특성방정식의 근을 직접계산하지 않고 대수식을 이용하여 복소평면의 우반평면에 근이 존재하는지에 대한 판별을 가능하게 한다. 반면에 근궤적 방법은 비례이득을 0에서 무한대로 증가시키면서 피드백 시스템의 전달함수의 극점, 즉 특성방정식의 근의 자취를 복소평면에 도시함으로써 안정성을 판별하게 된다. Routh 방법과 근 궤적 방법은 모두 공정의 전달함수가 알려진 경우에 적용될 수 있다.

피드백 제어계의 총괄전달함수가 1차인 경우에는 단위 계단 변화의 입력에 대해 계의 응답은 원천적으로 안정하다. 하지만 공정이 복잡해짐에 따라 총괄전달함수가 고차인 경우에는 본질적으로 단위 계단 변화의 입력에 대해 진동응답을 보이게 된다. 다음의 피드백 시스템을 고려해보자.

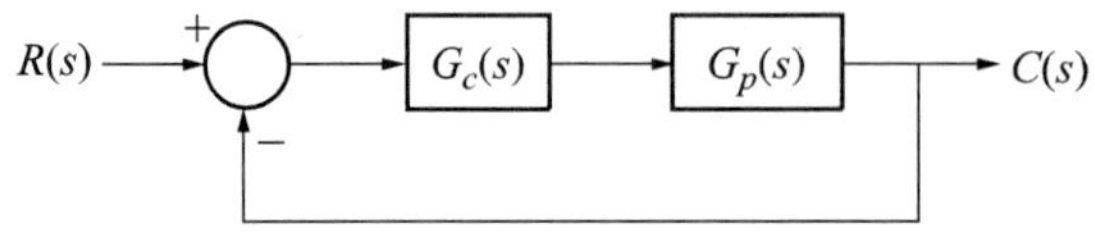

$$G_c(s) = K_c$$

$$G_p(s) = \frac{s+1}{s(s-1)(s+6)}$$

그림 7.1 비례이득이 K인 피드백 시스템

그림 7.1에서 총괄전달함수는 다음과 같다.

$$\begin{aligned}\frac{C(s)}{R(s)} &= \frac{(s+1)K/(s(s-1)(s+6))}{1+(s+1)K/(s(s-1)(s+6))} \\ &= \frac{(s+1)K}{s(s-1)(s+6)+(s+1)K}\end{aligned} \tag{7.1}$$

설정값의 단위 계단 입력에 대해 제어기의 비례이득 K 값에 따른 피드백 시스템의 응답을 다음의 R 코드를 이용해 그래프로 나타내보자.

```
require(control) # control 패키지로더
K=c(6,8,10)
res=list()
for (i in 1:3) {
  Kc=K[i]
  Gcl=TF("(s+1)*Kc/(s*(s-1)*(s+6)+(s+1)*Kc)")
 res[[i]]=step(Gcl,seq(0,15,0.1))
}
Time=res[[1]]$t
Yt=cbind(t(res[[1]]$y),t(res[[2]]$y),t(res[[3]]$y))
x11() # 그림 7.2 작성을 위한 X-윈도우 열기
matplot(Time,Yt,ylab="y",xlab="Time",type="l",lwd=2,col=1,lty=1:3)
legend("bottomright",legend=expression(paste(K[c],"=6 ",sep=""),
        paste(K[c],"=8 ",sep=""), paste(K[c],"=10 ",sep="")),
           lwd=2, lty=1:3,x.intersp=0.1,cex=1)
grid(col="darkgray")
```

그림 7.2에서 보는 바와 같이 K_c = 8, 10일 때는 진동의 진폭이 시간에 따라 줄어드는 반면에 K_c = 6인 경우에는 진폭이 시간에 따라 진폭이 증가하게 됨을 알 수 있다. 시간에 따라 진폭이 증가하는 경우의 응답을 불안정한 응답이라고 한다. 피드백 시스템의 설계에서 불안정한 응답을 보이게 하는 K_c 값에 대한 정보는 중요하다. 피드백 시스템의 총괄전달함수로부터 안정성과 안정성을 판별하는 방법에 대해 알아보도록 하자.

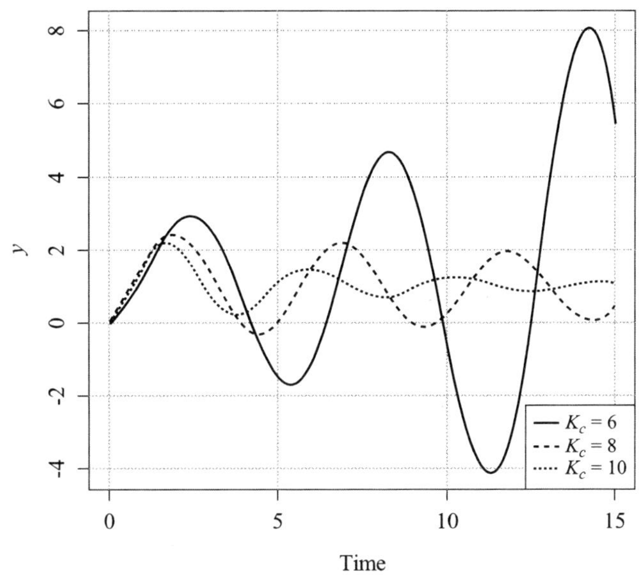

그림 7.2 단위 계단변화에 대해 K_c에 따른 피드백 시스템의 응답

7.1 안정성

제한된 모든 입력에 대해 제한된 크기의 출력응답을 가지는 시스템을 안정하다 하며 이를 BIBO (Bounded Input Bounded Output) 안정성이라고 한다. 한정된 입력에 대해 출력이 시간에 따라 무한히 커지는 비안정 시스템은 현실적으로 구현할 수 없는 시스템이 된다. 선형 시스템의 BIBO 안정성 여부는 전달함수를 통해 알 수 있다. 전달함수 $G(s)$의 라플라스 역변환을 $g(t)$라고 하면 $g(t)$는 단위 임펄스 입력에 대한 시스템의 시간응답에 해당한다(단위 임펄스 입력의 라플라스 변환은 1이므로 1 [입력] $\times$ $G(s)$[전달함수] = $G(s)$[출력]). 시스템의 출력(시간응답)은 전달함수의 라플라스 역변환 $g(t)$와 시스템의 입력과의 컨벌루션(convolution)을 통해 계산될 수 있다. 즉, 시스템의 입력을 $u(t)$, 출력을 $y(t)$라고 하면 다음의 관계가 성립한다.

$$y(t) = g(t)*u(t) = \int_0^{\infty} u(t-\tau)g(\tau)d\tau \tag{7.1.1}$$

위의 식에서 연산자 '*'는 컨벌루션을 나타낸다. 식 7.1.1의 양변에 절대값을 취한 뒤 Schwartz 부등식을 적용하면

$$|y(t)| = \left| \int_0^{\infty} u(t-\tau)g(\tau)d\tau \right| \leq \int_0^{\infty} |u(t-\tau)||g(\tau)|\, d\tau \tag{7.1.2}$$

이 된다. 입력이 유한할 경우 $|u(t)| \leq M < \infty$을 만족하는 양의 상수 M이 존재한다. 따라서 출력이 유한하기 위해서는 다음을 만족해야 한다.

$$|y(t)| \leq M \int_0^{\infty} |g(\tau)|\, d\tau \leq N < \infty \tag{7.1.3}$$

위의 식으로부터 BIBO 안정성을 만족하기 위해 전달함수의 라플라스 역변환 $g(t)$는 다음을 만족하여야 함을 알 수 있다.

$$\int_0^{\infty} |g(\tau)|\, d\tau \leq L < \infty \tag{7.1.4}$$

여기서 L은 양의 상수이다. 전달함수 $G(s)$의 극점(전달함수의 분모를 0으로 만드는

값) 가운데 하나라도 실수부가 0보다 크게 되면 식 7.1.4를 만족할 수 없다. 따라서 시스템이 BIBO 안정성을 가지기 위해서는 전달함수의 극점이 모두 복소평면의 좌반평면(left-half plane)에 존재하여야 함을 알 수 있다. 피드백 시스템의 안정성 판별의 경우에는 총괄전달함수가 사용되며 총괄전달함수의 모든 극점, 즉 특성방정식의 모든 근이 복소평면의 좌반평면(left-half plane)에 존재할 때만 응답이 BIBO 안정성을 가지게 되며 어느 하나의 근이라도 허수축 상 혹은 우반평면(left-half plane)이 있다면 그 피드백 시스템은 불안정하게 된다.

보기 7.1 전달함수의 극점을 이용한 안정성 판별

그림 E7.1과 같은 피드백 시스템의 안정성을 판별하여라.

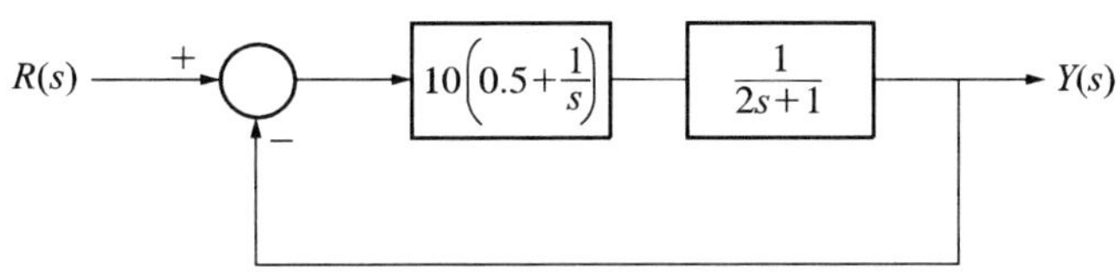

그림 E7.1

풀이 먼저 피드백 시스템의 전달함수를 구해보자.

$$\frac{Y}{R} = \frac{\left(5+\frac{10}{s}\right)\left(\frac{1}{2s+1}\right)}{1+\left(5+\frac{10}{s}\right)\left(\frac{1}{2s+1}\right)} = \frac{\left(\frac{5s+10}{s(2s+1)}\right)}{1+\left(\frac{5s+10}{s(2s+1)}\right)}$$

$$= \frac{5s+10}{2s^2+6s+10}$$

피드백 시스템의 전달함수 극점, 즉 특성방정식 $2s^2+6s+10=0$ 의 근은 다음과 같이 주어진다.

$$s = -\frac{3}{2} \pm j\frac{\sqrt{11}}{2}$$

특성방정식의 두 근의 실수부가 모두 음이므로 이 피드백 시스템은 안정하다.

7.2 Routh 방법을 이용한 피드백 시스템의 안정성 판별

피드백 시스템의 전달함수로부터 특성방정식의 근(극점)을 직접 계산하지 않고도 근들의 위치에 관한 정보를 얻을 수 있는 방법 중에 Routh 방법이 있다. 다음과 같은 일반적인 다항식을 고려해보자.

$$F(s) = a_0 s^n + a_1 s^{n-1} + a_2 s^{n-2} + \cdots + a_{n-1} s + a_n = 0 \tag{7.2.1}$$

위의 다항식이 특성방정식(피드백 시스템의 전달함수를 $G(s) = N(s)/D(s)$라고 할 때 $D(s) = 0$에 해당함)이라면 시스템이 안정성을 가지기 위한 필요조건은 모두 계수 $\{a_i\}$가 양수이어야 한다는 것이다. 만약 계수들 중 하나가 0이거나 음수이면 다항식의 근은 우반평면에 위치한 근을 가지게 된다. 특성방정식에서 모든 계수가 모두 양수이어야 한다는 것은 안정성의 필요조건이지 충분조건은 아니다. 즉, 특성방정식의 모든 계수가 양수라면 피드백 시스템은 안정하거나 불안정할 수 있게 된다. Routh는 특성방정식으로부터 피드백 시스템의 안정성을 위한 필요충분조건으로 다음을 제시하였다.

Routh 행렬의 첫 번째 모든 원소가 0이 아닌 양수이어야 한다.

여기서 Routh 행렬은 특성방정식의 계수로부터 다음과 같은 방법으로 만들어진다.

① 특성방정식의 계수들을 두 개의 행에 배열하되 제1행은 첫 번째, 세 번째, 다섯 번째 등의 계수로 구성하고 제2행은 두 번째, 네 번째, 여섯 번째 등의 계수로 구성한다. 예를 들면 식 7.2.1로부터 Routh 행렬의 제1, 2행은 다음과 같이 만들어진다.

제1행(s^n) : $a_0,\ a_2,\ a_4,\ a_6,\ \cdots$

제2행(s^{n-1}) : $a_1,\ a_3,\ a_5,\ a_7,\ \cdots$

괄호 속은 그 행에서 최고차항을 나타낸다.

② Routh 행렬의 제3행부터 $n+1$행까지는 다음과 같이 바로 앞의 두 행으로부터 첫 번째 열에 있는 두 요소와 바로 다음 열에 있는 두 요소로 이루어지는 행렬식들을 이용해서 만들어진다.

제3행(s^{n-2}) : $b_1,\ b_2,\ b_3,\ \cdots$

제4행(s^{n-3}) : $c_1,\ c_2,\ c_3,\ \cdots$

⋮

제n행(s) : *

제$n+1$행(s^0) : *

여기서

$$b_1 = -\frac{\begin{vmatrix} a_0 & a_2 \\ a_1 & a_3 \end{vmatrix}}{a_1} = \frac{a_1a_2 - a_0a_3}{a_1} \qquad c_1 = -\frac{\begin{vmatrix} a_1 & a_3 \\ b_1 & b_2 \end{vmatrix}}{b_1} = \frac{a_3b_1 - a_1b_2}{b_1}$$

$$b_2 = -\frac{\begin{vmatrix} a_0 & a_4 \\ a_1 & a_5 \end{vmatrix}}{a_1} = \frac{a_1a_4 - a_0a_5}{a_1} \qquad c_2 = -\frac{\begin{vmatrix} a_1 & a_5 \\ b_1 & b_3 \end{vmatrix}}{b_1} = \frac{a_5b_1 - a_1b_3}{b_1}$$

$$b_3 = -\frac{\begin{vmatrix} a_0 & a_6 \\ a_1 & a_7 \end{vmatrix}}{a_1} = \frac{a_1a_6 - a_0a_7}{a_1} \qquad c_3 = -\frac{\begin{vmatrix} a_1 & a_7 \\ b_1 & b_4 \end{vmatrix}}{b_1} = \frac{a_7b_1 - a_1b_4}{b_1}$$

특성방정식의 최고 차수가 n일 때 Routh 행렬에서 행의 개수가 $n+1$임을 기억하자. Routh 행렬로부터 시스템의 안정성에 대한 다음의 정리가 성립한다.

- 정리 1. Routh 행렬의 첫 번째 열의 모든 원소(a_0, a_1, b_1, c_1, $\cdots$)가 0인 아닌 양수이면 특성방정식의 모든 근은 음의 실수부를 가진다. 즉, 시스템은 안정성을 가진다.
- 정리 2. 첫 번째 열의 원소 가운데 일부가 음수라면 양의 실수부를 가지는 근의 개수는 첫 번째 열에서 부호변화의 회수와 동일하다.

Routh 방법은 피드백 시스템이 안정하기 위한 매개변수의 범위를 구하는데 사용될 수 있다. 예를 들어, 그림 7.1의 피드백 시스템이 안정성을 갖기 위한 K_c의 범위를 Routh 행렬을 이용하여 구하여 보자. 이 피드백 시스템의 특성방정식은 식 7.1로부터 다음과 같이 주어진다.

$$s(s-1)(s+6)+(s+1)K_c=0 \ \rightarrow s^3+5s^2+(K_c-6)s+K_c=0 \tag{7.2.2}$$

위의 특성방정식으로부터 Routh 행렬을 계산하면 다음과 같다.

s^3	1	K_c-6
s^2	5	K_c
s^1	$\frac{1}{5}(4K_c-30)$	0
s^0	K_c	0

위의 Routh 행렬에서 첫째열의 모든 원소가 양의 실수가 되기 위한 조건은 다음과 같다.

$$\frac{1}{5}(4K_c-30)>0 \quad \Leftrightarrow K_c>7.5$$

$$K_c>0$$

따라서 $K_c>7.5$일 때만 피드백 시스템이 안정성을 가짐을 알 수 있다.

보기 7.2 특성방정식을 이용한 안정성 판별

특성방정식이 다음과 같이 주어질 때 Routh 판별법을 사용하여 안정성을 결정하여라.

$$s^4+3s^3+5s^2+4s+2=0$$

풀이 특성방정식으로부터 Routh 행렬을 계산하면

행			
s^4	1	5	2
s^3	3	4	
s^2	11/3	6/3	
s^1	26/11		
s^0	2		

Routh 행렬에서 첫 번열의 모든 원소가 양수이므로 특성방정식의 모든 근은 음의 실수부를 가진다. 즉, 시스템은 안정하다.

보기 7.3 불안전성이 시작될 때의 비례 이득(K_c) 계산[7)]

그림 E7.3과 같은 피드백 시스템에서 불안정성이 시작될 때의 K_c를 계산하여라. 또한 제어기를 전달함수가 $10(\tau_d s+1)$인 PD 제어기로 대체할 때 피드백 시스템을 안정하게 하는 τ_d의 범위를 계산하여라.

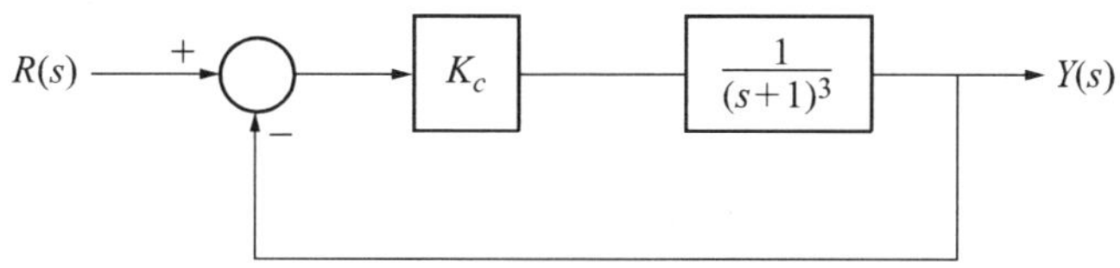

그림 E7.3

풀이 주어진 피드백 시스템에 대한 전달함수를 구하면

$$\frac{Y}{R}=\frac{\dfrac{K_c}{(s+1)^3}}{1+\dfrac{K_c}{(s+1)^3}}=\frac{K_c}{(s+1)^3+K_c}$$

따라서 특성방정식은 다음과 같다.

$$s^3+3s^2+3s+1+K_c=0 \qquad \text{(A)}$$

특성방정식(식 A)으로부터 Routh 행렬을 계산하면 다음과 같다.

행		
s^3	1	3
s^2	3	$1+K_c$
s^1	$(8-K_c)/3$	0
s^0	$1+K_c$	

여기서 비례 제어기의 이득 K_c는 양의 값을 가지는 물리량이므로 $1+K_c$는 항상 양이다. 따라서 피드백 시스템이 안정하기 위한 조건은

$$8-K_c>0 \quad \Rightarrow \quad 0<K_c<8 \qquad \text{(B)}$$

7) Coughanowr, D.R., S.E. LeBlanc, Process systems analysis and control. 3rd ed. (McGraw-Hill, 2009). p. 266. Problem 13.9.

따라서 피드백 시스템이 불안정하기 시작하는 시점은 $K_c = 8$임을 알 수 있다. 이제 제어기가 PD 제어기로 교체될 때의 피드백 시스템이 안정할 조건을 계산해 보도록 하자. PD 제어기의 전달함수가 $10(\tau_d s+1)$이므로 피드백 시스템의 전달함수는 다음과 같이 계산된다.

$$\frac{Y}{R} = \frac{\dfrac{10(\tau_d s+1)}{(s+1)^3}}{1+\dfrac{10(\tau_d s+1)}{(s+1)^3}} = \frac{10(\tau_d s+1)}{(s+1)^3+10(\tau_d s+1)}$$

따라서 특성방정식은 다음과 같다.

$$s^3+3s^2+(3+10\tau_d)s+11=0 \tag{C}$$

위의 특성방정식으로부터 Routh 행렬을 계산하면

행		
s^3	1	$3+10\tau_d$
s^2	3	11
s^1	$(30\tau_d-2)/3$	0
s^0	11	

첫 열이 모두 양수이기 위한 조건은

$$30\tau_d-2>0 \quad \Rightarrow \quad \tau_d > \frac{2}{30}$$

따라서 PD 제어기로 교체하였을 때 피드백 시스템이 안정할 조건은 $\tau_d > 0.067$이다.

7.3 근궤적을 이용한 피드백 시스템의 안정성 판별

피드백 시스템의 안정성을 판별하기 위한 Routh 방법은 특성방정식을 직접계산 하지 않고 대수적인 방법에 의해 복소평면에서 근들의 위치 정보를 활용하였다. 근궤적 방법은 비례이득과 같은 매개변수의 변화에 대해 특성방정식의 모든 근을 직접 구하여 복소평면에 도시함으로써 피드백 시스템의 안정성을 판별한다. 그림 7.3과 같은 간단한 피드백 시스템을 고려해보자.

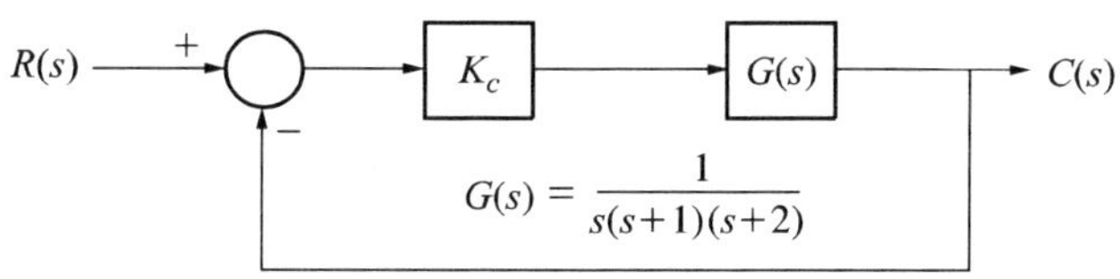

그림 7.3 피드백 시스템

그림 7.3의 피드백 시스템에서 총괄전달함수는 $K_c G(s)/(1+K_c G(s))$이므로 특성방정식은 다음과 같다.

$$1 + K_c G(s) = 0 \tag{7.3.1}$$

$$1 + \frac{K_c}{s(s+1)(s+2)} = 0$$

$$s(s+1)(s+2) + K_c = 0 \iff s^3 + 3s^2 + 2s + K_c = 0$$

위의 특성방정식에 대한 근은 비례이득 K_c에 의존함을 알 수 있다. K_c를 0에서 무한대로 변화시키면서 얻어지는 모든 근을 복소평면에 도시한 것을 근궤적도라고 부른다. 근궤적도는 제어기의 이득이 증가함에 따른 피드백 시스템의 응답특성을 보여주는 장점이 있다. 다음의 R 코드를 이용하여 그림 7.3의 피드백 시스템에 대한 근궤적도를 작성해보자.

```
Kc=seq(0,20,0.2)  # Kc의 범위
rs=list()
for (i in 1:length(Kc)) {
```

```
rs[[i]]=polyroot(c(Kc[i],2,3,1)) # polyroot 함수를 이용한 특성방정식의 근계산
}
rs[1:3] # rs의 첫 번째에서 세 번째까지의 요소
[[1]] #  Kc=0 일 때의 특성방정식의 근
[1]  0+0i -1+0i -2-0i
[[2]] #  Kc=0.2 일 때의 특성방정식의 근
[1] -0.05435073+0i -0.89896874+0i -2.04668053-0i
[[3]] #  Kc=0.4 일 때의 특성방정식의 근
[1] -0.1211149-0i -0.7908512+0i -2.0880339-0i
a=lapply(rs,Re) # 계산된 근의 실수부로 구성된 리스트
a[1:3]  # 리스트 a의 첫 번째에서 세 번째까지의 요소
[[1]]  # Kc=0 일 때의 특성방정식 근의 실수부
[1]  0 -1 -2
[[2]]  # Kc=0.2 일 때의 특성방정식 근의 실수부
[1] -0.05435073 -0.89896874 -2.04668053
[[3]]  # Kc=0.4 일 때의 특성방정식 근의 실수부
[1] -0.1211149 -0.7908512 -2.0880339
b=lapply(rs,Im) # 계산된 근의 허수부로 구성된 리스트
b[1:3] # 리스트 b의 첫 번째에서 세 번째까지의 요소
[[1]] # Kc=0 일 때의 특성방정식 근의 허수부
[1]  0.00000e+00  8.91211e-18 -8.91211e-18
[[2]] # Kc=0.2 일 때의 특성방정식 근의 허수부
[1]  1.033976e-25  9.305782e-25 -1.033976e-24
[[3]] # Kc=0.4 일 때의 특성방정식 근의 허수부
[1] -2.039179e-18  3.092008e-18 -1.052829e-18
a1=Reduce(c,a)  # 리스트 변수 내의 모든 원소로 구성된 벡터 생성(실수부)
a1[1:9] # 벡터 a1의 첫 번째에서 아홉 번째까지의 원소
[1]  0.00000000 -1.00000000 -2.00000000 -0.05435073 -0.89896874 -2.04668053
[7] -0.12111493 -0.79085115 -2.08803391
b1=Reduce(c,b) # 리스트 변수 내의 모든 원소로 구성된 벡터 생성(허수부)
b1[1:9]  # 벡터 b1의 첫 번째에서 아홉 번째까지의 원소
[1]  0.000000e+00  8.912110e-18 -8.912110e-18  1.033976e-25  9.305782e-25
[6] -1.033976e-24 -2.039179e-18  3.092008e-18 -1.052829e-18

x11()  # 그림 7.4 작성을 위한 X-윈도우 열기
par(mar=c(5.1,5.8,4.1,2.1))
plot(a1,b1,xlab="Real part",ylab="Imaginary part",cex=0.8)
points(0,0,pch=15)
points(-1,0,pch=15)
points(-2,0,pch=15)
```

```
points(0,1.41,pch=16,cex=1)
points(0,-1.41,pch=16,cex=1)
points(-3,0,pch=16,cex=1.3)
grid(col="darkgray")
arrows(x0=-2,y0=-0.1,x1=-3.8,y1=-0.1,length=0.05,lwd=2)
arrows(x0=-0.5,y0=1,x1=0.1,y1=2.2,length=0.05,lwd=2)
arrows(x0=-0.5,y0=-1,x1=0.1,y1=-2.2,length=0.05,lwd=2)
text(0.25,1.4,expression(paste(K[c],"=6",sep="")),cex=0.8)
text(0.25,-1.4,expression(paste(K[c],"=6",sep="")),cex=0.8)
text(-3,0.15,expression(paste(K[c],"=6",sep="")),cex=0.8)
```

위의 R 코드에서 특성방정식의 근을 계산하기 위해 polyroot 함수를 이용하였다. polyroot 함수는 다항식의 계수를 인수로 받아 근을 계산한다. 이 때 주의할 것은 다항식의 계수를 인수로 넣어 줄 때 계수는 오름차순이어야 한다. 특성방정식 7.3.1에서 s의 오름차순으로 계수를 정리하면 (K_c, 2, 3, 1)이 됨을 알 수 있다. lapply 함수는 리스트 변수의 각 원소에 동일한 함수를 적용할 때 사용되며 lapply(x,fun)의 의미는 리스트 변수 x의 각 원소에 함수 fun을 적용하여 결과를 list로 반환하라는 의미이다. Reduce 함수는 벡터 혹은 리스트의 원소에 연속적으로 바이너리 함수(binary function)에 적용하여 결합한다. 예를 들면, Reduce(c,x)은 리스트 변수 x의 첫 번째와 두 번째 원소에 결합 함수 c를 적용하고 그 결과와 세 번째 원소에 대하여 다시 결합함수 c를 적용하는 방법으로 계속해서 마지막 원소까지 적용한 결과를 벡터로 반환한다. 그림 7.4는 K_c가 0에서 20까지 변할 때 특성방정식의 근들의 궤적을 보여준다. K_c가 6보다 커지면서 우반평면에 위치한 근들이 생겨남을 알 수 있다. 따라서 그림 7.3의 피드백 시스템이 안정하기 위한 조건은 $0 < K_c < 6$임을 알 수 있다. $K_c = 0$일 때의 근은 전달함수 $G(s)$의 극점임을 알 수 있다. 여기서 $G(s)$는 변수 K_c가 빠진 열린루프 전달함수에 해당된다. 즉, 피드백 시스템의 근궤적은 열린루프 전달함수의 극점에서부터 출발함을 알 수 있다.

열린루프 전달함수와 닫힌루프, 즉 피드백 시스템의 근궤적과의 일반적인 관계를 알아보도록 하자. 그림 7.5에서 열린루프 전달함수는 $KG(s)H(s)$이며 닫힌루프의 전달함수 $G_{CL}(s)$는 다음과 같다.

$$G_{CL}(s) = \frac{KG(s)}{1 + KG(s)H(s)} \tag{7.3.2}$$

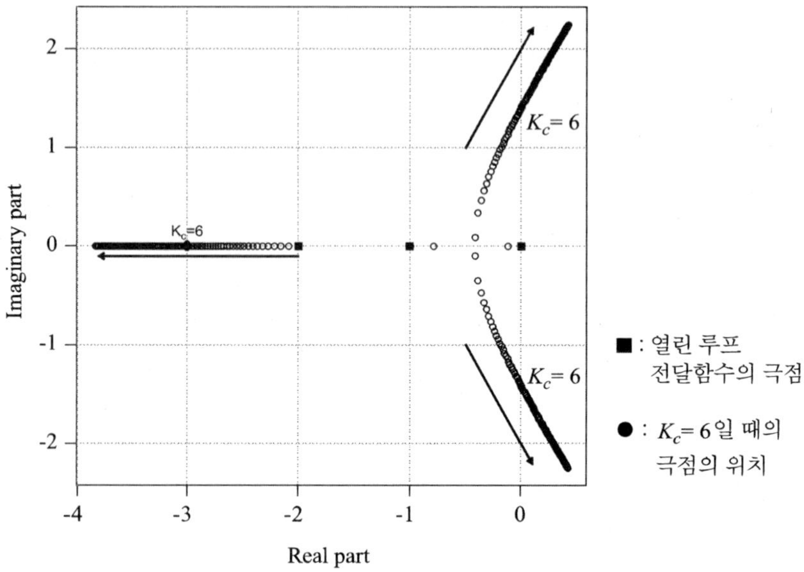

그림 7.4 피드백 시스템(그림 7.3)의 근궤적

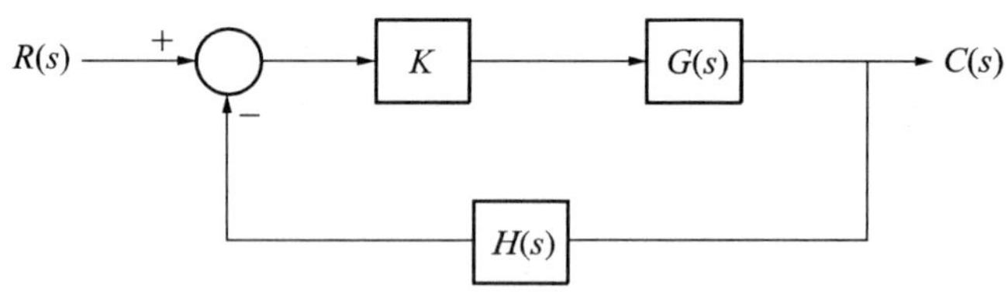

그림 7.5 $G(s)$와 $H(s)$의 계수는 상수로 고정되고 비례이득 K만을 변수로 하는 피드백 시스템

식 7.3.2에서 열린루프 전달함수를 분자 다항식, 분모 다항식으로 표현하면

$$KG(s)H(s) = K\frac{Z(s)}{P(s)} = K\frac{(s-z_1)(s-z_2)\ \cdots\ (s-z_m)}{(s-p_1)(s-p_2)\ \cdots\ (s-p_n)} \tag{7.3.3}$$

이 된다. 위의 식을 통해 z_1, z_2, $\cdots$, z_m은 열린루프 전달함수의 영점에 해당하며 p_1, p_2, $\cdots$, z_n 열린루프 전달함수의 극점에 해당함을 알 수 있다. $KG(s)H(s) = KZ(s)/P(s)$를 식 7.3.2에 대입하면 닫힌루프 전달함수는 다음과 같이 나타낼 수 있다.

$$G_{CL}(s) = \frac{KG(s)P(s)}{P(s)+KZ(s)} \tag{7.3.4}$$

따라서 특성방정식은

$$P(s)+KZ(s)=0 \tag{7.3.5}$$

이 된다. $P(s)$와 $Z(s)$는 열린루프 전달함수 $KG(s)H(s)$의 극점과 영점에 대한 정보를 가지고 있으며 변수 K가 0에서 무한대로 변할 때 특성방정식의 근을 복소평면에 도시한 것이 근궤적이다. 따라서 근궤적은 열린루프의 영점과 극점에 대한 정보를 바탕으로 작성될 수 있음을 알 수 있다. 식 7.3.5는 또한 다음과 같이 나타낼 수도 있다.

$$\frac{Z(s)}{P(s)} = -\frac{1}{K} \tag{7.3.6}$$

위의 식을 만족하는 복소평면 값들의 자취가 근궤적이 된다. 식 7.3.6을 만족하는 복소수 s는 다음의 두 조건을 동시에 만족하여야 한다.

$$\left|\frac{Z(s)}{P(s)}\right| = \frac{1}{K}, \quad 0 \le K \le \infty \tag{7.3.7}$$

$$\angle Z(s) - \angle P(s) = (2k+1)\pi \quad (k\ :\ \text{임의의 정수}) \tag{7.3.8}$$

여기서 $Z(s)$와 $P(s)$는 식 7.3.3으로부터 계산되며 모두 복소수이다.

$$Z(s) = (s-z_1)(s-z_2)\cdots(s-z_m),\ P(s) = (s-p_1)(s-p_2)\cdots(s-p_n)$$

따라서 식 7.3.7과 7.3.8은 각각 복소수의 크기와 위상에 해당하며 다음과 같이 계산될 수 있다.

$$\left|\frac{Z(s)}{P(s)}\right| = \frac{\prod_{i=1}^{m}|(s-z_i)|}{\prod_{i=1}^{n}|(s-p_i)|}$$

$$\angle Z(s) - \angle P(s) = \sum_{i=1}^{m}\angle(s-z_i) - \sum_{i=1}^{n}\angle(s-p_i)$$

비례이득 K가 0에서 ∞로 변할 때 닫힌루프의 극점의 자취 혹은 특성방정식의 근궤적은 열린루프의 전달함수가 주어지면 식 7.3.7과 7.3.8을 이용하여 복소평면에 나타낼 수 있다. 근궤적의 작성에 유용한 몇 가지 성질을 요약하면 다음과 같다.

① 식 7.3.7로부터 열린루프 전달함수의 극점[$P(s)=0$]에서 $K=0$이 되며 영점 [$Z(s)=0$]에서 $K=\infty$가 된다. 따라서 근궤적은 열린루프 전달함수의 극점에서 시작하여 영점에서 끝남을 알 수 있다. 또한, 식 7.3.3에서 $n>m$일 때 s를 무한대로 근사시키면

$$K\frac{Z(s)}{P(s)} \cong K\frac{s^m}{s^n} = K\frac{1}{s^{n-m}}$$

이 되며 $n-m>0$이므로 위의 식은 $s \to \infty$에서 0이 된다. 이것은 무한대에 $n-m$ 개의 영점이 있는 것과 같으며 유한 영점 m개와 합하면 영점의 수는 극점의 수와 동일한 n개 된다.

② 열린루프 전달함수의 극점과 영점이 어떤 축을 중심으로 대칭을 이루면 근궤적도 이 축을 중심으로 대칭을 이룬다.

③ 식 7.3.5에서 $Z(s)$의 차수가 m이고 $P(s)$의 차수가 n일 때, $n>m$인 경우 근궤적은 점근선을 따라 무한대에 있는 영점으로 접근하며 점근선의 개수는 $n-m$개이고 점근선의 각도 θ_a는 다음과 같이 계산된다.

$$\theta_a = \frac{(2k+1)\pi}{n-m} \quad (k=0, 1, \cdots, |n-m|-1)$$

또한, 모든 점근선은 실수축의 한 점(교차점 σ_a)에서 만나며 다음과 같이 계산된다.

$$\sigma_a = \frac{\sum_{i=1}^{n} p_i - \sum_{i=1}^{m} z_i}{n-m}$$

여기서 p_i와 z_i는 각각 열린루프 전달함수의 극과 영점을 나타낸다.

보기 7.4 열린루프 전달함수로부터 근궤적 그리기

열린루프 전달함수가 다음과 같을 때 근궤적을 작성하여라.

$$\frac{2K_c(s+3)}{0.2s^3+0.4s^2+s}$$

풀이 열린루프 전달함수로부터 특성방정식을 구하면

$$1+\frac{2K_c(s+3)}{0.2s^3+0.4s^2+s}=0$$

$$0.2s^3+0.4s^2+(1+2K_c)s+6K_c=0$$

이다. $0 \le K_c \le 20$의 범위에서 다음의 R 코드를 이용하여 근궤적을 작성해보자.

```
Kc=seq(0,20,0.1)
rs=list()
for (i in 1:length(Kc)) {
  rs[[i]]=polyroot(c(6*Kc[i],(1+2*Kc[i]),0.4,0.2))  # 특성방정식 근 계산
}
a=lapply(rs,Re) # 근들의 실수부 리스트
b=lapply(rs,Im)  # 근들의 허수부 리스트
a1=Reduce(c,a) # 근들의 실수부 벡터
b1=Reduce(c,b) # 근들의 허수부 벡터
polyroot(c(0,1,0.4,0.2))  # Kc=0일 때의 특성방정식 근(열린루프 전달함수의 극점)
[1]  0+0i -1+2i -1-2i

x11() # 그림 E7.4 작성을 위한 X-윈도우 열기
par(mar=c(5.1,5.8,4.1,2.1))
plot(a1,b1,xlab="Real part",ylab="Imaginary part",cex=0.8)
grid()
points(0,0,pch=15) # 열린루프 전달함수의 극점
points(-1,2,pch=15) # 열린루프 전달함수의 극점
points(-1,-2,pch=15) #열린루프 전달함수의 극점
points(-3,0,pch=0) #열린루프 전달함수의 영점
```

그림 E7.4는 근궤적을 나타내며 열린루프 전달함수의 극점 (0,0), (−1,2i), (−1 ,2i)에서 출발함을 알 수 있다. 극점 (0,0)에서 출발한 궤적은 K_c가 무한대로 증가함에 따라 영점(−3,0)으로 수렴하게 된다. 근의 위치가 우반평면에 존재하게 되면 피드백 시스템은 불안정하게 된다. 불안정이 시작되는 K_c의 값을 찾기 위해서는 특성방정식의 근의 실수부가 0으로 만드는 K_c를 구하면 된다. 특성방정식의 근가운데 실수부는 리스트 변수 a에 저장되어 있다.

```
a[1:15]
[[1]]
[1]  0 -1 -1
[[2]]
[1] -0.5795070 -0.7102465 -0.7102465
[[3]]
[1] -1.0 -0.5 -0.5
...
```

```
[[8]]
[1] -1.80330323 -0.09834839 -0.09834839
[[9]]
[1] -1.87901291 -0.06049354 -0.06049354
[[10]]
[1] -1.94375124 -0.02812438 -0.02812438
[[11]]
[1] -2  0  0  # 세 근 가운데 두 개의 근은 실수부가 0임
[[12]]
[1] -2.0495038  0.0247519  0.0247519
[[13]]
[1] -2.09353277  0.04676639  0.04676639
[[14]]
[1] -2.13303856  0.06651928  0.06651928
[[15]]
[1] -2.16875157  0.08437578  0.08437578
```

위의 결과를 통해 변수 a의 11번째 원소 즉 a[11]에서 실수부가 0인 근이 발견됨을 알 수 있다. 따라서 이에 대응하는 K_c의 값은 다음과 같이 구할 수 있다.

```
Kc[11]
[1] 1       # 피드백 시스템이 불안정하게 되기 시작하는 Kc의 값
```

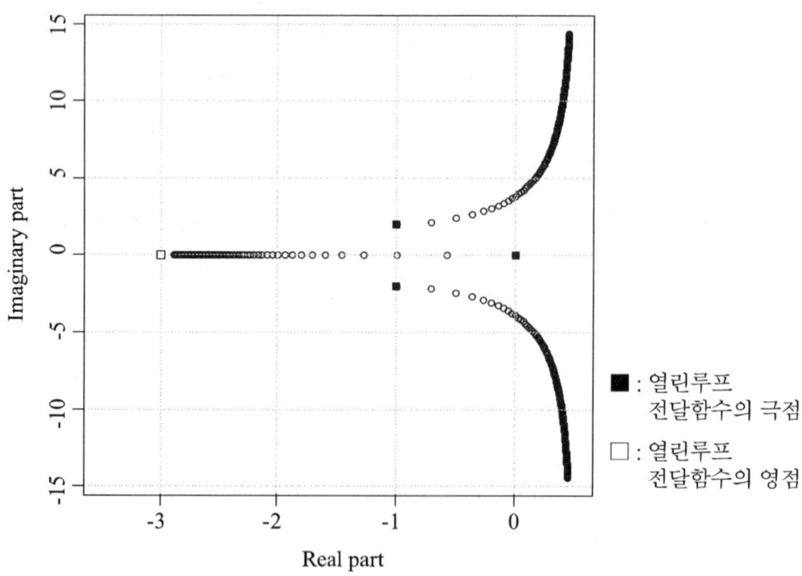

그림 E7.4

보기 7.5 피드백 시스템에서 근궤적과 응답

그림 E7.5와 같은 피드백 시스템이 불안정해 지기 시작할 때의 K_c의 값은 어떻게 되는가? 또한 이 K_c 값에서 피드백 시스템에 단위 임펄스 입력이 주어질 때 출력을 그래프로 나타내어라.

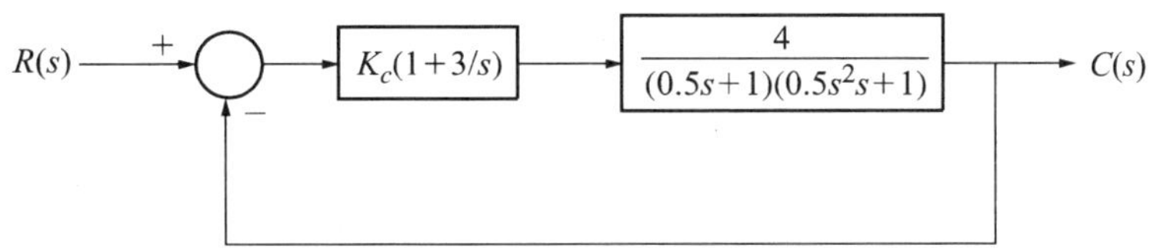

그림 E7.5

풀이 주어진 피드백 시스템의 특성방정식은 다음과 같다.

$$1+K_c(1+3/s)\frac{4}{(0.5s+1)(0.5s^2+s+1)}=0$$

$$1+\frac{4K_c(s+3)}{s(0.25s^3+s^2+1.5s+1)}=0$$

$$0.25s^4+s^3+1.5s^2+(1+4K_c)s+12K_c=0$$

따라서 다음의 R 코드를 이용하여 근궤적을 작성하면 그림 E7.5A와 같다.

```
Kc=seq(0,20,0.01) # Kc의 범위
rs=list()
for (i in 1:length(Kc)) {
  rs[[i]]=polyroot(c(12*Kc[i],(1+4*Kc[i]),1.5,1,0.25))
}
a=lapply(rs,Re)
b=lapply(rs,Im)
a1=Reduce(c,a)
b1=Reduce(c,b)
x11() # 그림 E7.5A
par(mar=c(5.1,5.8,4.1,2.1))
plot(a1,b1,xlab="Real part",ylab="Imaginary part",xlim=c(-3.5,0.5),cex=0.8)
grid()
points(0,0,pch=15)  # 열린루프 전달함수의 극점
points(-1,1,pch=15) # 열린루프 전달함수의 극점
points(-1,-1,pch=15) # 열린루프 전달함수의 극점
points(-2,0,pch=15) # 열린루프 전달함수의 극점
points(-3,0,pch=0) # 열린루프 전달함수의 영점
```

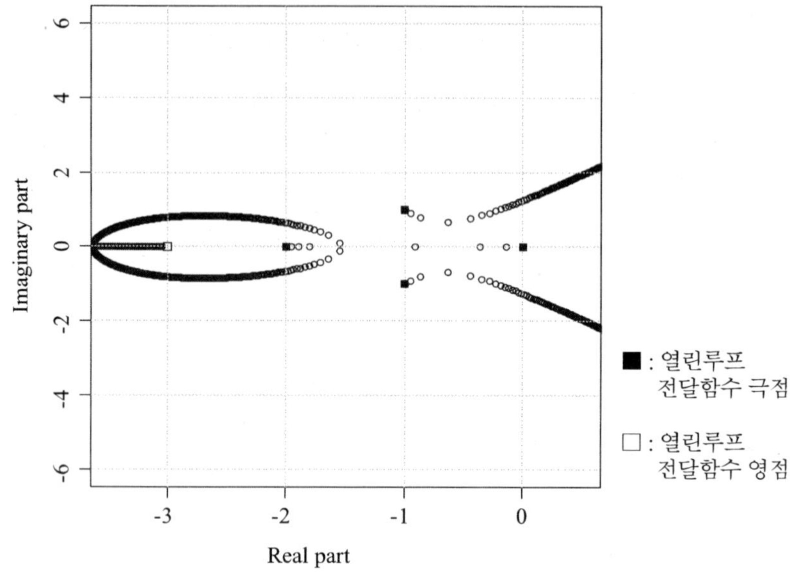

그림 E7.5A 피드백 시스템(그림 E7.5)의 근궤적

피드백 시스템이 불안해지기 시작하는 시점은 근궤적인 허수축을 지날 때이다. 따라서 근이 허수축에 존재할 때의 K_c를 찾으면 되며 다음의 R 코드를 이용해 보도록 하자.

```
m1=matrix(unlist(a),ncol=4,byrow=TRUE) # 특성방정식 근의 실수부
rownames(m1)=paste("K",Kc,sep="")
head(m1)
            [,1]       [,2]       [,3]      [,4]
K0     0.0000000 -1.0000000 -1.0000000 -2.000000 # Kc=0
K0.01 -0.1417088 -0.9514937 -0.9514937 -1.955304 # Kc=0.01
K0.02 -0.3693415 -0.8668985 -0.8668985 -1.896861
K0.03 -0.9167667 -0.6371244 -0.6371244 -1.808985
K0.04 -0.4504709 -0.4504709 -1.5495291 -1.549529
K0.05 -0.3541649 -0.3541649 -1.6458351 -1.645835
f1=function(x) any(abs(x)<0.01)
result=apply(m1,1,f1) # 행렬 m1의 각 행들에 함수 f1을 적용한 결과를 반환
result[1:5]
   K0 K0.01 K0.02 K0.03 K0.04
 TRUE FALSE FALSE FALSE FALSE
ind=which(result)# result에서 값이 TRUE인 인덱스 찾기
ind
[1]  1 16    # 1 번째와 16 번째
```

```
Kc[ind]
[1] 0.00 0.15    # 1 번째와 16 번째  Kc의 값
Kc=0.15
polyroot(c(12*Kc,(1+4*Kc),1.5,1,0.25))
[1] 0.009446+1.270184i 0.009446-1.270184i -2.009446-0.651611i -2.009446+0.651611i
```

위의 코드를 통해 $K_c = 0.15$일 때 두 개의 근의 실수부는 거의 0임을 알 수 있다. 따라서 이 피드백 시스템의 불안정은 $K_c = 0.15$에서부터 시작됨을 알 수 있다. 피드백 시스템에 단위 임펄스 입력이 주어졌을 때 $K_c = 0.1$, 0.15 , 0.2일 때 응답을 비교해 보도록 하자.

```
res=list()
K=c(0.1,0.15,0.2)
for (i in 1:3) {
G=tf(c(4*K[i],12*K[i]),c(0.25,1,1.5,1,0)) # 열린루프의 전달함수 계산
CL=feedback(G,1) # 피드백 루프의 전달함수 계산
res[[i]]=impulse(CL,seq(0,20,0.01))
}
rrs=cbind(t(res[[1]]$y),t(res[[2]]$y),t(res[[3]]$y))
time=res[[1]]$t
x11() # 그림 E7.5B 작성을 위한 X-윈도우 열기
matplot(time,rrs,type="l",lty=1:3,xlab="t",ylab="y(t)",col=1,lwd=2)
legend("topleft",legend=expression(paste(K[c],"=0.1  ",sep=""),
                paste(K[c],"=0.15",sep=""), paste(K[c],"=0.2",sep="")),lwd=2,
        lty=1:3,x.intersp=0.1,cex=1)
grid()
```

위의 R 코드에서 tf, feedback, impulse 함수들은 control 패키지에 들어 있으므로 control 패키지가 로딩된 상태가 아니면 “require(control)”를 사용하여 먼저 control 패키지를 로딩하도록 하자. impulse 함수는 시스템에 단위 임펄스 입력이 주어졌을 때 출력을 계산해 주는 함수이다. impulse 함수의 반환값도 step 함수의 반환값과 같이 리스트(list)로 반환된다. 리스트에서 응답결과는 행벡터로 주어지므로 리스트의 길이가 2보다 클 경우는 t 함수(transpose 함수)를 통해 행벡터를 열벡터로 만들어 준 다음, cbind 함수를 통해 묶어 주도록 한다(아래 R 코드 참조).

```
aa1=res[[1]]$y
aa2=t(res[[1]]$y)
class(aa1)
[1] "matrix"
class(aa2)
[1] "matrix"
```

```
dim(aa1)
[1]    1 2001    # (1×2001 행벡터)
dim(aa2)
[1] 2001    1  # (2001×1 열벡터)
```

그림 E7.5B에서 보는 바와 같이 K_c가 0.15보다 작은 경우의 단위 임펄스 응답은 시간에 지남에 따라 출력이 0으로 접근하며 K_c가 0.15보다 큰 경우에는 $\pm\infty$로 발산함을 알 수 있다. 또한 K_c가 0.15일 때는 진동이 지속적으로 나타남을 볼 수 있다. 이와 같은 현상은 피드백 시스템(그림 E7.5)의 불안정성이 $K_c = 0.15$에서부터 시작됨을 잘 보여준다.

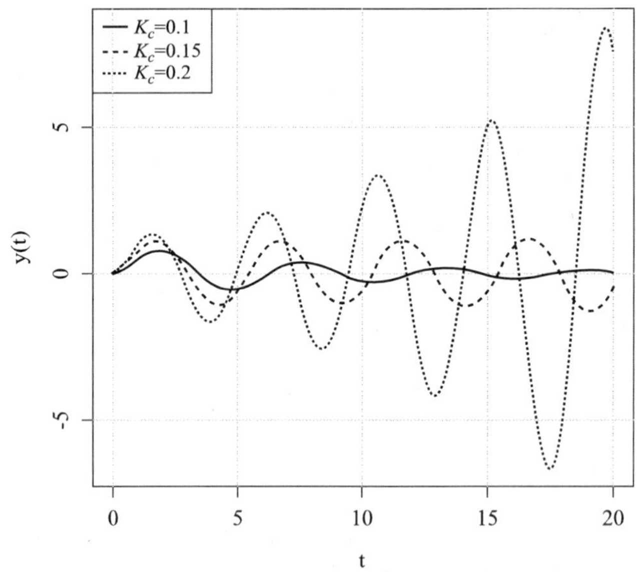

그림 E7.5B

Chapter 8

주파수 응답

주파수 응답은 시스템에 입력으로 정현파가 주어질 때 정상상태의 출력도 정현파가 되는 현상을 이용한 것으로 입력 정현파와 정상상태 출력 정현파의 진폭비와 위상차로 표현된다. 7장에서 소개한 안정성 판별방법은 시스템의 전달함수가 알려진 경우에만 사용될 수 있지만 주파수 응답은 전달함수에 대한 정보가 없어도 주파수 응답 실험을 통해 안정성을 판별할 수 있는 장점이 있다. 1차 시스템과 2차 시스템의 주파수 응답특성에 대해 알아보고 Bode 선도와 Nyquist 선도를 이용하여 주파수 응답을 표현하는 방법과 이들을 이용한 피드백 시스템의 안정성 판별법에 대해 살펴보도록 한다.

피드백 시스템의 안정성은 전달함수가 알려진 경우 Routh 판별법이나 근궤적 방법을 이용할 수 있었다. 하지만 전달함수가 알려지지 않은 경우에는 이들의 방법은 적용할 수가 없다. 주파수 응답은 전달함수에 대한 정보가 없어도 피드백 시스템의 안정성 판별을 가능하게 하는 장점이 있다. 시간영역에서 미분방정식으로 기술되는 시스템의 동특성은 라플라스 변환을 통해 복소수 영역에서 정의되는 대수방정식으로 바뀌게 된다. 대수방정식은 미분방정식보다 다루기가 편리하다. 하지만 복소수 영역보다 더욱 구체적으로 물리적 의미를 갖는 것은 주파수 영역이며 다음의 푸리에 변환을 이용하면 시스템의 특성을 주파수 영역에서 기술할 수 있다.

$$\mathcal{F}\{f(t)\} = G(\omega) = \int_{-\infty}^{\infty} f(t)e^{-j\omega t}dt \text{ (푸리에 변환)} \tag{8.1}$$

여기서 기호 $\mathcal{F}$는 푸리에 변환을, $G(\omega)$는 함수 $f(t)$의 푸리에 변환을 나타낸다. ω는 주파수로서 rad/s(라디안/초)의 단위를 갖는다. 라플라스 변환과 푸리에 변환의 정의는 유사하지만 다음의 차이점이 있다.

① 라플라스 변환 정의에서 적분구간은 $0 \le t < \infty$이지만 푸리에 변환에서는 적분구간이 $-\infty < t < \infty$이 된다.

② 라플라스 변환에서 복소수 s는 수렴영역의 모든 복소수가 될 수 있지만 푸리에 변환에서는 $j\omega$는 허수축으로 제한된다. 만약 $t < 0$에서 $f(t) = 0$이고 라플라스 변환의 수렴영역이 허수축으로 국한된다면 $f(t)$의 라플라스 변환 $F(s)$이면 푸리에 변환은 $F(j\omega)$가 된다. 즉, 푸리에 변환 $G(\omega)$은 라플라스 변환에서 $s = j\omega$로 치환한 $F(j\omega)$와 같다.

위에서 ②번의 성질은 라플라스 변환이 정의되는 복소수 영역이 허수축을 포함하는 경우에 $f(t)$의 라플라스 변환 $F(s)$이면 $f(t)$의 푸리에 변환은 $F(j\omega)$가 된다는 것을 의미한다. 다음 예를 통해 확인해 보자.

$$f(t) = \begin{cases} 0 & t < 0 \\ e^{-t} & t \ge 0 \end{cases} \tag{8.2}$$

식 8.1의 정의에 따라 위 함수의 푸리에 변환을 계산해 보면 다음과 같다.

$$\int_{-\infty}^{\infty} f(t)e^{-j\omega t}dt = \int_{0}^{\infty} e^{-(1+j\omega)t}dt = \frac{1}{1+j\omega} \tag{8.3}$$

식 8.2에서 $f(t)$의 라플라스 변환은 $F(s)=1/(1+s)$이며 이때의 수렴영역은 $\text{Re}(s) > -1$임을 알 수 있다. 따라서 수렴영역을 허수축으로 제한시킬 수 있으며 $F(s)$에서 $s=j\omega$로 치환하면 식 8.3과 동일함 결과를 가짐을 알 수 있다. 수렴영역이 허수축을 포함하지 않는 경우에는 $s=j\omega$의 치환으로써 푸리에 변환을 얻을 수 없다. 다음과 같이 정의되는 단위 계단함수가 이런 경우에 해당한다.

$$u(t) = \begin{cases} 0 & t < 0 \\ 1 & t > 0 \end{cases} \tag{8.4}$$

식 8.4의 단위 계단함수의 라플라스 변환은 복소영역 $\text{Re}(s) > 0$에서 정의되며 $U(s)=1/s$이다. 이 영역은 허수축을 포함하지 않기 때문에 $u(t)$의 푸리에 변환은 $U(s=j\omega)$로 쓸 수가 없다. $u(t)$의 푸리에 변환을 계산하기 위해 다음과 부호함수 $sgn(t)$를 정의해보자.

$$sgn(t) = \begin{cases} 1 & t > 0 \\ -1 & t < 0 \end{cases} \tag{8.5}$$

위의 부호함수를 이용하여 식 8.4의 $u(t)$는 다음과 같이 나타낼 수 있다.

$$u(t) = \frac{1+sgn(t)}{2} \tag{8.6}$$

식 8.6의 양변에 푸리에 변환을 취하면

$$\begin{aligned} \mathrm{F}\{u(t)\} &= \mathrm{F}\left\{\frac{1+sgn(t)}{2}\right\} \\ &= \frac{1}{2}[\mathrm{F}\{1\}+\mathrm{F}\{sgn(t)\}] \\ &= \pi\delta(\omega)+\frac{1}{j\omega} \end{aligned} \tag{8.7}$$

위의 결과(자세한 유도는 보기 8.2 참조)를 통해 식 8.4의 단위 계단함수의 푸리에 변환은 $U(s=j\omega)=1/j\omega$와 같지 아니함을 알 수 있다. 따라서 라플라스 변환에서 수렴영역이 허수축을 포함하는 경우에만 $s=j\omega$로 치환하여 푸리에 변환을 계산할 수 있다.

함수 $x(t)$의 푸리에 변환을 $X(\omega)$라고 하면 $X(\omega)$로부터 $x(t)$는 다음과 같이 푸리에 역변환을 통해 계산될 수 있다.

$$\mathrm{F}^{-1}\{X(\omega)\} = \frac{1}{2\pi}\int_{-\infty}^{\infty} X(\omega)e^{j\omega t}d\omega \text{ (푸리에 역변환)} \tag{8.8}$$

푸리에 변환은 선형변환으로서 라플라스 변환과 많은 유사점이 있으며 주요 기본성질을 요약하면 표 8.1과 같다. 시간 영역의 함수 $x(t)$, $x_1(t)$, $x_2(t)$의 푸리에 변환을 각각 $X(\omega)$, $X_1(\omega)$ $X_2(\omega)$라고 하자.

표 8.1 푸리에 변환의 주요성질

	시간 영역의 함수	푸리에 변환(주파수 영역)
선형성	$ax_1(t)+bx_2(t)$	$aX_1(\omega)+bX_2(\omega)$
시간영역에서 이동	$x(t-t_0)$	$e^{-j\omega t_0}X(\omega)$
주파수영역에서 이동	$e^{j\omega_0 t}x(t)$	$X(\omega-\omega_0)$
쌍대성	$X(t)$	$2\pi x(-\omega)$
시간영역에서 스케일링	$x(at)$	$\frac{1}{\lvert a\rvert}X\left(\frac{\omega}{a}\right)$
시간영역에서 미분	$\frac{dx(t)}{dt}$	$j\omega X(\omega)$
주파수영역에서 미분	$(-jt)x(t)$	$\frac{dX(\omega)}{d\omega}$
시간영역에서 컨벌루션[a]	$x_1(t)*x_2(t)$	$X_1(\omega)X_2(\omega)$
주파수영역에서 컨벌루션	$x_1(t)x_2(t)$	$X_1(\omega)*X_2(\omega)$

a 컨벌루션(convolution)에 대한 연산자로 '*'를 사용하였으며 다음과 같이 정의된다.

$$x_1(t)*x_2(t) = \int_{-\infty}^{\infty} x_1(\tau)x_2(t-\tau)d\tau$$

공정제어에서 푸리에 변환은 주로 시스템의 주파수 응답특성 분석에 활용된다. 선형 시스템의 단위 임펄스 입력에 대한 시간응답을 $h(t)$라고 하면 입력 $x(t)$에 대한 선형 시스템의 시간응답은 다음과 같이 컨벌루션에 의해 주어진다.

$$y(t) = x(t)*h(t) \tag{8.9}$$

위의 식에서 양변에 푸리에 변환을 취하면 다음과 같다.

$$Y_p(\omega) = X_p(\omega)H_p(\omega) \quad \Leftrightarrow \quad \frac{Y_p(\omega)}{X_p(\omega)} = H_p(\omega) \tag{8.10}$$

여기서 $Y_p(\omega)$, $X_p(\omega)$, $H_p(\omega)$는 각각 $y(t)$, $x(t)$, $h(t)$의 푸리에 변환에 해당한다. 식 8.9의 라플라스 변환은 다음과 같다.

$$Y(s) = X(s)H(s) \quad \Leftrightarrow \quad \frac{Y(s)}{X(s)} = H(s) \tag{8.11}$$

푸리에 변환은 라플라스 변환에서 $s = j\omega$로 치환함으로써 얻어지므로 식 8.11은 다음과 같이 나타낼 수도 있다.

$$Y(j\omega) = X(j\omega)H(j\omega) \quad \Leftrightarrow \quad \frac{Y(j\omega)}{X(j\omega)} = H(j\omega) \tag{8.12}$$

식 8.11과 8.12로부터 단위 임펄스에 대한 시스템의 시간응답 함수 $h(t)$의 라플라스 변환 $H(s)$는 시스템의 전달함수가 되고 $H(j\omega)$는 $h(t)$의 푸리에 변환이 됨을 알 수 있다. 복소수 $s = \sigma + j\omega$로 나타낼 때 $H(s)$는 두 개의 변수 σ, ω의 함수임에 비해 $H(j\omega)$는 주파수 ω만의 함수가 된다. 또한 $H(j\omega)$의 크기와 위상은 입력과 출력의 푸리에 변환과 다음의 관계를 가진다.

$$|H(j\omega)| = \frac{|Y(j\omega)|}{|X(j\omega)|}, \quad \angle H(j\omega) = \angle Y(j\omega) - \angle X(j\omega) \tag{8.13}$$

위의 식으로부터 복소수 $H(j\omega)$의 크기는 입력신호의 크기에 대한 출력신호의 크기의 비가 되고, $H(j\omega)$의 위상은 출력위상과 입력위상의 차이가 됨을 알 수 있다.

보기 8.1 부호함수의 푸리에 변환

그림 E8.1과 같은 부호함수 $sgn(t)$의 푸리에 변환을 구하여라.

$$sgn(t) = \begin{cases} 1 & t > 0 \\ -1 & t < 0 \end{cases}$$

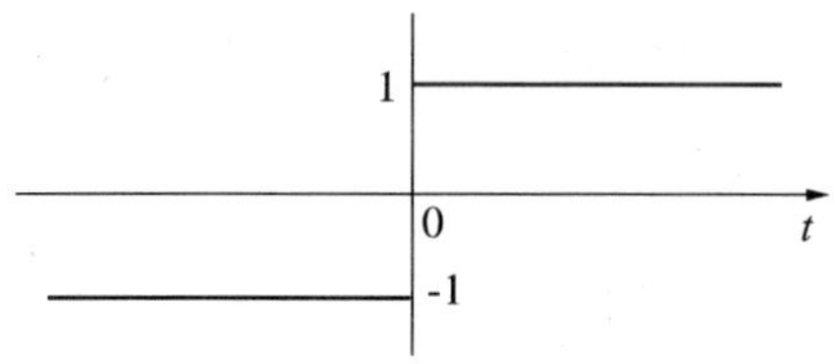

그림 E8.1

풀이 단위 계단함수를 $u(t)$라고 할 때 $sgn(t)$는 다음과 같이 나타낼 수 있다.

$$sgn(t) = 2u(t) - 1 \quad \text{(A)}$$

식 A의 양변을 시간에 대해 미분하면

$$\frac{d}{dt} sgn(t) = 2\delta(t) \quad \text{(B)}$$

이 된다. $sgn(t)$의 푸리에 변환을 $X(\omega)$라고 하면 $\mathrm{F}\left\{\frac{d}{dt} sgn(t)\right\} = j\omega X(\omega)$이므로

$$\mathrm{F}\left\{\frac{d}{dt} sgn(t)\right\} = \mathrm{F}\{2\delta(t)\}$$

$$j\omega X(\omega) = 2\mathrm{F}\{\delta(t)\} = 2 \quad \left(\mathrm{F}\{\delta(t)\} = \int_{-\infty}^{\infty} \delta(t) e^{j\omega t} dt = 1\right)$$

$$X(\omega) = \frac{2}{j\omega}$$

따라서 그림 E8.1의 부호함수 $sgn(t)$에 대한 푸리에 변환은 $2/j\omega$임을 알 수 있다.

보기 8.2 단위 계단함수의 푸리에 변환

단위 계단함수 $u(t)$의 푸리에 변환이 다음과 같이 나타남을 증명하여라.

$$\pi\delta(\omega)+\frac{1}{j\omega}$$

풀이 단위 계단함수 $u(t)$는 식 8.6에 의해 다음과 같이 표현될 수 있다.

$$u(t)=\frac{1}{2}+\frac{1}{2}sgn(t)$$

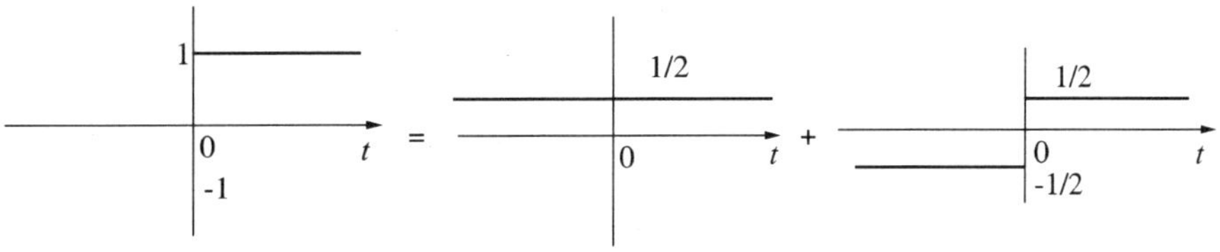

함수 $sgn(t)$에 대한 푸리에 변환은 보기 8.1에서 $2/j\omega$임을 알 수 있다. 쌍대성에 따르면 시간 영역에서 1인 함수의 푸리에 변환은 $2\pi\delta(\omega)$이 된다.

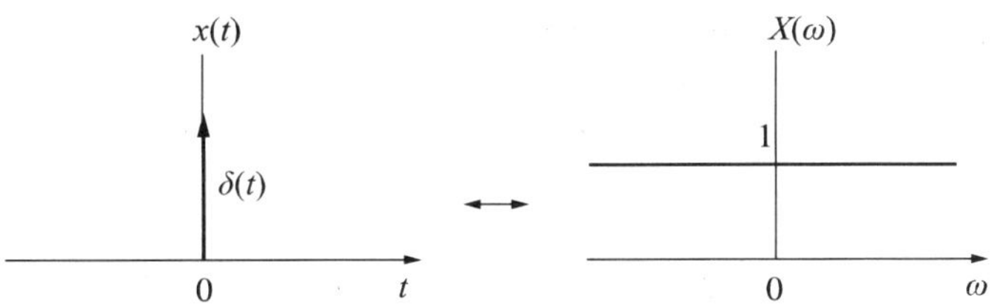

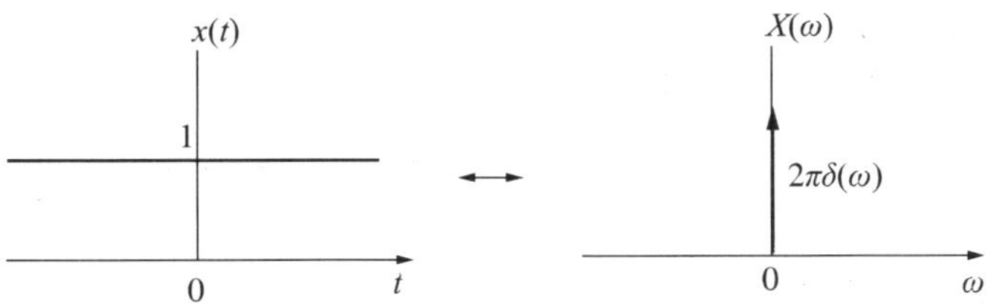

따라서 $\mathcal{F}\{u(t)\}=\mathcal{F}\left\{\frac{1}{2}\right\}+\mathcal{F}\left\{\frac{1}{2}sgn(t)\right\}=\pi\delta(\omega)+\frac{1}{j\omega}$

보기 8.3 컨벌루션 정리의 증명

$x_1(t) * x_2(t) = \int_{-\infty}^{\infty} x_1(\tau)x_2(t-\tau)d\tau$일 때 $\mathcal{F}\{x_1(t) * x_2(t)\} = X_1(\omega)X_2(\omega)$ 임을 증명하여라. $X_1(\omega)$, $X_2(\omega)$는 각각 $x_1(t)$, $x_2(t)$의 푸리에 변환이다.

풀이 푸리에 변환의 정의에 따라 함수 $x_1(t) * x_2(t)$의 푸리에 변환을 계산해보면 다음과 같다.

$$\begin{aligned}
\mathcal{F}\{x_1(t) * x_2(t)\} &= \int_{-\infty}^{\infty}\left[\int_{-\infty}^{\infty} x_1(\tau)x_2(t-\tau)d\tau\right]e^{-j\omega t}dt \\
&= \int_{-\infty}^{\infty} x_1(\tau)\left[\int_{-\infty}^{\infty} x_2(t-\tau)e^{-j\omega t}dt\right]d\tau \\
&= \int_{-\infty}^{\infty} x_1(\tau)\left[X_2(\omega)e^{-j\omega\tau}\right]d\tau \\
&= \left[\int_{-\infty}^{\infty} x_1(\tau)e^{-j\omega\tau}d\tau\right]X_2(\omega) \\
&= X_1(\omega)X_2(\omega)
\end{aligned}$$

보기 8.4 푸리에 변환을 이용한 단위 임펄스 응답계산

시스템이 다음과 같은 미분방정식으로 기술될 때 단위 임펄스 응답을 계산하여라.
$y'(t) + 2y(t) = x(t) + x'(t)$

풀이 $y(t)$와 $x(t)$의 푸리에 변환을 각각 $Y(\omega)$, $X(\omega)$라고 하면

$$\mathcal{F}\{y'(t) + 2y(t)\} = \mathcal{F}\{x(t) + x'(t)\}$$
$$j\omega Y(\omega) + 2Y(\omega) = X(\omega) + j\omega X(\omega)$$

$$(j\omega + 2)Y(\omega) = (1 + j\omega)X(\omega) \quad \Rightarrow \quad \frac{Y(\omega)}{X(\omega)} = \frac{(1+j\omega)}{(2+j\omega)} = 1 - \frac{1}{2+j\omega}$$

따라서 시스템의 주파수 응답 $H(\omega)$는 다음과 같다.

$$H(\omega) = \frac{Y(\omega)}{X(\omega)} = \frac{(1+j\omega)}{(2+j\omega)} = 1 - \frac{1}{2+j\omega} \quad \text{(A)}$$

여기서 $H(\omega)$는 시스템의 단위 임펄스 응답 $h(t)$의 푸리에 변환에 해당하므로 식 A에 푸리에 역변환을 취하면

$$\mathcal{F}^{-1}\{H(\omega)\} = h(t) = \mathcal{F}^{-1}\left\{1 - \frac{1}{2+j\omega}\right\} = \delta(t) - e^{-2t}u(t)$$

보기 8.5 선형 시스템에서 푸리에 변환을 이용한 출력계산

다음과 같이 표현되는 선형 시스템에 대해 푸리에 변환을 이용하여 시간응답을 계산하여라.

$$\frac{dy(t)}{dt}+2y(t)=x(t)$$

(A) $x(t)=e^{-t}u(t)$

(B) $x(t)=u(t)$

풀이 먼저 주어진 시스템의 주파수 응답을 계산해보자.

$$\mathrm{F}\left\{\frac{dy(t)}{dt}+2y(t)\right\}=\mathrm{F}\{x(t)\} \rightarrow j\omega Y(\omega)+2Y(\omega)=X(\omega)$$

$$\rightarrow H(\omega)=\frac{Y(\omega)}{X(\omega)}=\frac{1}{2+j\omega}$$

(A) 입력이 $x(t)=e^{-t}u(t)$인 경우 $X(\omega)=1/(1+j\omega)$이므로

$$Y(\omega)=X(\omega)H(\omega)=\frac{1}{(1+j\omega)(2+j\omega)}=\frac{1}{1+j\omega}-\frac{1}{2+j\omega}$$

$$\mathrm{F}^{-1}\{Y(\omega)\}=y(t)=\mathrm{F}^{-1}\left\{\frac{1}{1+j\omega}-\frac{1}{2+j\omega}\right\}=(e^{-t}-e^{-2t})u(t)$$

(B) 입력이 $x(t)=u(t)$인 경우 $X(\omega)=\pi\delta(\omega)+1/j\omega$이므로

$$Y(\omega)=X(\omega)H(\omega)=\left[\pi\delta(\omega)+\frac{1}{j\omega}\right]\frac{1}{2+j\omega}$$

$$=\pi\delta(\omega)\frac{1}{2+j\omega}+\frac{1}{j\omega(2+j\omega)}$$

$$=\frac{\pi}{2}\delta(\omega)+\frac{1}{2}\frac{1}{j\omega}-\frac{1}{2}\frac{1}{2+j\omega}$$

$$=\frac{1}{2}\left[\pi\delta(\omega)+\frac{1}{j\omega}\right]-\frac{1}{2}\frac{1}{2+j\omega}$$

$$y(t)=\frac{1}{2}u(t)-\frac{1}{2}e^{-2t}u(t)$$

8.1 시스템의 정현파 응답

다음 그림 8.1과 같이 정현파 입력에 대한 1차계의 응답을 고려해보자. 그림 8.1에서 정현파에 대한 1차계의 응답 $y(t)$는 라플라스 역변환에 의해 다음과 같이 계산된다.

$$y(t) = \mathcal{L}^{-1}\{Y(s)\} = \mathcal{L}^{-1}\left\{\frac{A\omega}{(\tau s+1)(s^2+\omega^2)}\right\} \tag{8.1.1}$$

$$= \frac{A\omega\tau}{\tau^2\omega^2+1}e^{-t/\tau} + \frac{A}{\sqrt{\tau^2\omega^2+1}}\sin(\omega t+\phi)$$

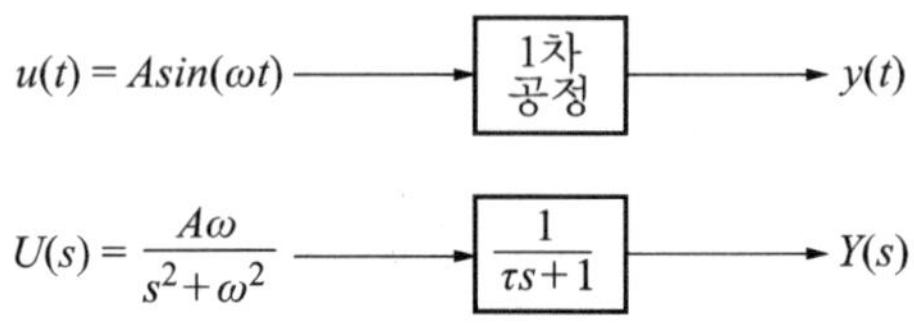

그림 8.1 진폭이 A인 정현파 입력에 대한 1차 공정의 응답

여기서 $\phi = \tan^{-1}(-\omega\tau)$이다. $t \to \infty$일 때 식 8.1.1의 첫째 항은 ω, τ의 값에 상관없이 없어지며 최종적으로 남는 해는 진동해인 둘째 항이 된다. $A=1$, $\tau = 0.5$일 때 다음 R 코드를 이용하여 1차계의 정현파 응답의 특성을 살펴보도록 하자.

```
## 정현파의 주파수가 변할 때 1차계의 응답
require(control) # control 패키지 로더
u=list()
w=c(1,2,3,4)  # 정현파의 주파수 ω
TP=2*pi/w  # 정현파의 주기 (=2π/ω)
for (i in 1:length(w)) {
  u[[i]]=gensig('sin',TP[i],10,0.01)  # 정현파 신호 생성
}
sys=TF("1/(0.5*s+1)") # 1차계 전달함수 생성
res=list()
for (i in 1:length(w)){
   res[[i]]=lsim(sys,u[[i]]$u,u[[i]]$t)  # 정현파에 대한 응답계산
}
```

```
Time=res[[1]]$t
x11() # 그림 8.2 작성을 위한 X-윈도우 열기
par(mfrow=c(2,2))
for ( i in 1:4) {
matplot(Time,cbind(u[[i]]$u,t(res[[i]]$y)),type="l",ylab="u & y",
        main=paste("w = ",w[i],sep=""),col=1,lty=1:2,lwd=2)
grid()
}
## 시간상수 τ가 변할 때의 1차계의 응답(정현파의 주파수 ω는 고정)
tau=c(0.1,0.5,1,2)  # 1차계의 시간상수 τ
u=gensig('sin',2*pi/3,10,0.01)  # ω=3
sys=list()
for (i in 1:4) {
  sys[[i]]=tf(1,c(tau[i],1))
}
res=list()
for (i in 1:length(tau)){
  res[[i]]=lsim(sys[[i]],u$u,u$t)
}
Time=res[[1]]$t
x11()  # 그림 8.3 작성을 위한 X-윈도우 열기
par(mfrow=c(2,2))
for ( i in 1:4) {
  matplot(Time,cbind(u$u,t(res[[i]]$y)),type="l",ylab="u & y",
          main=paste("tau = ",tau[i],sep=""),col=1,lty=1:2,lwd=2)
  grid()
}
```

위의 코드에서 사용된 gensig, TF, tf, lsim 함수는 모두 control 패키지에 들어 있는 함수들이다. 정현파 신호를 만들기 위해 사용된 gensig 사용법은 다음과 같다.

gensig(신호, 주기, 최종시간, 샘플링 간격)

여기서 신호는 sin, cos 등의 신호가 될 수 있고, 최종시간은 신호를 계산하는 마지막 시간을, 샘플링 간격은 신호를 계산하는 시간간격을 의미한다. lsim 함수는 (시스템 전달함수, 입력신호, 시간)을 인수로 취하여 시스템의 시간응답을 계산하는 함수이다. 그림 8.2는 정현파[$\sin(\omega t), \omega = 1, 2, 3, 4$]가 시간상수 $\tau = 0.5$인 1차계에 입력으로 주어졌을 때

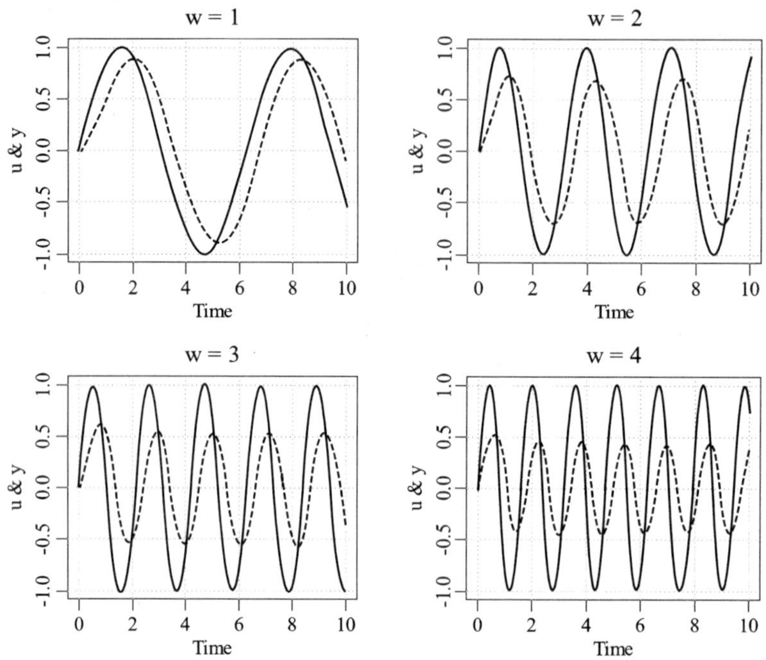

실선 : 입력 정현파
점선 : 1차계의 출력

그림 8.2 입력 정현파의 주파수에 따른 1차계의 응답

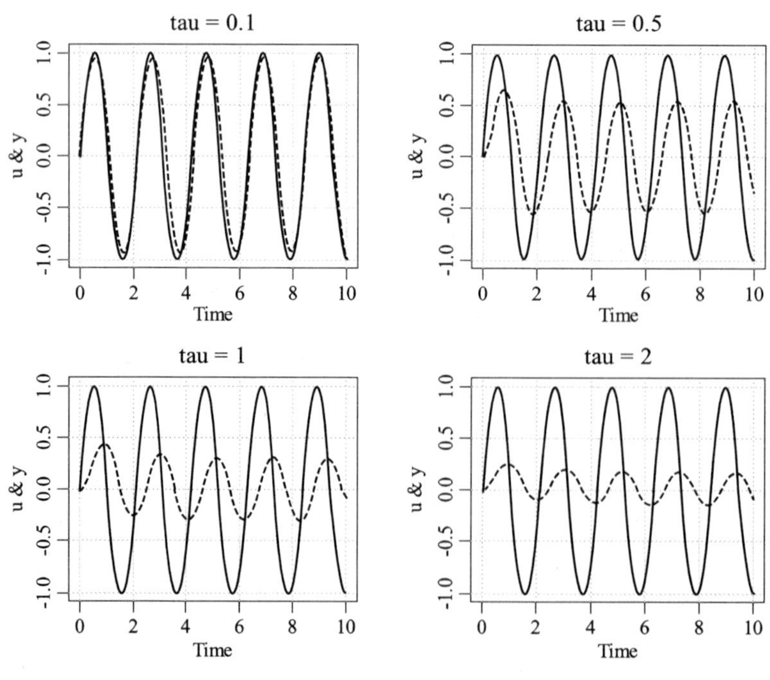

실선 : 입력 정현파
점선 : 1차계의 출력

그림 8.3 시간상수가 다른 1차계의 정현파 응답

의 응답을 나타낸다. 주파수의 크기에 상관없이 정상상태 응답은 입력 정현파와 동일한 주파수의 갖는 정현파가 됨을 알 수 있다. 특히 주파수가 높아질수록 진폭은 작아지는데 이러한 현상을 저주파 통과라고 한다. 입력 정현파의 주파수를 고정하고 1차계 시간상수 τ를 증가시켜도 정상상태 응답의 진폭은 줄어든다(그림 8.3). 그림 8.2와 8.3을 통해 1차계의 정현파 응답은 특성은 다음과 같이 요약할 수 있다.

① 정상상태 응답은 입력 정현파와 동일한 주파수를 가진 정현파가 된다.
② 정상상태 응답 정현파의 진폭은 항상 입력 정현파의 진폭보다 작다.
③ 정상상태 응답 정현파는 입력 정현파에 대해 항상 위상지연을 가진다.

그림 8.1에서 입력 $U(t)$와 출력 $y(t)$의 관계는 주파수 영역에서 다음과 같이 표현될 수 있다.

$$Y(s) = G(s)U(s) \ \Leftrightarrow \ Y(jw) = G(jw)U(jw) \tag{8.1.2}$$

여기서 $G(s) = 1/(\tau s + 1)$이며 $U(j\omega)$와 $Y(j\omega)$는 각각 $u(t)$와 $y(t)$의 푸리에 변환이다. $U(j\omega)$, $Y(j\omega)$, $G(j\omega)$는 모두 복소수이므로 식 8.1.2로부터 다음의 관계가 성립함을 알 수 있다.

$$\begin{aligned} |Y(j\omega)| &= |G(j\omega)U(j\omega)| = |G(j\omega)||U(j\omega)| \\ \Leftrightarrow \ & \left|\frac{Y(j\omega)}{U(j\omega)}\right| = |G(j\omega)| \end{aligned} \tag{8.1.3}$$

$$\begin{aligned} \angle Y(j\omega) &= \angle G(j\omega) + \angle U(j\omega) \\ \Leftrightarrow \ & \angle Y(j\omega) - \angle U(j\omega) = \angle G(j\omega) \end{aligned} \tag{8.1.4}$$

식 8.1.3과 8.1.4를 통해 입력이 정현파일 경우 복소수 $G(j\omega)$의 크기는 입력 정현파의 진폭과 정상상태의 출력 정현파의 비가 되며 $G(j\omega)$의 위상은 입력 정현파와 정상상태 출력 정현파의 위상차이가 됨을 알 수 있다. 이러한 의미에서 전달함수 $G(s)$의 푸리에 변환인 $G(j\omega)$를 시스템의 주파수 응답이라고 부른다. 이제 그림 8.1에 나타난 1차계 공정에 대한 주파수 응답을 계산해보자.

$G(s) = \dfrac{1}{\tau s + 1}$ 이므로

$$G(j\omega) = \frac{1}{j\omega\tau + 1} = \frac{-j\omega\tau + 1}{(j\omega\tau + 1)(-j\omega\tau + 1)} \tag{8.1.5}$$
$$= \frac{1}{1+\omega^2\tau^2} - j\frac{\omega\tau}{1+\omega^2\tau^2}$$

위의 식으로부터 $G(j\omega)$의 크기와 위상을 계산하면

$$|G(j\omega)| = \frac{1}{\sqrt{1+\omega^2\tau^2}}$$
$$\angle G(j\omega) = \tan^{-1}(-\omega\tau) \tag{8.1.6}$$

이 된다. 식 8.1.6을 통해 τ가 일정한 1차 공정에 대해 입력 정현파의 진폭에 대한 정상상태 응답의 진폭비는 $1/\sqrt{\omega^2\tau^2+1}$ 이고 정상상태 출력과 입력의 위상차는 $\tan^{-1}(-\omega\tau)$ 임을 알 수 있다.

동일한 방법으로 전달함수가 다음과 같은 2차 공정의 주파수 응답 특성을 살펴보도록 하자.

$$G_p(s) = \frac{1}{\tau^2 s^2 + 2\tau\zeta s + 1} \tag{8.1.7}$$

위의 식에 $s = jw$를 대입하여 전달함수 $G_p(s)$의 푸리에 변환을 구하면

$$G_p(j\omega) = \frac{1}{-\tau^2\omega^2 + j2\zeta\tau\omega + 1} = \frac{(1/\tau)^2}{-\omega^2 + j2\zeta(\omega/\tau) + (1/\tau)^2} \tag{8.1.8}$$
$$= \frac{\omega_n^2}{-\omega^2 + j2\zeta\omega\omega_n + \omega_n^2} = \frac{1}{-\omega_{no}^2 + j2\zeta w_{no} + 1}$$

여기서 $\omega_n = 1/\tau$로서 비감쇠 고유주파수이며 ω_{no}는 주파수 ω를 비감쇠 고유주파수 ω_n으로 표준화한 주파수로서 ω/ω_n이 된다. 표준화된 주파수를 사용하면 시스템의 비감쇠 고유주파수 ω_n에 의존하지 않는 주파수 응답을 얻을 수 있다. 표준화된 주파수로 2차 공정에 대한 주파수 응답의 진폭비와 위상을 나타내면 다음과 같다.

$$\begin{aligned} |G_p(j\omega_{no})| &= \frac{1}{\sqrt{\left(1-\omega_{no}^2\right)^2 + \left(2\zeta\omega_{no}\right)^2}} \\ \angle\, G_p(j\omega_{no}) &= \tan^{-1}\left(\frac{-2\zeta\omega_{no}}{1-\omega_{no}^2}\right) \end{aligned} \tag{8.1.9}$$

식 8.1.9는 진폭비가 항상 1보다 작은 1차계와 달리 2차계는 ζ에 따라 진폭비가 1보다 클 수 있음을 나타낸다. 진폭비가 최대가 되는 공명 주파수(resonant frequency)를 계산하기 위해 식 8.1.9에서 진폭비 $|G(j\omega_{no})|$의 미분을 0으로 하면 다음 식이 얻어진다.

$$\begin{aligned} &4\omega_{no}^3 - 4\omega_{no} + 8\omega_{no}\zeta^2 = 4\omega_{no}(\omega_{no}^2 - 1 + 2\zeta^2) = 0 \\ &\Leftrightarrow\ \omega_{no} = \sqrt{1-2\zeta^2} \quad (\omega_{no} > 0) \end{aligned} \tag{8.1.10}$$

$\omega_{no} > 0$이고 $\omega_{no} = \omega/\omega_n$ 이므로 공명 주파수 ω_r 은 다음과 같다.

$$\omega_r = \omega_n\sqrt{1-2\zeta^2} \quad (\zeta < 0.707) \tag{8.1.11}$$

또한, 공명 주파수에서 얻어지는 최대 진폭비(AR, Amplitude Ratio)는 공명 주파수(식 8.1.11)를 식 8.1.9에 대입하면 얻을 수 있다.

$$|G_p(j\omega_{no})|_{\max} = \frac{1}{2\zeta\sqrt{1-\zeta^2}} \quad (\zeta < 0.707) \tag{8.1.12}$$

위의 식을 통해 감쇄인자의 값이 $\zeta < 0.707$일 때 최대 진폭비는 1보다 큼을 알 수 있다. 이것은 진폭비가 항상 1보다 작은 1차계와 대조를 보인다. 식 8.1.7과 같이 표현되는 2차계에서 주파수에 따라 진폭비가 1보다 커질 수 있음을 다음의 R 코드와 함께 살펴보도록 하자.

```
zeta=0.3  #  ζ=0.3
ARmax=1/(2*zeta*sqrt(1-zeta^2)) # 최대 진폭비 (식 8.1.12)
ARmax
[1] 1.747141
wr=sqrt(1-2*zeta^2)  # 공명주파수 (식 8.1.11, ω_n =1)
wr
[1] 0.9055385
```

```
w=c(wr-0.5, wr, wr+0.5, wr+1) # 네 개의 다른 주파수
w
[1] 0.4055385 0.9055385 1.4055385 1.9055385
u=list()
for (i in 1:4) {
  u[[i]]=gensig('sin',2*pi/w[i],50,0.01) # 각 주파수에 따른 입력신호 계산
}
sys=tf(1,c(1,2*zeta,1))  # 2차 시스템 전달함수 (식 8.1.7) (τ=1)
res=list()
for (i in 1:length(w)){
  res[[i]]=lsim(sys,u[[i]]$u,u[[i]]$t)  # 각 주파수에 따른 2차계의 응답계산
}
Time=res[[1]]$t
x11() # 그림 8.4 작성을 위한 X-윈도우 열기
par(mfrow=c(2,2))
for ( i in 1:4) {
  ZT=zeta[i]
  matplot(Time,cbind(u[[i]]$u,t(res[[i]]$y)),type="l",ylab="u & y",
           main=bquote(omega==.(w[i])),col=1,lty=1:2,lwd=2)
  grid()
}
```

위의 R 코드는 전달함수가 식 8.1.7과 같은 2차 시스템에서 $\zeta=0.3$, $\tau=\omega_n=1$일 때 공명주파수를 포함한 서로 다른 네 개의 주파수를 갖는 정현파가 입력으로 주어질 때 시스템의 시간응답을 계산하였다. 그림 8.4에서 보는 바와 같이 모든 입력 정현파의 진폭은 1이며, 입력 정현파의 주파수가 공명주파수($\omega_r=0.906$)와 같을 때 정상상태 진폭비의 최대치는 1.747이 된다. 표 8.2는 감쇄인자에 따른 비감쇠 고유 주파수로 표준화된 공명주파수(ω_r/ω_n)와 최대 진폭비($AR_{\max}$)를 나타낸다.

표 8.2 감쇠인자에 따른 공명 주파수와 최대 진폭비(ω_r : 공명주파수, ω_n : 비감쇠 고유주파수)

ζ	ω_r/ω_n	$AR_{\max}$	ζ	ω_r/ω_n	$AR_{\max}$
0.010	0.9998	33.34	0.300	0.9055	1.75
0.050	0.9975	10.01	0.600	0.5292	1.04
0.200	0.9592	2.55	0.707	0.0174	1.00

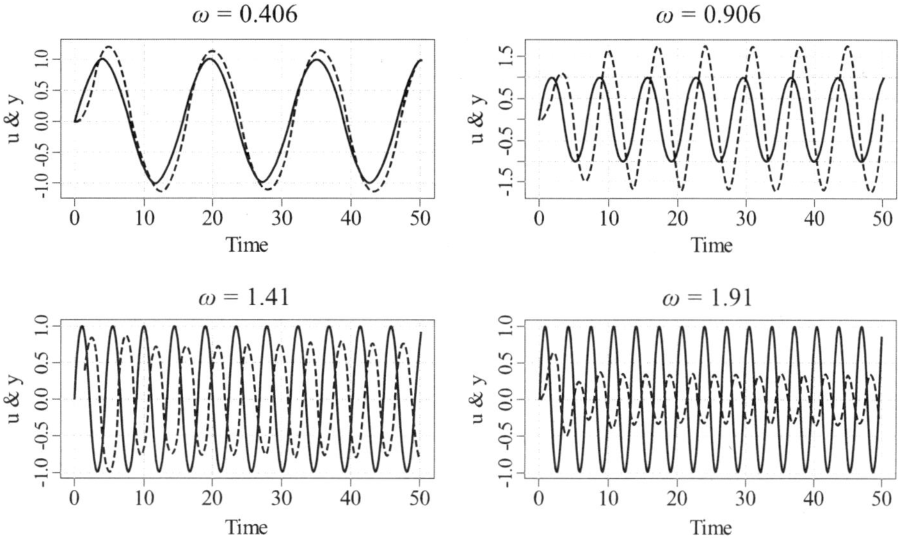

그림 8.4 주파수가 다른 정현파에 대한 2차계의 응답($\zeta = 0.3$, $\omega_n = 1$)

보기 8.6 전달함수로부터 진폭비와 위상 계산

전달함수가 다음과 같을 때 주파수 응답의 진폭비와 위상을 계산하여라.

$$G(s) = \frac{1}{(s^2 - 1)}$$

풀이 주어진 전달함수에 $s = j\omega$을 대입하여 푸리에 변환을 구하면

$$G(j\omega) = \frac{1}{(j\omega)^2 - 1} = -\frac{1}{\omega^2 + 1}$$

따라서 진폭비 AR과 위상각 ϕ는 다음과 같다.

$$AR = |G(j\omega)| = \frac{1}{\omega^2 + 1}$$

$$\phi = \angle G(j\omega) = -180^\circ$$

보기 8.7 입출력 정현파의 위상차 계산

그림 E8.7의 시스템에서 $\omega = 1/2$ (radian/min)일 때 정상상태에서 입력 정현파와 출력 정현파 사이의 지연시간을 계산하고 위상차이를 구하여라.

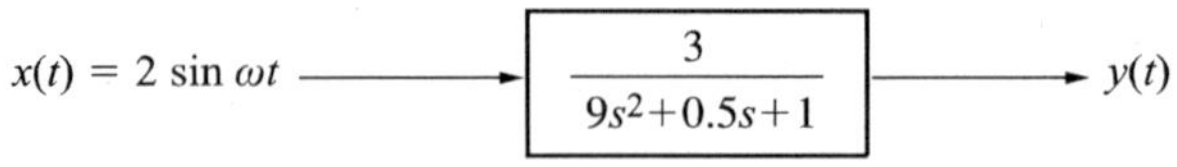

그림 E8.7

풀이 입력신호는 control 패키지의 gensig 함수를 사용하여 다음과 같이 만들 수 있다. gensig('sin',2*pi/w,20,0.01)
아래의 R 코드를 이용하여 입력과 출력의 그래프를 작성해보자.

```
require(control)
w=0.5
xt=gensig('sin',2*pi/w,200,0.1)
G=tf(3,c(9,0.5,1))
yt=lsim(G,2*xt$u,xt$t)
res=cbind(xt$t,xt$u,t(yt$y))
x11() # 그림 E8.7A
matplot(xt$t,cbind(xt$u,t(yt$y)),type="l",lty=1:2,xlab="t",
        lwd=2,ylab="y(t)",col=1)
legend("topright",legend=c("input","output"),lty=1:2)
grid()
```

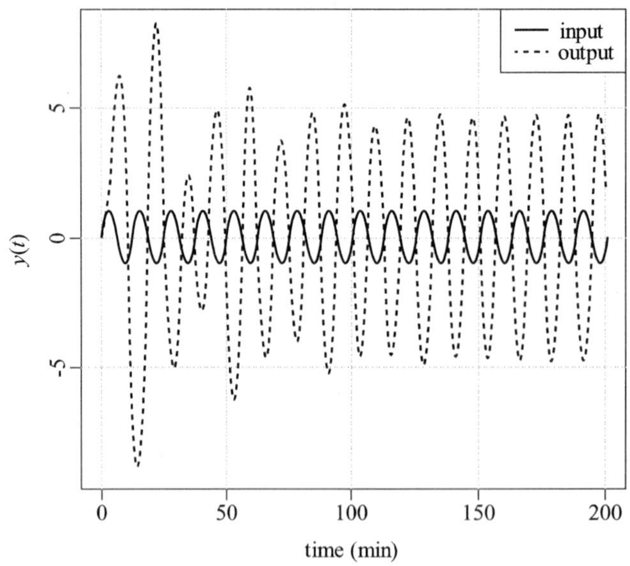

그림 E8.7A

그림 E8.7A에서 보는 바와 같이 출력의 정상상태는 140분 이후에 나타난다. 정상상태에서 입력과 출력의 시간지연을 살펴보기 위해서는 140분 이후의 입출력을 살펴보면 된다.

```
colnames(res) = c("time","input","output")
res[1400:1500,]
        time        input       output
   [1,] 139.9  0.741270752 -3.90411998
   [2,] 140.0  0.773890682 -4.02916341
   [3,] 140.1  0.804576287 -4.14401389
   [4,] 140.2  0.833250871 -4.24839023
   [5,] 140.3  0.859842762 -4.34203753
   [6,] 140.4  0.884285494 -4.42472779
  ...
  [12,] 141.0  0.982782367 -4.68152077
  [13,] 141.1  0.990788643 -4.68348841
  [14,] 141.2  0.996318463 -4.67369644
  [15,] 141.3  0.999358006 -4.65217587
  [16,] 141.4  0.999899674 -4.61898704   #입력이 최대인 시간
  [17,] 141.5  0.997942114 -4.57421948
  [18,] 141.6  0.993490218 -4.51799165
  [19,] 141.7  0.986555114 -4.45045064
  [20,] 141.8  0.977154136 -4.37177182
  [21,] 141.9  0.965310782 -4.28215838
...
  [67,] 146.5 -0.837869749  4.20471951
  [68,] 146.6 -0.864104769  4.29273417
  [69,] 146.7 -0.888179978  4.36984811
  [70,] 146.8 -0.910035199  4.43586906
  [71,] 146.9 -0.929615806  4.49063267
  [72,] 147.0 -0.946872858  4.53400293
  [73,] 147.1 -0.961763221  4.56587246
  [74,] 147.2 -0.974249677  4.58616284
  [75,] 147.3 -0.984301015  4.59482474   # 출력이 최대인 시간
  [76,] 147.4 -0.991892114  4.59183810
  [77,] 147.5 -0.997003999  4.57721211
  [78,] 147.6 -0.999623894  4.55098525
  [79,] 147.7 -0.999745249  4.51322517
  [80,] 147.8 -0.997367762  4.46402848
  [81,] 147.9 -0.992497374  4.40352057
  [82,] 148.0 -0.985146260  4.33185523
  [83,] 148.1 -0.975332794  4.24921431
  [84,] 148.2 -0.963081504  4.15580723
  ...
  [99,] 149.7 -0.521172054  1.68168920
 [100,] 149.8 -0.477865921  1.46422886
 [101,] 149.9 -0.433365372  1.24303057
```

위 결과에서 보는 것 같이 141.4분에 입력의 최대 진폭이 나타난 후 5.9분 후, 즉 147.3분에 출력의 최대 진폭이 나타난다. 따라서 정상상태에서 입력과 출력 사이의 지연은 5.9분임을 알 수 있다. 주파수가 $\omega = 1/2$ (radian/min)이므로 입출력의 위상 차이는 다음과 같다.

$\frac{1}{2}\,\mathrm{radian/min} \times 5.9\,\mathrm{min} = 2.95\,\mathrm{radin} = 169.02°$

따라서 정상상태에서 입력 정현파와 정현파의 위상차는 $\phi = -169.02°$이다.

8.2 Bode 선도

시스템의 전달함수는 단위 임펄스 응답의 라플라스 변환에 해당하며 시스템의 주파수 응답은 단위 임펄스 응답의 푸리에 변환에 해당한다. 따라서 주파수 응답은 전달함수에 $s = j\omega$ 를 대입함으로써 쉽게 얻어질 수 있음을 앞에서 살펴보았다. 주파수 응답에서 진폭비(AR)와 위상 ϕ를 편리한 도식적 방법으로 나타낸 것을 Bode 선도라고 하며, 데시벨(decibel, dB)과 위상을 각각 $\log\omega$ 에 대한 그래프로 나타낸다. 데시벨의 정의는 다음과 같다.

$$\mathrm{dB} = 20\log AR \tag{8.2.1}$$

여기서 log는 상용로그이다. 식 8.1.6을 이용하여 1차계의 주파수 응답을 Bode 선도로 작성해보자. $\tau = \frac{1}{p}$로 두면 식 8.1.6은 다음과 같이 나타낼 수 있다.

$$|G(j\omega)| = \frac{1}{\sqrt{1+\omega_{no}^2}}, \quad \angle G(j\omega) = \tan^{-1}(-\omega_{no}) \tag{8.2.2}$$

여기서 $\omega_{no} = \omega/p$ 이며 주파수 p 로 표준화된 주파수이다. 주파수 대신 표준화된 주파수를 이용하면 τ 값에 상관없는 일반화된 그래프를 얻을 수 있다. 아래의 R 코드를 이용하여 1차계 공정에 대한 Bode 선도를 작성해보자.

```
require(control) # TF, freqresp 함수를 사용하기 위해 control 패키지 로더
require(pracma) # logspace 함수를 사용하기 위해 pracma 패키지 로더
tau=1
sys=TF("1/(tau*s+1)") # 1차 시스템의 전달함수
wno=logspace(-2, 2, n=1000) #표준화된 주파수의 범위(10^-2 ~ 10^2 사이 10^3개의 점)
H=freqresp(sys,wno) # 전달함수을 이용하여 주파수 응답을 계산
mag = 20 * log10(abs(H)) # 데시벨 계산 8.2.1
phase = atan2(Im(H), Re(H)) * 180/pi   # 위상각(degree) 계산
x11() # 그림 8.5 작성을 위한 X-윈도우 열기
par(mfrow=c(2,1))
plot(wno, mag, log="x",main = "Magnitude", xaxt="n", xlim=c(1e-2,1e2),
      lwd=2, xlab =expression(paste("Nomalized Frequency(",omega[no],")",sep="")),
        ylab = "Magnitude [dB]", type = "l")
ticks=seq(-2,2,by=1)
labels=sapply(ticks,function(i) as.expression(bquote(10^.(i))))
axis(1,at=c(0.01,0.1,1,10,100),labels=labels)
grid(col="darkgray")
plot(wno, phase, log="x",main = "Phase", xaxt="n", xlim=c(1e-2,1e2),
      lwd=2,  xlab =expression(paste("Nomalized Frequency(",omega[no],")",sep="")),
      ylab = "Phase [deg]", type = "l")
ticks=seq(-2,2,by=1)
labels=sapply(ticks,function(i) as.expression(bquote(10^.(i))))
axis(1,at=c(0.01,0.1,1,10,100),labels=labels)
grid(col="darkgray")
```

그림 8.5에서 보는 것과 같이 표준화된 주파수 $\omega_{no} \to 0$일 때 $\mathrm{dB} \to 0$이 되며 $\mathrm{dB} = 0$은 점근선이 된다. 크기응답 곡선에서 $\omega_{no} \to \infty$일 때는 표준화된 주파수가 10배 증가할 때 진폭비는 20 dB씩 감소하는 기울기 -20 dB/decade인 직선에 근접하게 된다. 두 점근선은 $\omega_{no} = 1$, 즉 $\omega = p$일 때 만나게 되는데 이때의 주파수를 코너 주파수 ω_c (corner frequency)라고 한다. $\omega_{no} = 1$일 때 진폭비는 식 8.2.2에의 $1/\sqrt{2} \simeq 0.707$임을 알 수 있다. 위상응답 곡선의 경우, $\omega_{no} \to 0$일 때 $\phi \to 0$이 되며 $\omega_{no} \to \infty$일 때 $-90°$에 근접하게 된다. 코너 주파수에서 위상은 $-45°$이다.

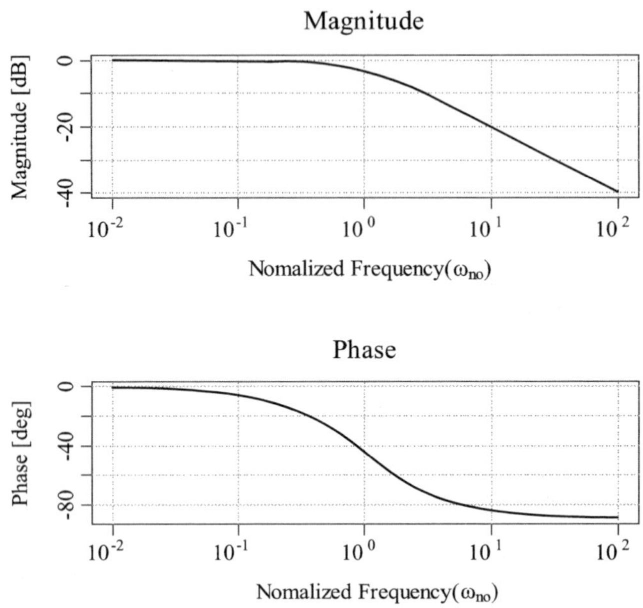

그림 8.5 1차 시스템$[1/(\tau s+1)]$의 Bode 선도($\omega_{no}=\omega\tau$)

유사한 방법으로 2차계의 주파수 응답특성을 비감쇠 고유주파수로 표준화된 주파수 ω_{no}를 이용하여 진폭비와 위상을 계산하면 다음과 같다.

$$AR = |G_p(j\omega_{no})| = \frac{1}{\sqrt{\left(1-\omega_{no}^2\right)^2 + \left(2\zeta\omega_{no}\right)^2}}$$
$$\phi = \angle\, G_p(j\omega_{no}) = \tan^{-1}\left(\frac{-2\zeta\omega_{no}}{1-\omega_{no}^2}\right) \tag{8.2.3}$$

위의 식을 통해 $\omega_{no}\rightarrow 0$일 때 dB $\rightarrow 0$이 되며 1차계와 같이 dB $=0$은 점근선이 된다. 크기 응답곡선을 살펴보면 $\omega_{no}\rightarrow\infty$일 때 기울기가 1차계의 2배인 -40 dB/decade인 직선에 근접하게 됨을 알 수 있다. 또한 위상 응답곡선에서 코너 주파수의 위상이 $-90°$가 되며 $\omega_{no}\rightarrow\infty$일 때는 $\phi\rightarrow -180°$가 됨을 알 수 있다. 다음의 R 코드를 이용하여 2차계 공정에 대한 Bode 선도를 작성해보자.

```
require(control)
require(pracma)
```

```
zeta=c(0.1,0.3,0.707) # 감쇠인자
tau=1 # τ=1일 때 ω_n = ω_no
wno = logspace(-1, 1, n=100) # 표준화된 주파수의 범위(10^-1 ~ 10^1 사이 100개의 점)
mag=list()
phase=list()
for (i in 1:3) {
sys=tf(1,c(tau^2, 2*zeta[i]*tau,1)) # 전달함수 1/(τ^2 s^2 + 2τζs + 1)
H=freqresp(sys,wno)
mag[[i]] = 20 * log10(abs(H))
phase[[i]] = atan2(Im(H), Re(H)) * 180/pi
}
Mag=cbind(mag[[1]],mag[[2]],mag[[3]])
Phase=cbind(phase[[1]],phase[[2]],phase[[3]])

x11() # 그림 8.6 작성을 위한 X-윈도우 열기
par(mfrow=c(2,1))
matplot(wno, Mag, log="x",main = "Magnitude",
         xaxt="n", xlim=c(0.1,10),ylim=c(-50,20),
      lwd=2, xlab =expression(paste("Nomalized Frequency(",omega[n],")",sep="")),
      ylab = "Magnitude [dB]", type = "l",col=1,lty=1:3)
ticks=seq(-1,1,by=1)
labels=sapply(ticks,function(i) as.expression(bquote(10^.(i))))
axis(1,at=c(0.1,1,10),labels=labels)
legend("topright",legend=expression(paste(zeta,"=0.1 ",sep=""),
       paste(zeta,"=0.3 ",sep=""), paste(zeta,"=0.707 ",sep="")),
        lwd=2,lty=1:3,x.intersp=0.1,cex=0.8)
grid(col="darkgray")

matplot(wno, Phase, log="x",main = "Phase",
        xaxt="n", xlim=c(0.1,10),col=1,lty=1:3,
      lwd=2, xlab =expression(paste("Nomalized Frequency(",omega[n],")",sep="")),
      ylab = "Phase [deg]", type = "l")
ticks=seq(-1,1,by=1)
labels=sapply(ticks,function(i) as.expression(bquote(10^.(i))))
axis(1,at=c(0.1,1,10),labels=labels)
legend("topright",legend=expression(paste(zeta,"=0.1 ",sep=""),
        paste(zeta,"=0.3 ",sep=""), paste(zeta,"=0.707 ",sep="")),
        lwd=2,lty=1:3,x.intersp=0.1,cex=0.8)
grid(col="darkgray")
```

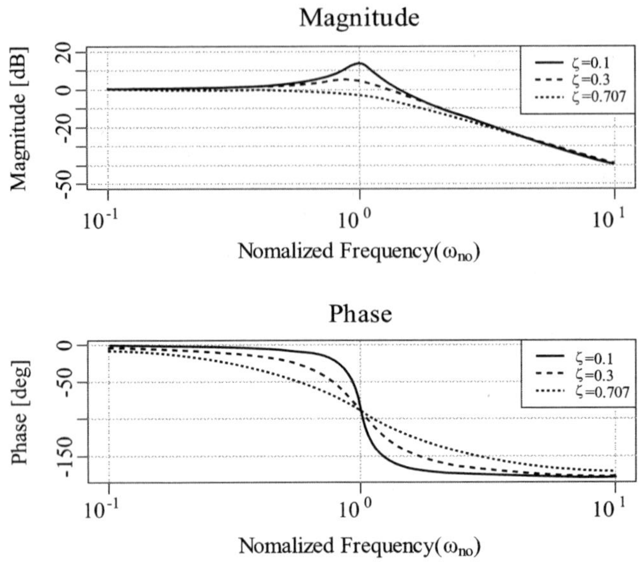

그림 8.6 2차계$[1/(\tau^2 s^2 + 2\tau\zeta s + 1)]$의 Bode 선도

위의 R 코드에 의해 작성된 그림 8.6은 이차시스템(식 8.1.7)에서 $\tau = 1$이고 감쇠인자가 $\zeta =$ 0.1, 0.3, 0.707과 같이 바뀔 때 Bode 선도의 변화를 나타낸 것이다. $\zeta < 0.707$인 경우 진폭비가 항상 1보다 작은 1차계 공정과 달리 1을 초과하는 주파수가 나타남을 알 수 있다. 크기 응답곡선에서 ζ 값에 관계없이 $\omega_{no} \to \infty$일 때 점근선의 기울기는 -40 dB/decade이며 위상은 $-180°$로 수렴함을 알 수 있다.

이제 좀 더 일반적인 전달함수의 Bode 선도를 작성하는 방법을 살펴보도록 하자. 7장에서 열린루프에 대한 전달함수를 다음과 같은 형태로 나타내었다.

$$K\frac{Z(s)}{P(s)} = K\frac{(s-z_1)(s-z_2)\cdots\ (s-z_m)}{(s-p_1)(s-p_2)\cdots\ (s-p_n)} \tag{7.3.3}$$

위의 식은 비례이득 K에 대한 근궤적으로부터 안정성 판별을 위한 편리한 형태이다. 주파수 응답을 가지고 Bode 선도를 작성할 때는 열린루프 전달함수를 다음과 같이 나타내는 것이 편리하다.

$$K\frac{Z(s)}{P(s)} = K\frac{(s+z_1)(s+z_2)\cdots\ (s+z_m)}{(s+p_1)(s+p_2)\cdots\ (s+p_n)} \tag{8.2.4}$$

위의 식에 $s = j\omega$ 를 대입하고 재정리하면 다음과 같은 Bode 형태(Bode form)가 된다.

$$K\frac{Z(j\omega)}{P(j\omega)} = K\frac{(j\omega+z_1)(j\omega+z_2)\cdots(j\omega+z_m)}{(j\omega+p_1)(j\omega+p_2)\cdots(j\omega+p_n)} \tag{8.2.5}$$

$$= \left[K\prod_{i=1}^{m} z_i / \prod_{i=1}^{n} p_i\right]\frac{(j\omega/z_1+1)(j\omega/z_2+1)\cdots(j\omega/z_m+1)}{(j\omega/p_1+1)(j\omega/p_2+1)\cdots(j\omega/p_n+1)}$$

Bode 게인(Bode gain) K_B는 다음과 같이 정의된다.

$$K_B = \frac{K\prod_{i=1}^{m} z_i}{\prod_{i=1}^{n} p_i} \tag{8.2.6}$$

식 8.2.5로부터 열린루프 주파수 응답에서 진폭비를 dB로 계산하면

$$\left|K\frac{Z(j\omega)}{P(j\omega)}\right|_{\text{dB}} = 20\log|K_B| + 20\log|j\omega/z_1+1| + 20\log|j\omega/z_2+1| \tag{8.2.7}$$

$$+ \cdots + 20\log|j\omega/z_m+1| - 20\log|j\omega/p_1+1| - 20\log|j\omega/p_2+1|$$

$$- \cdots - 20\log|j\omega/p_n+1|$$

이 된다. 그리고 위상은 다음과 같다.

$$\angle K\frac{Z(j\omega)}{P(j\omega)} = \angle K_B + \angle(j\omega/z_1+1) + \angle(j\omega/z_2+1) \tag{8.2.8}$$

$$+ \cdots + \angle(j\omega/z_m+1) - \angle(j\omega/p_1+1) - \angle(j\omega/p_2+1)$$

$$- \cdots - \angle(j\omega/p_n+1)$$

식 8.2.7과 8.2.8을 통해 분자 각 항의 dB 크기를 합한 것에서 분모 각 항의 dB 크기를 합한 것을 빼 주면 주파수 응답의 dB 크기가 됨을 알 수 있으며 위상 응답도 같은 방법으로 계산됨을 알 수 있다.

보기 **8.8** 주파수 응답 자료로부터 전달함수 계산

시간지연이 있는 1차 공정에 대한 주파수 응답실험 결과가 다음 표와 같을 때 전달함수를 구하여라.

주파수(radian/min)	정상상태 진폭비	정상상태 위상(°, 도)
3.77	0.94	−73
5.03	0.88	−96
6.28	0.83	−122
9.42	0.71	−180
12.57	0.61	−239

풀이 시간지연이 있는 1차 공정의 전달함수는 다음과 같이 나타낼 수 있다.

$$G(s) = \frac{e^{-\theta s}}{\tau s + 1}$$

따라서 주파수 응답은

$$|G(j\omega)| = \frac{1}{\sqrt{1+(\omega\tau)^2}} = \frac{1}{\sqrt{1+\omega_{no}^2}}$$

$$\angle G(j\omega) = -(\omega\theta) + \tan^{-1}(-\omega\tau) = -(\omega\theta) + \tan^{-1}(-\omega_{no})$$

여기서 $\omega_{no} = \omega\tau = \omega/p$ 이며 $p = 1/\tau$ 이다. 코너 주파수에서 $\omega_{no} = 1$ 이며 이때의 진폭비는 0.707이 된다. 주어진 표에서 진폭비가 $0.71 \simeq 0.707$ 일 때의 코너 주파수 ω_c 는 9.42 radian/min이다. 따라서

$$\omega_{no} = 1 = \omega_c\tau \quad \rightarrow \quad \tau = 1/\omega_c = 1/9.42 = 0.106\,\text{min}$$

또한 코너 주파수에서 위상이 $-180°$ 이므로

$$-180° = -\omega_c\theta - 45° \quad \rightarrow \quad \theta = 135°/\omega_c = 135°/(9.42 \times 180/\pi)°\,/\text{min} = 0.25\,\text{min}$$

따라서 전달함수는 다음과 같이 나타낼 수 있다.

$$G(s) = \frac{e^{-0.25s}}{0.106s + 1}$$

보기 8.9 전달함수로부터 Bode 선도 작성

다음의 전달함수에 대해 Bode 선도를 작성하여라.

$$G(s) = \frac{160(s+1)}{s^2(s^2+4s+16)}$$

풀이 주어진 전달함수로 다음과 같이 형태를 바꾸어 보자.

$$G(s) = \frac{160(s+1)}{s^2(s^2+4s+16)} = \frac{10(s+1)}{s^2}\frac{16}{s^2+4s+16}$$

$$= \frac{10(s+1)}{s^2}\frac{1}{((s/4)^2+(s/4)+1)}$$

따라서 주파수 응답은 다음과 같다.

$$G(j\omega) = \frac{10(j\omega+1)}{(j\omega)^2}\frac{1}{(1+j\omega/4-(\omega/4)^2)}$$

위의 식으로부터 주파수 응답의 진폭비(dB)와 위상을 계산하면

$$20\log|G(j\omega)| = 20\log 10 + 20\log|1+j\omega|$$

$$+20\log\left|\frac{1}{(j\omega)^2}\right| + 20\log\left|\frac{1}{1+j\omega/4-(\omega/4)^2}\right|$$

$$\angle G(j\omega) = \angle(1+j\omega) + \angle(1/(j\omega)^2) + \angle\left(\frac{1}{1+j\omega/4-(\omega/4)^2}\right)$$

이 된다. 위의 크기응답과 위상응답에 대한 식들은 컴퓨터의 도움 없이 점근선을 이용하여 Bode 선도를 개략적으로 작성할 때 유용하다. 여기서는 control 패키지에 있는 freqresp 함수를 이용하여 주파수 응답을 계산한 뒤 Bode 선도를 작성해 보도록 하자.

```
require(control) # TF, freqresp 함수가 들어 있는 패키지
require(pracma) # logspace 함수가 들어 있는 패키지
wn = logspace(-1, 2, n=1000)
G=TF("160*(s+1)/((s^2)*(s^2+4*s+16))")
H=freqresp(G,wn)
dB = 20 * log10(abs(H))
degree=ifelse(Im(H)<0,atan2(Im(H),Re(H)),atan2(Im(H),Re(H))-2*pi)*180/pi

x11() # 그림 E8.9 작성을 위한 X-윈도우 열기
par(mfrow=c(2,1))
plot(wn, dB, log="x",main = "Magnitude", xaxt="n", xlim=c(1e-1,1e2),
     lwd=2, xlab =expression(paste("Frequency(",omega,", rad/sec)",sep="")),
```

```
      ylab = "Magnitude [dB]", type = "l")
ticks=seq(-1,2,by=1)
labels=sapply(ticks,function(i) as.expression(bquote(10^.(i))))
axis(1,at=c(0.1,1,10,100),labels=labels)
grid(col="darkgray")
plot(wn, degree, log="x",main = "Phase", xaxt="n", xlim=c(1e-1,1e2),
      lwd=2, xlab =expression(paste("Frequency(",omega,", rad/sec)",sep="")),
      ylab = "Phase [deg]", type = "l")
ticks=seq(-1,2,by=1)
labels=sapply(ticks,function(i) as.expression(bquote(10^.(i))))
axis(1,at=c(0.1,1,10,100),labels=labels)
grid(col="darkgray")
```

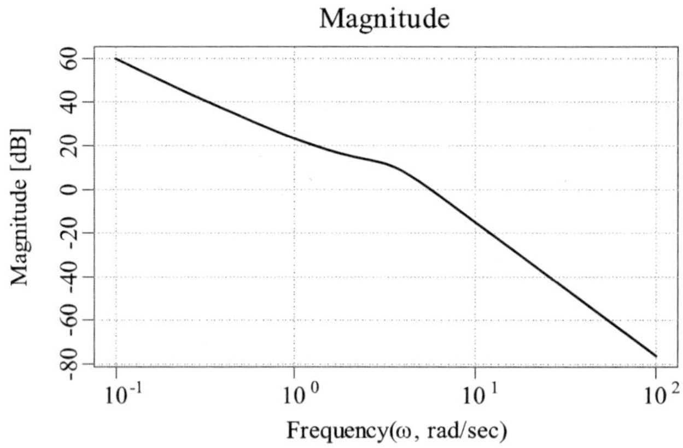

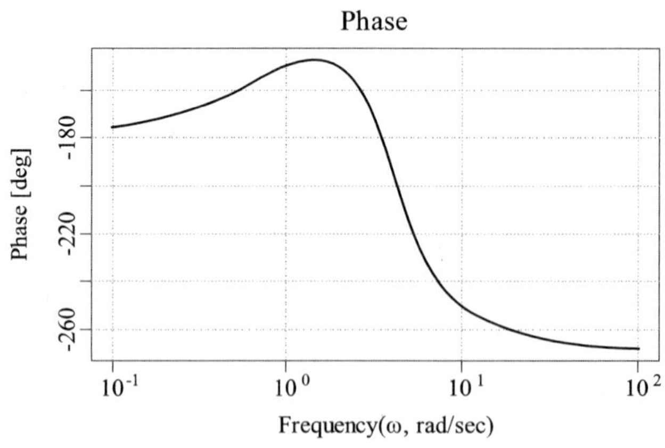

그림 E8.9

8.3 Bode 선도를 이용한 피드백 시스템의 안정성 판별

열린루프 전달함수의 Bode 선도로부터 피드백 제어계의 안정성을 판별하는 방법을 살펴보기 위해 다음과 같은 공정을 고려해보자.

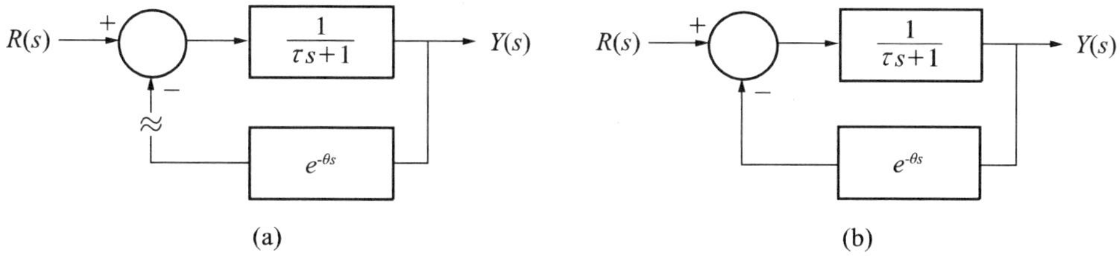

그림 8.7 열린루프(a)와 피드백 제어계(b)

입력신호가 $r(t)=\sin\omega t$로 주어질 때 그림 8.7의 (a)는 비교기 앞에서 신호가 끊어져 있으므로 열린루프가 되며 이때의 전달함수를 $G_{op}(s)$라고 하면

$$G_{op}(s)=\frac{e^{-\theta s}}{\tau s+1} \tag{8.3.1}$$

이 된다. 따라서 주파수 응답의 크기와 위상은 다음과 같다.

$$AR=|G_{op}(j\omega)|=\left|\frac{e^{-j\omega\theta}}{j\omega\tau+1}\right|=\left|\frac{1}{j\omega\tau+1}\right| \tag{8.3.2}$$

$$\phi=\angle G_{op}(j\omega)=\angle\left(e^{-j\omega\theta}\right)+\angle\left(\frac{1}{j\omega\tau+1}\right)=-\omega\theta+\angle\left(\frac{1}{j\omega\tau+1}\right) \tag{8.3.3}$$

위의 결과를 통해 시간지연 공정은 진폭비에는 영향을 주지 않으며 위상을 감소시키는 역할을 함을 알 수 있다. $\tau=0.5$, $\theta=0.1$일 때 열린루프(그림 8.6a)에 대한 Bode 선도를 다음의 R 코드를 통해 작성해보자.

```
require(control) # TF, freqresp 함수가 들어 있는 패키지
require(pracma) # logspace 함수가 들어 있는 패키지
sys=TF("1/(0.5*s+1)")
wn = logspace(-2, 2, n=1000)
```

```
H=freqresp(sys,wn)
mag = 20 * log10(abs(H)) # 식 8.3.2을 이용한 dB 계산
phase=ifelse(Im(H)<0,atan2(Im(H),Re(H)),atan2(Im(H),Re(H))-2*pi)*180/pi
mph=-0.1*wn*180/pi-phase # 식 8.3.3을 위상각 계산

x11() # 그림 8.8 작성을 위한 X-윈도우 열기
par(mfrow=c(2,1))
plot(wn, mag, log="x",main = "Magnitude",
                    xaxt="n", xlim=c(1e-2,1e2),ylim=c(-50,20), lwd=2,
   xlab =expression(paste("Frequency(",omega,")",sep="")),
           ylab = "Magnitude [dB]", type = "l",col=1)
ticks=seq(-2,2,by=1)
labels=sapply(ticks,function(i) as.expression(bquote(10^.(i))))
axis(1,at=c(0.01,0.1,1,10,100),labels=labels)
grid(col="darkgray")
plot(wn, mph, log="x",main = "Phase",
           xaxt="n", xlim=c(1e-2,1e2),col=1,ylim=c(-270,0), lwd=2,
           xlab =expression(paste("Nomalized Frequency(",omega[n],")",sep="")),
           ylab = "Phase [deg]", type = "l")
ticks=seq(-2,2,by=1)
labels=sapply(ticks,function(i) as.expression(bquote(10^.(i))))
axis(1,at=c(0.01,0.1,1,10,100),labels=labels)
grid(col="darkgray")
```

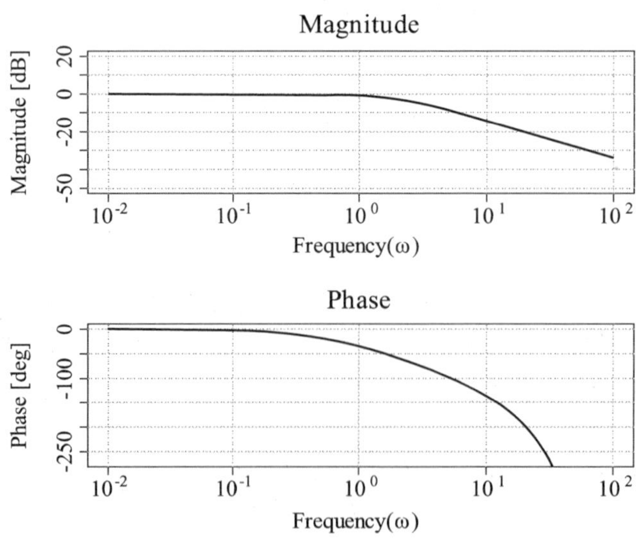

그림 8.8 시간지연이 있는 1차계의 Bode 선도

그림 8.8에서 시간지연은 주파수 응답의 위상에 영향을 주는 것을 알 수 있다. 즉, 시간지연이 없는 1차계의 경우 $\omega \rightarrow \infty$일 때 $\phi \rightarrow -90°$이지만 시간지연이 있을 때에는 주파수가 증가할수록 위상도 계속 감소한다. 이 때 위상이 정반대가 될 때, 즉 위상각이 $-180°$일 때의 진폭비를 계산해보자.

```
max(which(mph>=-180)) # 위상각이 -180°가 되는 인덱스 찾기
[1] 807
mph[807]
[1] -179.9236
wco=wn[807]     # 위상각이 -180°일 때의 주파수(ω[rad/s])
wco
[1] 16.87436
dB=mag[807]  # 위상각이 -180°일 때 진폭비(dB)
dB
[1] -18.58453
AR=10^(dB/20)  # 위상응답이 -180°일 때 진폭비(AR)
AR
[1] 0.1176992
```

위의 R 코드에서 변수 mph(위상), wn(주파수), mag[진폭비(dB)]는 바로 앞의 코드에서 계산된 값이다. $\omega = 16.8744$ rad/s에서 위상지연이 180°가 되며 이때의 진폭비는 0.1177이 됨을 알 수 있다. 따라서 입력 정현파가 $r = \sin(16.8744t)$라면 정상상태에서 출력 정현파는 $y = -0.1177\sin(16.8744t)$가 된다[$\sin(\omega t - 180°) = -\sin(\omega t)$]. 이제 그림 8.6의 (b)와 같이 루프를 닫음과 동시에 입력 $r(t) = 0$으로 두면 정현파는 계속해서 피드백 되지만 진폭은 점점 줄어들게 될 것이다. 예를 들어, 두 번째에서는 진폭비는 (0.1177 × 0.1177), 세 번째는 (0.1177 × 0.1177 × 0.1177)가 될 것이다. 만약 위상지연이 180°일 때의 주파수에서 진폭비가 1보다 크게 되면 진폭비는 시간이 지남에 따라 진폭이 무한대로 증가함으로써 시스템이 불안정하게 된다. 따라서 위상지연이 180°일 때의 진폭비는 계의 안정성을 나타내게 되며 이것을 Bode 안정성 기준(Bode stability criterion)이라고 한다. 즉, 피드백 제어계가 안전성을 가지기 위해서는 열린루프 전달함수의 위상이 $-180°$로 되는 주파수에서 열린루프 전달함수의 진폭비가 1보다 작아야 한다.

피드백 제어계에서 제어기의 전달함수 $G_c(s)$를 결정하는 일반적인 문제에서 계의 안정성을 Bode 선도를 이용하여 판별할 때 상대적인 안정성을 생각해 보자. 그림 8.9는 일반

적인 피드백 제어계에서 열린루프 전달함수의 Bode 선도를 나타낸다. 진폭비 1일 때(=0 dB)의 주파수는 이득 교차주파수(gain crossover frequency)라고 하고 위상응답이 −180°일 때의 주파수를 위상 교차주파수(phase crossover frequency)라고 한다. 위상 교차주파수를 ω_p 라고 할 때 이 주파수에서 진폭비는 1 (=0 dB)보다 작도록 제어기를 설계해야 함을 알 수 있다. 이 때 진폭비가 1보다 작으면 작을수록 시스템은 더 안정하다고 생각될 수 있으며 상대적인 안정성을 정량적으로 나타내기 위해 이득여유(GM, gain margin)라는 개념이 도입된다. 열린루프 전달함수를 $G_{op}(s)$라고 하면 이득여유는 다음과 같이 나타낼 수 있다.

$$\mathrm{GM} = 0\,\mathrm{dB} - |G_{op}(j\omega_p)|_{\mathrm{dB}} = -|G_{op}(j\omega_p)|_{\mathrm{dB}} \tag{8.3.4}$$

음(−)의 이득여유는 불안정한 계를 의미하며 이득여유의 설계값은 위상 교차주파수 ω_p 에서 진폭비 AR이 1로부터 안전거리를 유지하는 실질적인 안전인자가 된다. 또한, 이득교차 주파수를 ω_g 라고 할 때 유사한 방법으로 위상여유(PM, phase margin)를 정의할 수 있으며 다음과 같다.

$$\mathrm{PM} = \angle\, G_{op}(j\omega_g) - (-180^\circ) = \angle\, G_{op}(j\omega_g) + 180^\circ \tag{8.3.5}$$

여기서 ω_g 는 진폭비가 1 (=0 dB)이 될 때의 주파수를 나타낸다. 이득여유가 계를 불안정하게 하는 데 필요한 추가적인 이득을 나타내는 것과 같이 위상여유도 계를 불안정하게 하는 추가적인 위상지연을 나타낸다. 전형적인 설계기준은 위상여유를 30°보다 크게 하여야 한다는 것이다. 이득여유와 마찬가지로 위상여유가 음(−)인 계는 불안정한 계가 된다.

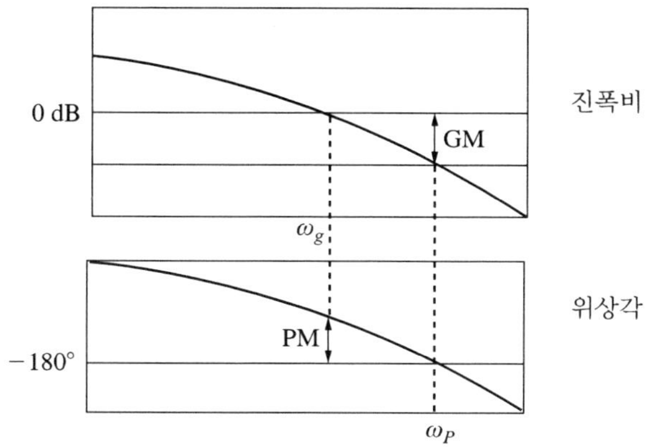

그림 8.9 전형적인 피드백 제어계에서 열린루프 전달함수의 Bode 선도
(GM : 이득여유, PM : 위상여유, ω_g : 이득 교차주파수, ω_p : 위상 교차주파수)

보기 8.10 열린루프의 Bode 선도를 이용한 피드백 시스템의 안정성 판단

그림 E8.10과 같은 피드백 시스템에 대한 안정성을 Bode 선도를 이용하여 판별하여라.

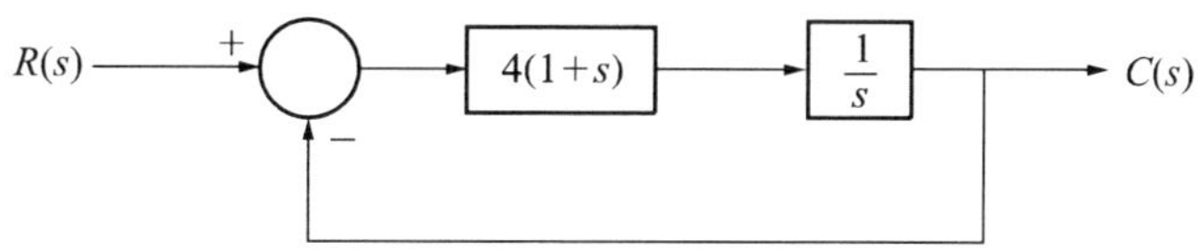

그림 E8.10

풀이 그림 E8.10의 열린루프 전달함수는 $4(1+s)/s$ 이므로 다음의 R 코드를 이용하여 Bode 선도를 작성해보자.

```
require(control)
require(pracma)
wn = logspace(-1, 2, n=1000)
G=TF("4*(1+s)/s")
H=freqresp(G,wn)
dB = 20 * log10(abs(H))
degree=ifelse(Im(H)<0,atan2(Im(H),Re(H)),atan2(Im(H),Re(H))-2*pi)*180/pi
x11() # 그림 E8.10A 작성을 위한 X-윈도우 열기
par(mfrow=c(2,1))
plot(wn, dB, log="x",main = "Magnitude", xaxt="n", xlim=c(1e-2,1e2),
      lwd=2, xlab =expression(paste("Frequency(",omega,", rad/sec)",sep="")),
      ylab = "Magnitude [dB]", type = "l")
ticks=seq(-2,2,by=1)
```

```
labels=sapply(ticks,function(i) as.expression(bquote(10^.(i))))
axis(1,at=c(0.01,0.1,1,10,100),labels=labels)
grid(col="darkgray")
plot(wn, degree, log="x",main = "Phase", xaxt="n", xlim=c(1e-2,1e2),
     lwd=2, xlab =expression(paste("Frequency(",omega,", rad/sec)",sep="")),
     ylab = "Phase [deg]", type = "l")
ticks=seq(-2,2,by=1)
labels=sapply(ticks,function(i) as.expression(bquote(10^.(i))))
axis(1,at=c(0.01,0.1,1,10,100),labels=labels)
grid(col="darkgray")
```

그림 E8.10A에서 보는 바와 같이 열린루프 전달함수의 Bode 선도는 −180°의 위상각을 가질 수 없음을 알 수 있다. 따라서 그림 E8.10의 피드백 시스템은 안정성하다.

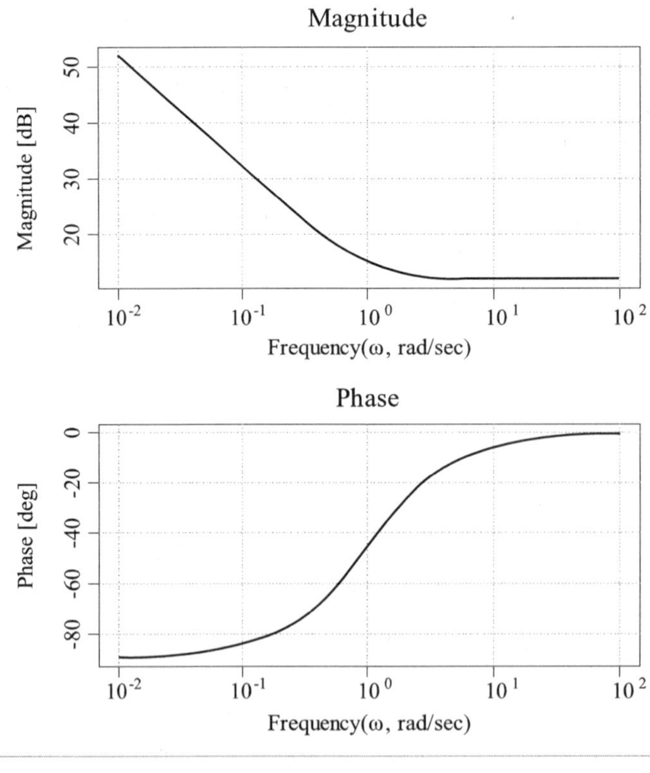

그림 E8.10A

보기 8.11 위상여유로부터 K_c 계산

그림 E8.11의 피드백 시스템이 30°의 위상여유를 가지도록 K_c를 결정하여라.

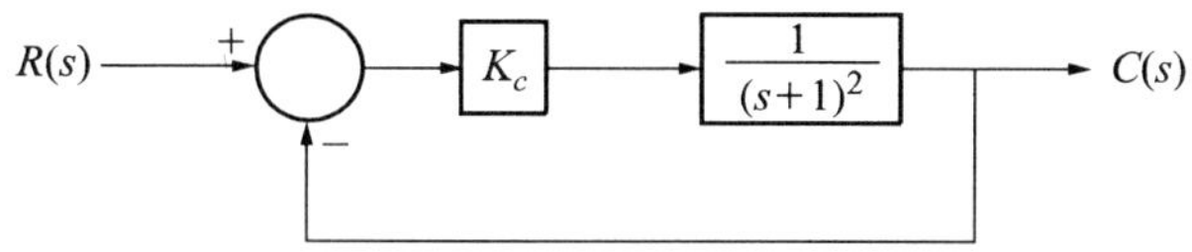

그림 E8.11

풀이 그림 E8.11의 피드백 시스템에 대해 열린루프 전달함수를 계산하면 다음과 같다.

$$G_{op}(s) = \frac{K_c}{(s+1)^2} \tag{A}$$

식 (A)에서 K_c는 열린루프 주파수 응답의 진폭비에만 영향을 미치고 위상각에는 아무런 영향을 주지 않는다. 즉, K_c에 대한 정보가 없어도 위상각을 계산할 수 있다. 위상여유는 이득 교차주파수 ω_g에서 정의되므로 30°의 위상여유를 가지기 위해서는 이득 교차주파수 ω_g에서 위상각은 $-150°$이어야 한다.

$$\angle G(j\omega_g) = \angle\left[\frac{K_c}{(j\omega_g+1)^2}\right] = \angle\left[\frac{K_c}{(1-\omega_g^2+j2\omega_g)}\right] = -\tan^{-1}\left[\frac{2\omega_g}{1-\omega_g^2}\right] \tag{B}$$

$$= -150°$$

식 (B)를 이용하여 ω를 계산해보자. $150° = (5/6)\pi$는 이므로

$$\tan\left(\frac{5}{6}\pi\right) = \frac{2\omega_g}{1-\omega_g^2} \quad \rightarrow \quad \omega_g = 3.73 \text{ rad/s}$$

이득교차 주파수에서 진폭비는 1이므로

$$|G(j\omega)| = \frac{K_c}{\left(\sqrt{1+\omega_g^2}\right)^2} = 1 \quad \rightarrow \quad K_c = 14.9$$

8.4 Nyquist 선도를 이용한 피드백 시스템의 안정성 판별

열린루프 전달함수의 주파수 응답을 이용하여 피드백 시스템의 안정성을 판별하는 방법으로 Bode 선도를 이용하는 방법 외에 Nyquist 선도를 이용하는 방법이 있다. 1930년대 Nyquist는 미적분학을 이용하여 복소평면에서 우반평면에 있는 특성방정식의 근의 개수를 찾는 방법을 제시하였다. 우반평면에 존재하는 특성방정식의 근은 시스템을 불안정하게 함을 7장에서 살펴보았다. Nyquist 선도를 작성하면 특성방정식의 근을 직접 구하지 않고도 우반평면에 존재하는 근의 개수를 계산할 수 있는 장점이 있으며 Bode 선도와 같이 열린루프 전달함수의 주파수 응답을 이용하여 피드백 시스템의 안정성을 판별할 수 있다. 또한 주파수 응답에서 진폭비가 1을 여러 번 통과하거나 위상응답에서 위상지연이 180°인 곳이 여러 개인 경우에는 Bode 선도를 이용하여 안정성을 판별하기가 어렵지만 Nyquist 선도는 이러한 복잡한 주파수 응답에도 안정성을 판별할 수 있도록 해 준다. 열린루프 전달함수의 주파수 응답을 이용하는 점에서 Bode 선도와 유사성을 가지지만 Nyquist 선도는 주파수 응답을 복소평면 혹은 극좌표계를 이용하여 나타낸다. 시스템의 전달함수를 $G(s)$라고 할 때 주파수 응답은 $G(j\omega)$가 된다. 이 때 $G(j\omega)$는 단일변수 ω의 복소함수가 되며 $-\infty < \omega < \infty$에 대해 $G(j\omega)$의 자취를 극좌표계나 직교좌표계의 2차원 평면에 나타낼 수 있으며 이를 Nquist 선도라고 한다.

$$\text{극좌표계 : } G(j\omega) = |G(j\omega)| \angle G(j\omega) \tag{8.4.1}$$

$$\text{직교좌표계(복소평면) : } G(j\omega) = \mathrm{Re}\,(G(j\omega)) + \mathrm{Im}\,((G(j\omega)) \tag{8.4.2}$$

그림 8.10은 어떤 시스템의 전달함수에 대한 Nyquist 선도를 극좌표계와 직교좌표계에서 나타낸 것이며 그래프의 모양은 동일함을 알 수 있다. $G(j\omega)$와 $G(-j\omega)$는 복소공액이므로 $0 \le \omega < \infty$일 때 $G(j\omega)$의 그래프와 $-\infty < \omega \le 0$에서 $G(j\omega)$의 그래프는 복소평면에서 실수축에 대칭이 됨을 알 수 있다. 전달함수에 대한 정보가 해석적 형태로 주어지는 경우에는 극좌표계나 직교좌표계 중 쉬운 쪽을 선택하면 되지만 주파수 응답이 실험데이터로 주어지는 경우에는 극좌표계를 사용하는 것이 자연스럽다.

이제 Nyquist 선도를 이용하여 시스템의 안정성을 판별하는 방법에 대하여 알아보도록 하자. 복소수 s가 복소평면의 임의의 폐곡선 경로를 따라 움직일 때 복소함수 $L(s)$에 의한 사상도 복소평면에서 폐곡선을 이루게 된다. 이때 폐곡선 경로 내에 특이점(극점 혹은 영점)을 포함하게 되면 복소함수의 사상은 원점을 둘러싸게 된다. 좀 더 세부적으로 폐곡선 경로가 극점을 포함하면 복사함수의 사상이 반시계 방향으로 원점을 둘러싸고 영점을 포함하면 시계방향으로 원점을 둘러싸게 된다. 또한 a가 임의의 복소수일 때 $L(s)+a$는 원점을 $-a$로 이동한 $L(s)$의 사상과 동일하다. 이러한 복수함수의 성질을 이용하여 Nyquist는 복소평면의 우반평면을 둘러싸는 경로에 대해 전달함수의 사상을 복소평면에 나타냄으로써 우반평면에 존재하는 특성방정식 근의 개수를 구하는 방법을 제시하였다. 우반평면을 포함하는 경로는 일반적으로 그림 8.11과 같으며 만약 복소함수의 극점이 허수축 위에 존재한다면 경로에서 제외하도록 한다.

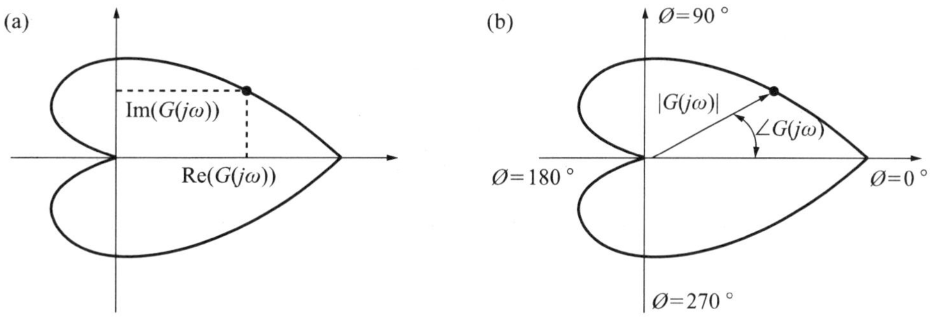

그림 8.10 두 좌표평면에서의 Nyquist 선도. (a) : 직교좌표계, (b) : 극좌표계

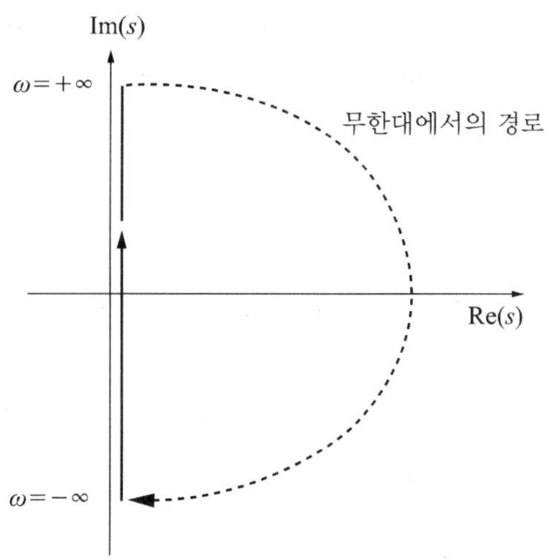

그림 8.11 Nyquist 선도를 작성하기 위해 s가 이동하는 복소평면의 경로

열린루프 전달함수를 $G_{op}(s)$라고 하면 피드백 루프의 전달함수 $G_{cl}(s)$의 특성방정식은 다음과 같이 나타낼 수 있다.

$$G_{cl}(s) = \frac{G_{op}(s)}{1 + G_{op}(s)} \tag{8.4.3}$$

따라서 특성방정식의 근은 $1 + G_{op}(s) = 0$의 해가 된다. 열린루프 전달함수를 $G_{op}(s) = B(s)/A(s)$와 같이 나타낸다면 특성방정식은 다음과 같이 나타낼 수 있다.

$$1 + G_{op}(s) = 1 + \frac{B(s)}{A(s)} = \frac{A(s) + B(s)}{A(s)} = 0 \tag{8.4.4}$$

복소함수 $1 + G_{op}(s)$의 우반평면에 존재하는 영점[식 8.4.4의 분자 $A(s) + B(s) = 0$의 근]은 $G_{op}(s)$의 Nyquist 선도에서 점 $(-1, 0)$을 시계방향으로 감싸게 하는 결과를 가져오며, 우반평면에 존재하는 극점[식 8.4.4의 분모 $A(s) = 0$의 근]의 경우는 점 $(-1, 0)$을 반시계방향으로 감싸게 하는 결과를 가져오게 함을 알 수 있다. 따라서 다음의 관계식이 성립한다.

$$N = Z - P \tag{8.4.5}$$

여기서 Z는 우반평면에 존재하는 복소함수 $1 + G_{op}(s)$의 영점의 개수를, P는 우반평면에 존재하는 열린루프 극점의 개수를 나타내며 N은 점 $(-1, 0)$을 시계방향으로 감싸는 횟수를 나타낸다. 따라서 우반평면에 특성방정식 $1 + G_{op}(s) = 0$의 근이 존재하지 않을 조건은 다음과 같다.

$$N = -P \leq 0 \tag{8.4.6}$$

위의 식은 열린루프 전달함수의 Nyquist 선도를 이용하여 피드백 루프 시스템의 안정성을 판별하는 기준이 된다.

열린루프 전달함수 $G_{op}(s)$가 다음과 같은 두 시스템에 대해 식 8.4.5가 성립하는지 살펴보고 피드백 루프의 안정성을 판별해 보자.

$$\text{시스템 1 : } G_{op}(s) = \frac{10}{s^2 + 10s + 20} \rightarrow \text{특성방정식 : } s^2 + 10s + 30 = 0 \tag{8.4.7}$$

$$\text{시스템 2 : } G_{op} = \frac{6(s+5)}{s^3 - s^2 + 4s - 35} \rightarrow \text{특성방정식 : } s^3 - s^2 + 10s - 5 = 0 \quad (8.4.8)$$

먼저 위의 시스템 1과 2의 특성방정식의 근을 R 코드를 이용하여 계산해 보면 다음과 같다.

```
require(control) # 함수 tf가 들어 있는 패키지 로더
require(polynom) # 함수 polynomial이 들어 있는 패키지 로더
Gop1=tf(10,c(1,10,20)) # 시스템 1의 열린루프 전달함수(식 8.4.7)
Gop2=tf(6*c(1,5),c(1,-1,4,-35)) # 시스템 2의 열린루프 전달함수(식 8.4.8)
poly1=polynomial(c(30,10,1))
poly1
30 + 10*x + x^2    # 시스템 1의 특성방정식
poly2=polynomial(c(-5,10,-1,1))
poly2
-5 + 10*x - x^2 + x^3 # 시스템 2의 특성방정식
polyroot(poly1) # 시스템 1의 특성방정식의 근
[1] -5+2.236068i -5-2.236068i
polyroot(poly2)  # 시스템 2의 특성방정식의 근
[1] [1] 0.5128119+0.000000i 0.2435941+3.113009i 0.2435941-3.113009i
```

위의 결과를 통해 시스템 1의 특성방정식은 좌반평면에 두 개의 근을 가지며 시스템 2의 특성방정식은 우반평면에 세 근을 가짐을 알 수 있다. 특성방정식의 근이 하나라도 우반평면에 존재하게 되면 피드백 루프는 불안정하게 되므로 시스템 1은 안정하고 시스템 2는 불안정함을 알 수 있다. 이제 이 두 시스템에 대한 Nyquist를 선도를 이용하여 안정성을 판별해 보도록 하자. Nyquist 선도 작성을 위한 R 코드는 다음과 같다.

```
Nyq=function(sys,w) {
  H = freqresp(sys)
  Real = Re(H)
  Imag = Im(H)
  return(list(w=w,Real=Real,Imag=Imag))
}
res1=Nyq(Gop1,w=seq(0,100,length.out=1000))
res2=Nyq(Gop2,w=seq(0,100,length.out=1000))

x11() # 그림 8.12 작성을 위한 X-윈도우 열기
par(mar=c(5.1,5.8,4.1,2.1))
```

```
plot(res1$Real,res1$Imag,type="l",xlim=range(c(res1$Real,-res1$Real+0.5)),
        ylim=range(c(res1$Imag,-res1$Imag)),
      xlab=expression(paste("Re[",G[op](jw),"]",sep="")),
      ylab=expression(paste("Im[",G[op](jw),"]",sep="")))
lines(res1$Real,-res1$Imag, type = "l", lty = 2,lwd=2)
text(0.02,-0.01,labels=expression(paste(omega,"=",+infinity)),cex=0.8)
text(0.02,0.01,labels=expression(paste(omega,"=",-infinity)),cex=0.8)
text(0.48,0,labels=expression(paste(omega,"=",0)),cex=0.8)
grid()

x11() # 그림 8.13 작성을 위한 X-윈도우 열기
par(mar=c(5.1,5.8,4.1,2.1))
plot(res2$Real,res2$Imag,type="l",xlim=range(c(res2$Real,-res2$Real-1)),
      ylim=range(c(res2$Imag,-res2$Imag)),
      xlab=expression(paste("Re[",G[op](jw),"]",sep="")),
      ylab=expression(paste("Im[",G[op](jw),"]",sep="")))
lines(res2$Real,-res2$Imag, type = "l", lty = 2,lwd=2)
text(0.03,-0.02,labels=expression(paste(omega,"=",-infinity)),cex=0.8)
text(0.03,0.02,labels=expression(paste(omega,"=",+infinity)),cex=0.8)
text(-0.8,0,labels=expression(paste(omega,"=",0)),cex=0.8)
grid()
points(-1,0,pch=16)
```

그림 8.12는 시스템 1(식 8.4.7)의 Nyquist 선도를 나타낸다. $\omega=0$일 때의 값은 열린루프함수에 $s=0$을 대입함으로써 얻어지며 복소평면에서 $(0.5, j0)$으로 사상(mapping)된다. 같은 방식으로 $\omega=\pm\infty$일 때의 값은 열린루프 전달함수에 $s=\pm j\infty$ 대입함으로써 얻어지며 복소평면에서 원점 $(0, j0)$으로 사상된다. 따라서 ω가 $0\rightarrow+\infty$, $-\infty\rightarrow 0$으로 바뀔 때, 즉 s가 $j0\rightarrow+j\infty$, $-j\infty\rightarrow j0$으로 허수축을 따라 이동할 때 시스템 1의 열린루프함수의 주파수 응답은 복소평면에서 시계방향으로 움직이며 1회전을 하게 되지만 $(-1, j0)$은 감싸지 않는다. 즉, 식 8.4.5에서 $N=0$이 된다. 또한 시스템 1의 열린루프 전달함수의 극은 다음과 같다.

```
polyroot(c(20,10,1)) # 시스템 1의 열린루프 전달함수의 극
[1] -2.763932-0i -7.236068+0i
```

위에서 보는 바와 같은 열린루프 전달함수의 극점은 모두 좌반평면에 존재하므로 우반평에 존재하는 극의 개수 $P=0$이 된다. 따라서 우반평면에 존재하는 특성방정식의 영점

의 개수인 Z는 식 8.4.5에서 의해 0이 되며 피드백 루프는 안정함을 알 수 있다. 이 결과는 특성방정식의 근이 우반명면에 존재하는지 직접 계산하였을 때와 동일함을 알 수 있다.

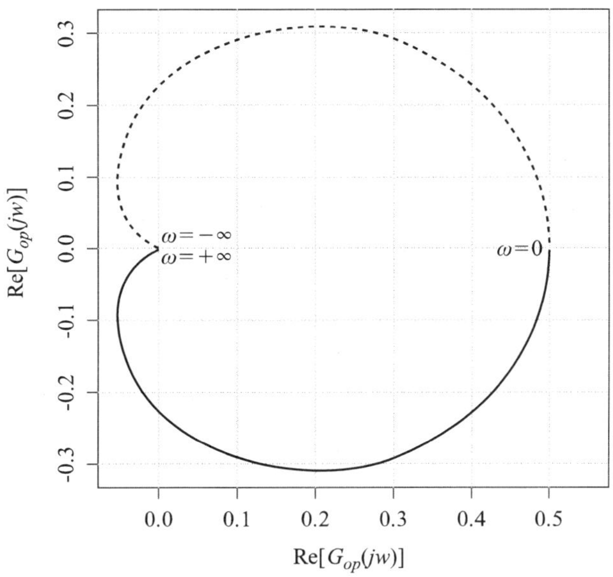

그림 8.12 시스템 1의 열린루프 전달전함수의 Nyquist 선도

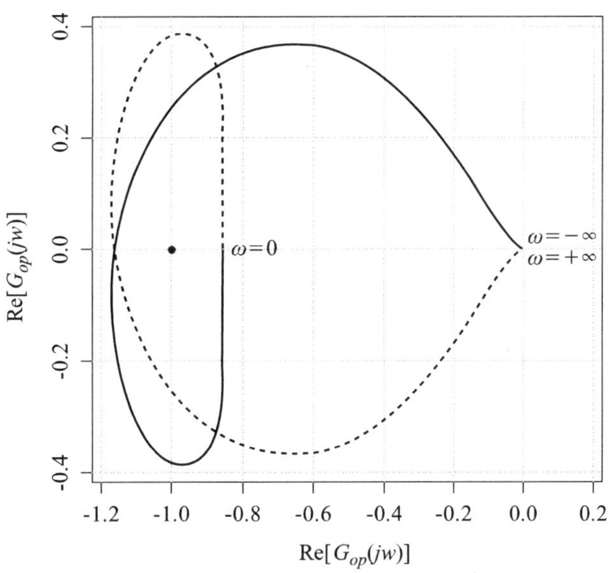

그림 8.13 시스템 2의 열린루프 전달전함수의 Nyquist 선도

시스템 2의 Nyquist 선도(그림 8.13)의 경우는 ω가 $0 \to +\infty$, $-\infty \to 0$으로 바뀔 때 열린루프 전달함수의 궤적은 시계 방향으로 점 $(-1, j0)$을 시계방향으로 두 번 감싸게 되므로 $N=2$가 된다. 또한 열린루프 전달함수의 극점은 다음과 같다.

```
polyroot(c(-35,4,-1,1)) # 시스템 2의 열린루프 전달함수의 극점
[1]  3.188377+0.000000i -1.094189+3.127319i -1.094189-3.127319i
```

열린루프의 극점 중에 우반평면에 존대하는 극의 개수는 1개이므로 $P=1$이다. 따라서 식 8.4.5에 의해 우반평면에 존재하는 특성방정식의 영점 개수는 $Z=N+P=2+1=3$이 되며 우반평면에 존재하는 특성방정식의 근의 개수와 동일함을 알 수 있으며 피드백 시스템은 불정하게 된다.

Bode 선도에서와 같이 Nyquist 선도에서도 상대적인 안정도를 정의할 수 있으며 이득여유(GM)와 위상여유(PM)로 나타낸다. 시스템의 열린루프 전달함수를 $G_{op}(s)$라고 할 때 Nyquist 선도가 그림 8.14와 같다면 이득여유는 다음과 같이 정의된다.

$$\mathrm{GM} = -\left|G_{op}(j\omega_p)\right|_{\mathrm{dB}} \tag{8.4.9}$$

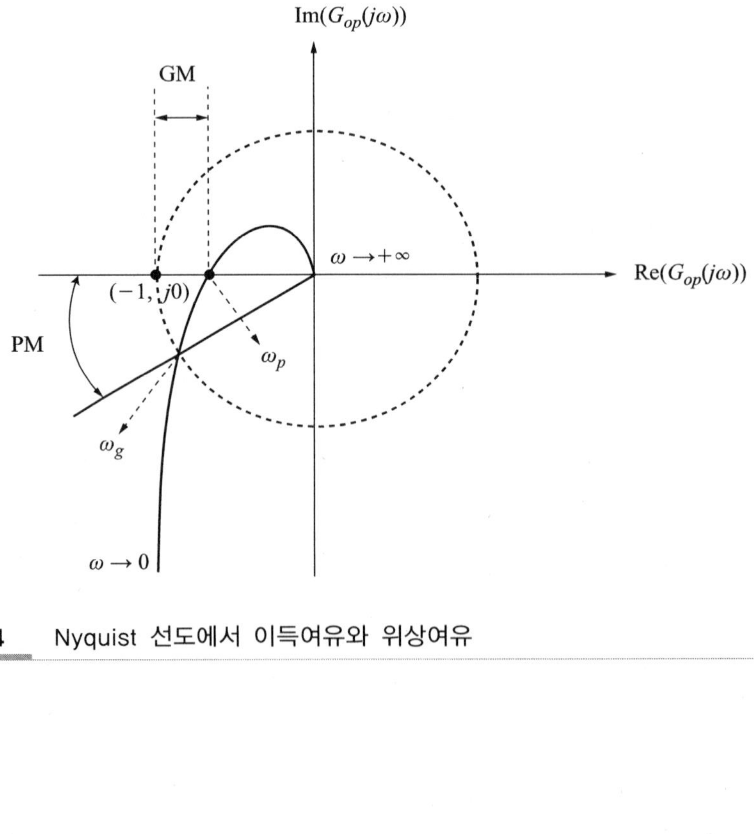

그림 8.14 Nyquist 선도에서 이득여유와 위상여유

여기서 ω_p는 위상지연이 180°가 될 때의 주파수, 즉 위상 교차주파수에 해당한다. $|G_{op}(j\omega)|=1$일 때의 주파수, 즉 이득 교차주차수를 ω_g라고 하면 위상여유는 다음과 같이 정의된다.

$$\mathrm{PM} = \angle G_{op}(j\omega_g) - (-180^\circ) = \angle G_{op}(j\omega_g) + 180^\circ \tag{8.4.10}$$

위에서 정의된 이득여유과 위상여유는 Bode 선도에서 정의된 개념과 본질적으로 같음을 알 수 있다.

보기 8.12 열린루프 전달함수로부터 Nyquist 선도작성

열린루프 전달함수가 다음과 같을 때 Nyquist 선도를 작성하고 피드백 시스템의 안정성을 판별하여라.

$$G_{op}(s) = \frac{s^2}{s^2+2s+10}$$

풀이 control 패키지에 있는 freqresp 함수를 이용하여 주파수 응답을 구한 뒤 실수부와 허수부를 직교평면에 나타내면 된다. 다음의 R 코드를 이용해보자.

```
require(control)
Nyq=function(sys,w) {
  H = freqresp(sys)
  Real = Re(H)
  Imag = Im(H)
  return(list(w=w,Real=Real,Imag=Imag))
}
Gop=TF("s^2/(s^2+2*s+10)")
res=Nyq(Gop,w=seq(0,100,length.out=1000))
x11() # 그림 E8.12 작성을 위한 X-윈도우 열기
par(mar=c(5.1,5.8,4.1,2.1))
plot(res$Real,res$Imag,type="l",xlim=range(c(res$Real,-res$Real-1)),
      ylim=range(c(res$Imag,-res$Imag)),
      xlab=expression(paste("Re[",G[op](jw),"]",sep="")),
      ylab=expression(paste("Im[",G[op](jw),"]",sep="")))
lines(res$Real,-res$Imag, type = "l", lty = 2,lwd=2)
grid()
```

그림 E8.12에서 보는 바와 같이 ω가 0에서 무한대로 증가함에서 따라 원점에서 $(1,j0)$으로 이동하며(실선), ω가 음의 무한대에서 0으로 증가함에 $(1,j0)$에서 원점

으로 이동된다(점선). 따라서 $(-1, j0)$을 시계방향으로 감싸는 회수가 없으며 피드백 시스템은 안정하게 된다.

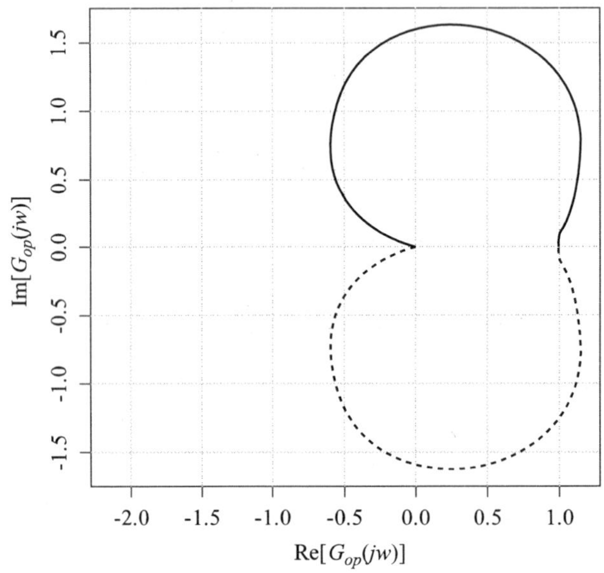

그림 E8.12

보기 **8.13** **Nyquist 선도를 이용한 피드백 시스템의 안정성 판별**

Nyquist 선도를 이용하여 그림 E8.13과 같은 피드백 시스템의 안정성을 판별하여라.

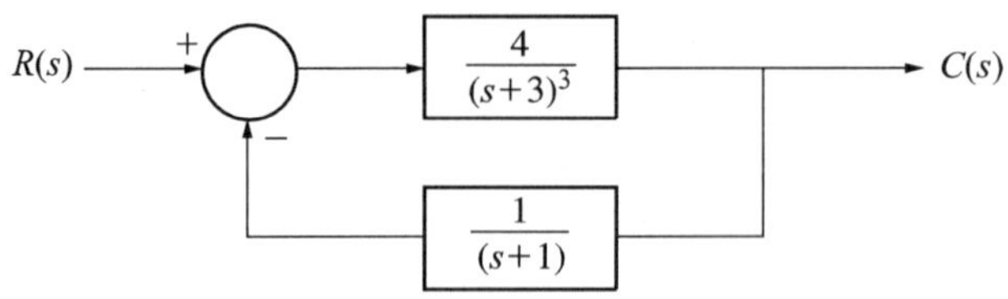

그림 E8.13

풀이 그림 E8.13에서 열린루프 전달함수는 다음과 같다.

$$G_{op}(s) = \frac{4}{(s+1)(s+3)^3}$$

다음의 R 코드를 통해 열린루프 전달함수에 대한 Nyquist 선도를 작성해보자.

```
require(control)
Gop=TF("4/((s+1)*(s+3)^3)")
```

```
res=nyquist(Gop,w=seq(0,100,length.out=1000))
x11() # 그림 E8.13A 작성을 위한 X-윈도우 열기
par(mar=c(5.1,5.8,4.1,2.1))
plot(res$h.real,res$h.imag,type="l",xlim=range(c(res$h.real,-res$h.real)),
      ylim=range(c(res$h.imag,-res$h.imag)),
      xlab=expression(paste("Re[",G[op](jw),"]",sep="")),
      ylab=expression(paste("Im[",G[op](jw),"]",sep="")))
lines(res$h.real,-res$h.imag, type = "l", lty = 2,lwd=2)
grid()
```

그림 E8.13A에서 보는 바와 같이 ω가 0에서 무한대로 증가함에서 따라 $(0.148, j0)$에서 원점으로 이동하며(실선), ω가 음의 무한대에서 0으로 증가함에 따라 원점에서 $(0.148, j0)$으로 이동한다(점선). 경로 중에 $(-1, j0)$을 시계방향으로 감싸는 회수가 없으므로 피드백 시스템은 안정하다.

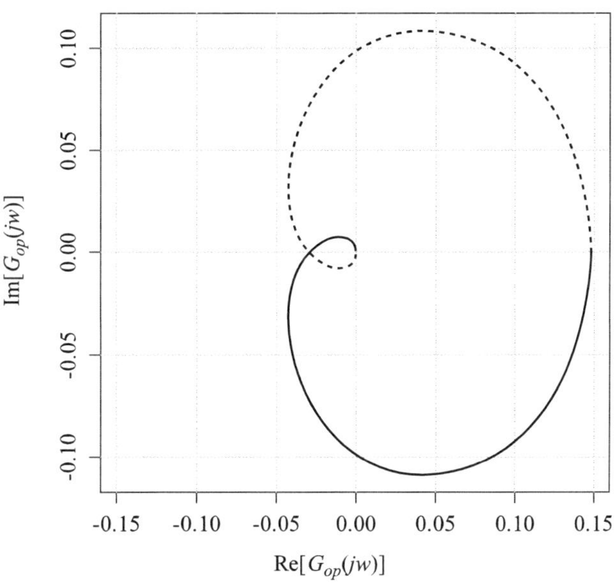

그림 E8.13A

Chapter 9

선형 시스템의 시간응답 특성

시스템의 시간응답 특성은 제어기의 설계 및 성능평가에서 중요하다. 즉, 시스템이 얼마나 빨리 정상상태에 도달하는지와 설정값에서 얼마나 벗어나게 되는지에 대한 정보는 원하는 성능을 얻기 위한 제어기 설계에 직접적인 영향을 미치게 된다. 1차, 2차 시스템의 경우 응답 특성을 정량적으로 기술하는 용어가 잘 정의되어 있는 반면에 고차 시스템의 경우는 정량적인 해석이 어렵기 때문에 1차 혹은 2차 시스템으로 근사시켜 해석한다. 여기서는 1차, 2차 선형 시스템을 중심으로 시간응답특성 및 관련된 용어에 대해 살펴보기로 한다.

어떤 입력에 대한 선형 시스템의 응답은 두 가지 성분의 합으로 구성된다. 즉, 입력이 0인 상태에서 시스템의 내부 초기 조건에 의한 응답과 시스템의 초기 상태가 0일 때 입력에 의한 응답의 합으로 이루어진다. 전자를 영-입력(zero-input) 응답이라고 하고 후자를 영-상태(zero-state) 응답이라고 한다. 다음의 일차 미분방정식을 고려해보자.

$$\frac{dy(t)}{dt}+ay(t)=br(t),\, y(0)=y_0 \tag{9.1}$$

여기서 a, b, y_0는 상수이다. 위의 식을 라플라스 변환한 뒤 정리하면

$$Y(s)=\frac{y_0}{s+a}+\frac{bR(s)}{s+a} \tag{9.2}$$

이 된다. 식 9.2의 우변의 첫째항은 입력이 0일 때[$r(t)=0$]의 응답(영-입력 응답)에 해당하며 두 번째 항은 초기상태 $y_0=0$일 때의 응답(영-상태 응답)에 해당한다. 단위 계단입력 $r(t)=u(t)$, 즉 $R(s)=1/s$이 주어질 때 시스템의 응답은 식 9.2에 의해 다음과 같이 나타낼 수 있다.

$$Y(s)=\frac{b}{a}\frac{1}{s}+\frac{(y_0-b/a)}{s+a} \tag{9.3}$$

식 9.3에서 우변의 첫째 항은 입력 $R(s)=1/s$에 의한 특수해인 강제응답이 되며, 두 번째 항은 식 9.1의 미분방정식에서 우변을 0으로 둘 때[$r(t)=0$] 미분방정식의 해로서 시스템의 고유응답이 된다. 식 9.3으로부터 라플라스 역변환을 통해 시스템의 시간응답을 구하면

$$y(t)=\left[\frac{b}{a}+(y_0-\frac{b}{a})e^{-at}\right]u(t) \tag{9.4}$$

이 된다. 시간이 무한히 경과하면 강제응답부분만 남게 되며(여기서는 b/a) 이를 정상상태라고 한다. 정상상태에 이르는 중간과정은 과도상태라고 부르며 시스템의 고유응답에 의해 크게 영향을 받는다. 4장에서 도입한 편차변수는 시스템의 초기상태를 0으로 만들어 주기 때문에 편차변수로 기술된 시스템의 응답은 곧 영-상태 응답이 됨을 알 수 있다.

시스템의 시간응답에서 관심이 있는 것은 과도상태가 얼마나 빨리 종식되는지와 정상상태가 원하는 상태에서 얼마나 벗어나 있는지에 대한 것이다. 1차, 2차 시스템의 시간응답은 정량적인 해석이 가능하며 응답특성을 기술하는 다양한 용어도 잘 정의되어 있다. 하지만 3차 이상의 고차 시스템에서는 정량적인 해석이 어렵다. 따라서 고차 시스템의 경우 시간지연이 있는 1차, 2차 시스템으로 근사화하거나 우세극점(dominant pole)을 이용하여 1차 혹은 2차 시스템으로 근사화시켜 해석한다.

보기 9.1 시스템의 시간응답 계산

$u(t)$가 단위 계단함수일 때 다음 시스템의 시간응답을 계산하여라.

$$\frac{dy(t)}{dt}+3y(t)=3r(t),\ r(t)=6u(t),\ y(0^-)=10$$

풀이 주어진 미분방정식에 대해 라플라스 변환을 취하면

$$sY(s)-y(0^-)+3Y(s)=3R(s)$$

$$Y(s)=\frac{3}{s+3}R(s)+\frac{y(0^-)}{s+3}$$

위의 식에 $R(s)=6/s,\ y(0^-)=10$을 대입하면

$$Y(s)=\frac{3}{s+3}\frac{6}{s}+\frac{10}{s+3}=\frac{18}{s(s+3)}+\frac{10}{s+3}=6\left(\frac{1}{s}-\frac{1}{s+3}\right)+\frac{10}{s+3}=\frac{6}{s}+\frac{4}{s+3}$$

따라서 라플라스 역변환을 통해 $y(t)$를 구하면 다음과 같다.

$$y(t)=6+4e^{-3t}$$

9.1 1차 시스템의 시간응답

전달함수가 다음과 같은 1차 시스템을 고려해보자.

$$G(s) = \frac{p}{s+p} = \frac{1}{s/p+1} = \frac{1}{\tau s+1} \tag{9.1.1}$$

여기서 시간상수 τ는 p의 역수($\tau = 1/p$)로서 시간상수라고 불리며 계단응답이 정상상태의 63%에 도달하는 시간에 해당한다. 실제 구현 가능한 시스템이 되기 위해서는 p가 양의 실수가 되어야 한다. 식 9.1.1의 단위 계단 입력에 대한 시간응답은 다음과 같다.

$$y(t) = 1 - e^{-pt} = 1 - e^{-t/\tau} \tag{9.1.2}$$

시간상수 외에 시간응답 특성을 기술하는 변수로 상승시간(rising time, T_r)과 정착시간(settling time, T_s)이 있으며 다음과 같이 정의된다.

① 상승시간(T_r) : 최종 정상상태 값의 10%에서 90%까지 도달하는데 걸리는 시간이다. 식 9.1.2에서 $y(t) = 0.1$, $y(t) = 0.9$일 때의 시간은 각각 0.11τ, 2.31τ가 되므로 상승시간은 다음과 같이 계산된다.

$$T_r = 2.31\tau - 0.11\tau = 2.2\tau \tag{9.1.3}$$

② 정착시간(T_s) : 최종 정상상태 값의 2% 이내에 도달하는 시간으로서 식 9.1.2에서 $y(t) = 0.98$을 대입하면 $T_s = 4\tau$가 된다.

1차 시스템의 단위 계단 응답에서 시간상수, 상승시간 및 정착시간을 나타내면 그림 9.1과 같다. 식 9.1.1로 주어지는 일차 시스템에 대한 주파수 응답의 경우 p는 코너 주파수와 같으므로 시간상수가 작을수록 코너 주파수 p는 커지게 된다. 따라서 코너 주파수의 값이 커질수록 응답은 빠르게 된다(그림 9.2). 1차 시스템은 저역통과 필터로서 코너 주파수는 차단 주파수라고 불리기도 한다. 차단 주파수가 커질수록 대역폭이 증가하여 더 많은 고주파 성분을 포함하게 되므로 시스템의 응답은 더 빨라지게 된다.

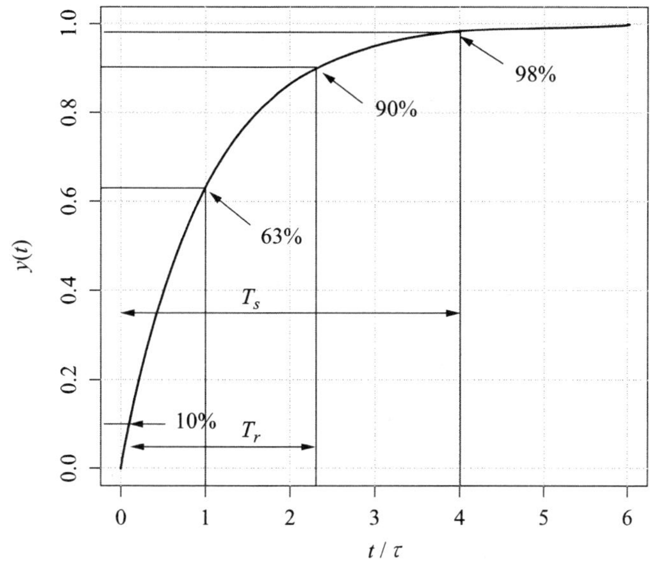

그림 9.1 1차 시스템의 단위 계단응답에서 시간상수(τ), 상승시간(T_r) 및 정착시간 (T_s)

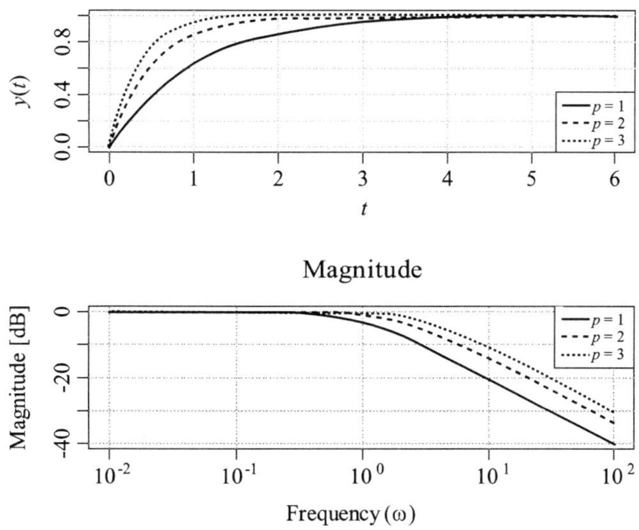

그림 9.2 1차 시스템에서 코너 주파수(p)에 따른 응답특성

보기 9.2 1차 시스템의 시간응답 곡선에서 시간상수 계산

1차 시스템의 시간응답이 다음과 같이 주어질 때 그래프를 이용하여 시간상수 τ를 계산하는 방법을 제시하여라.

$$y(t) = K(1 - e^{-t/\tau})$$

풀이 y의 정상상태 값은 $t \to \infty$일 때 얻어지면 K임을 알 수 있다. 시간응답 곡선에서 $t=0$에서의 미분계수(기울기)를 구하면 다음과 같다.

$$\left.\frac{dy}{dt}\right|_{t=0} = \frac{K}{\tau}$$

위의 식은 시간응답 곡선에서 $t=0$에서의 접선과 정상상태 y의 값 K와 만나는 지점에서의 t 값을 시간상수 τ로 해석할 수 있음을 의미한다. 따라서 그림 E9.2에서 보는 것과 같이 $t=0$에서 시간응답 $y(t)$의 접선과 $y=K$와 만나는 점 m에서의 시간이 시간상수 τ가 된다.

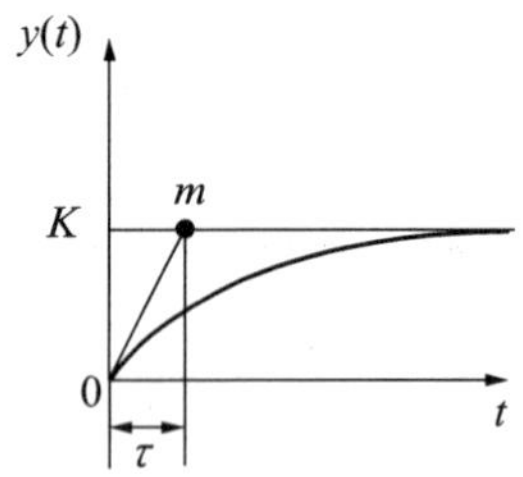

그림 E9.2

9.2 2차 시스템의 시간응답

다음과 같은 2차 시스템을 고려해보자.

$$\tau^2 \frac{d^2y}{dt^2} + 2\zeta\tau\frac{dy}{dt} + y = u(t) \tag{9.2.1}$$

여기서 τ와 ζ는 모두 양수이며 ζ는 시스템의 제동비(damping ratio) 혹은 감쇠인자(damping factor)가 된다. 식 9.2.1로부터 라플라스 변환을 통해 전달함수를 구하면

$$G(s) = \frac{Y(s)}{U(s)} = \frac{1}{\tau^2 s^2 + 2\zeta\tau s + 1} = \frac{\omega_n^2}{s^2 + 2\zeta\omega_n s + \omega_n^2} \tag{9.2.2}$$

이 된다. ω_n는 $1/\tau$로서 비감쇠 고유주파수(undamped natural frequency)가 된다. 제동비에 따라 과감쇠(over-damped, $\zeta > 1$), 임계감쇠(critically damped, $\zeta = 1$), 과소감쇠(underdamped, $0 < \zeta < 1$)로 나누어지며 각 경우의 극점은 다음과 같은 특징을 가진다.

① $\zeta > 1$이면 두 극점은 음의 실수가 된다($s = -\zeta\omega_n \pm \sqrt{\zeta^2 - 1}$).
② $\zeta = 1$이면 두 극점은 같게 되며 음의 실수가 된다($s = -\omega_n$).
③ $0 < \zeta < 1$이면 극점은 실수부가 음인 가진 공액복소수가 된다.
($s = -\zeta\omega_n \pm j\omega_n\sqrt{1-\zeta^2}$)
④ $\zeta = 0$이면 극점은 실수부가 0인 공액복소수가 된다($s = \pm j\omega_n$).

식 9.2.2에서 $U(s) = 1/s$일 때, 즉 이차 시스템에 단위 계단입력이 주어질 경우 ζ의 값에 따른 응답형태는 그림 9.3과 같다. 임계감쇠($\zeta = 1$)나 과감쇠($\zeta > 1$)의 경우 단위 계단입력에 대한 응답은 1차 시스템의 경우와 크게 다르지 않다. 하지만, 감쇠인자가 1보다 작은 부족감쇠의 경우 1차 시스템의 단위 계단응답과는 달리 2차 시스템 고유의 진동 성질이 나타남을 볼 수 있다. $\zeta < 0.707$일 때 2차 시스템의 주파수 응답은 진폭비가 최대가 되는 공명 주파수가 나타남을 기억해 보자(8장). 특히 $\zeta = 0$일 때는 공명주파수에서 진폭비가 무한대로 되어 다른 모든 주파수 성분은 상대적으로 제거된다. 따라서 그림 9.3에서 보는 바와 같이 $\zeta = 0$일 때 단위 계단입력에 대한 응답은 순수한 정현파로 나타나게 된다.

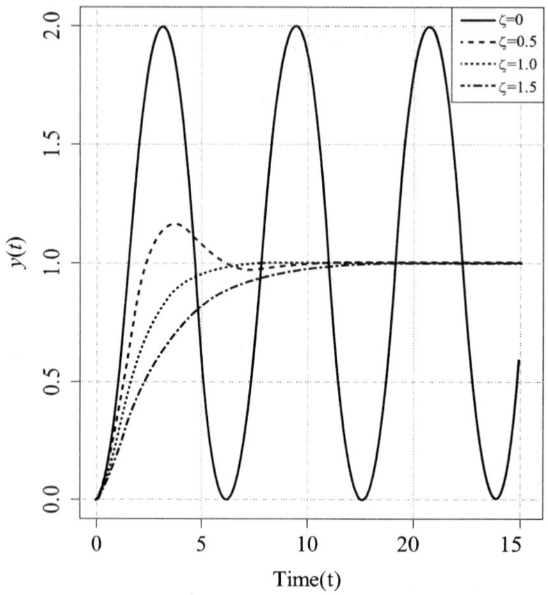

그림 9.3 2차 시스템(식 9.2.2, $\tau=1$)에 단위 계단입력이 주어질 경우 ζ의 값에 따른 시간응답

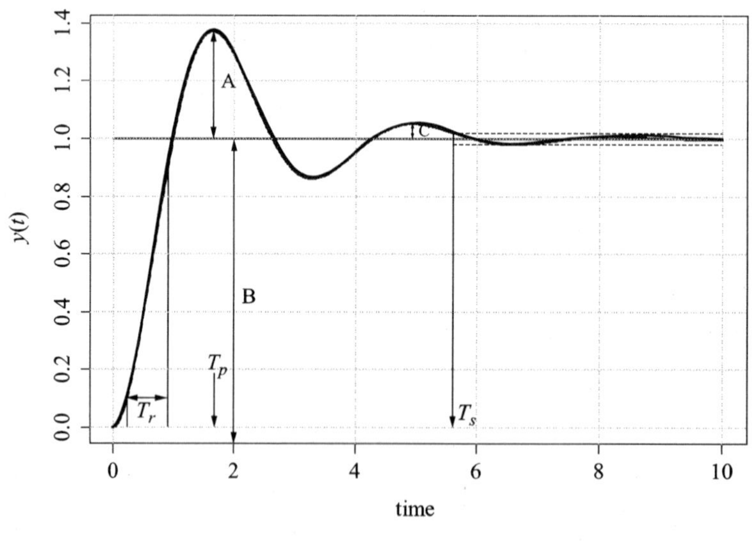

그림 9.4 2차 시스템에서 과소감쇠의 계단응답의 예(식 9.2.2에서 $\zeta=0.3$, $\omega_n=2$)

제어계에서 가장 빈번히 나타나는 응답은 과소감쇠이며 단위 계단응답은 다음과 같다.

$$y(t) = 1 - \frac{1}{\sqrt{1-\zeta^2}} e^{-\zeta\omega_n t} \sin\left(\omega_n \sqrt{1-\zeta^2}\, t + \tan^{-1}\frac{\sqrt{1-\zeta^2}}{\zeta}\right) \tag{9.2.3}$$

위의 식을 그래프로 나타내면 그림 9.4와 같은 형태가 된다.
과소감쇠의 응답과 관련된 용어들을 살펴보면 다음과 같다.

- **오버슈트(overshoot)** : 시스템에 계단변화가 도입되었을 때 최종 정상상태 값을 얼마나 초과하게 되는지를 나타내는 척도로서 그림 9.4에서 A와 B의 비에 해당되며 다음과 같다.

$$\text{오버슈트}(A/B) = \exp\left(\frac{-\pi\zeta}{\sqrt{1-\zeta^2}}\right) \tag{9.2.4}$$

- **쇠퇴비(decay ratio)** : 연속적인 피크들 사이의 크기의 비로서 그림 9.4에서 C/A에 해당되며 다음 식에서 보는 바와 같이 오버슈트의 제곱으로 계산된다.

$$\text{쇠퇴비}(C/A) = \exp\left(\frac{-2\pi\zeta}{\sqrt{1-\zeta^2}}\right) \tag{9.2.5}$$

- **상승시간(T_r)** : 최종 정상상태 값의 10%에서 90%에 도달하는 데 걸리는 시간으로서 정확한 식으로 나타내기는 어렵지만 다음과 같은 유용한 근사식을 사용할 수 있다.8)

$$T_r \cong \frac{2.16\zeta + 0.6}{\omega_n} \tag{9.2.6}$$

- **정착시간(T_s)** : 최종 정상상태 값의 ±2% 이내로 도달하여 이 범위에서 머무르게 되는 데 필요한 시간으로서 다음과 같은 근사식이 사용된다.

$$T_s \cong \frac{4}{\zeta\omega_n} \tag{9.2.7}$$

- **피크시간(peak time, T_p)** : 계단응답에서 첫 번째 최대값에 도달하는 시간으로 식 9.2.3의 미분을 통해 구할 수 있으며 다음과 같다.

$$T_p = \frac{\pi}{\omega_n \sqrt{1-\zeta^2}} \tag{9.2.8}$$

---

8) 신윤기, 전기전자공학도를 위한 매틀랩과 함께하는 자동제어, GC 인터비젼(2007), p. 290.

- **진동주기(period of oscillation, T)** : 식 9.2.3로부터 sin 함수의 각속도 또는 각주파수(radian/시간)는 t 의 계수에 해당하므로

$$\omega\ (\text{각주파수}) = \omega_n \sqrt{1-\zeta^2} \tag{9.2.9}$$

순환 주파수(cycle/시간)가 f 인 sine 함수의 각주파수는 $\omega = 2\pi f$ 이므로

$$f = \frac{\omega}{2\pi} = \frac{\omega_n \sqrt{1-\zeta^2}}{2\pi} \tag{9.2.10}$$

이 된다. 진동주기의 단위는 시간/사이클이므로 순환 주파수의 역수가 된다.

$$T\ (\text{진동주기}) = \frac{2\pi}{\omega_n \sqrt{1-\zeta^2}} \tag{9.2.11}$$

- **고유진동주기(natural period of oscillation)** : 제동비가 0인 2차 시스템의 경우 진폭의 감쇠 없이 계속해서 진동하게 되며 이때의 각주파수를 시스템의 고유주파수(ω_n)라고 부른다. 고유주파수에 대응하는 고유 순환주파수 f_n 은 다음과 같다.

$$f_n = \frac{\omega_n}{2\pi} \tag{9.2.12}$$

식 9.2.10과 식 9.2.12로부터 고유 순환 주파수와 실제 순환 주파수는 다음의 관계를 가짐을 알 수 있다.

$$\frac{f}{f_n} = \sqrt{1-\zeta^2} \tag{9.2.13}$$

보기 9.3 오버슈트를 이용한 응답의 최대값 구하기

다음과 같은 2차 시스템에 크기 0.1인 계단변화가 도입되었을 때 응답의 최대값은 얼마인가?

$$G(s) = \frac{8}{2s^2+3s+9}$$

풀이 주어진 2차 시스템에 대한 감쇠인자를 계산하기 위해 식 9.2.2 같은 표준형으로 고쳐보자.

$$G(s) = \frac{8}{2s^2+3s+9} = \frac{8/9}{(2/9)s^2+(1/3)s+1}$$

따라서 $\tau^2 = 2/9$, $2\zeta\tau = 1/3$이므로 $\tau = \sqrt{2}/3$, $\zeta = 1/2\sqrt{2}$ 이며 오버슈트는 식 9.2.4에 의해 다음과 같이 계산된다.

$$오버슈트(A/B) = \exp\left(\frac{-\pi\zeta}{\sqrt{1-\zeta^2}}\right) = 0.305$$

이제 주어진 2차 시스템에 크기가 0.1인 계단변화가 주어졌을 때 정상상태 값을 구해보자.

$$B = \lim_{t\to\infty} y(t) = \lim_{s\to 0} sY(s) = \lim_{s\to 0} sG(s)\left(\frac{0.1}{s}\right) = \lim_{s\to 0} 0.1G(s)$$
$$= 0.1G(0) = 0.8/9$$

오버슈트로부터 그림 9.4의 A를 계산하면

$$A = 오버슈트 \times B = 0.305 \times (0.8/9) = 0.0271$$

따라서 $y(t)$의 최대값은 다음과 같다.

$$A + B = 0.0271 + 0.8/9 = 0.116$$

보기 9.4 계단입력에 대한 오버슈트와 진동수 계산

전달함수가 다음과 같은 시스템에 크기가 3인 계단변화가 도입될 때 응답의 오버슈트와 진동수(순환 주파수)를 구하여라.

$$G(s) = \frac{10}{2s^2 + 0.3s + 0.5}$$

풀이 주어진 전달함수를 식 9.2.2와 같은 형태로 바꾸면

$$G(s) = \frac{10}{2s^2 + 0.3s + 0.5} = \frac{10}{2}\frac{1}{(s^2 + 0.15s + 0.25)}$$
$$\rightarrow \omega_n = 0.5,\ \zeta = 0.15$$

따라서 식 9.2.4와 9.2.10에 의해

$$오버슈트 = \exp\left(\frac{-\pi\zeta}{\sqrt{1-\zeta^2}}\right) = 0.62,\ f = \frac{\omega_n\sqrt{1-\zeta^2}}{2\pi} = 0.0787\ [\text{cycle/시간}]$$

9.3 우세극점을 이용한 고차 시스템의 근사

화학공정을 단순한 1차 시스템이나 2차 시스템으로 표현할 수 있는 경우는 거의 없으며 실제의 화학공정은 고차공정의 특성을 보인다. 3차 이상의 고차 시스템에 대해서는 정량적인 해석이 힘들기 때문에 우세극점(dominant pole)이 존재할 경우 시스템의 차수를 낮추어 계의 특성을 나타낸다. 우세극점이란 계의 동특성에 강하게 영향을 주는 극점을 의미한다. 전달함수가 다음과 같은 3차 시스템을 고려해보자.

$$G(s) = \frac{5}{(s^2+2s+3)(s+5)} \tag{9.3.1}$$

계단입력이 주어질 때 극점의 실수부는 감쇠의 빠르기를 결정하게 된다. 위의 3차 시스템의 단위 계단 입력에 대한 과도응답은 다음과 같이 나타낼 수 있다.

$$y(t) = A + Be^{-5t} + Ce^{(-1+j\sqrt{2})t} + De^{(-1-j\sqrt{2})t} \tag{9.3.2}$$

위의 식에서 극점 $s=-5$에 의한 e^{-5t}를 포함하는 항은 극점 $s=-1\pm j\sqrt{2}$에 의한 $e^{(-1\pm j\sqrt{2})t}$를 포함하는 항들에 비해 훨씬 빠르게 감소하여 0으로 소멸된다. 따라서 계단응답의 과도상태는 거의 $e^{(-1\pm j\sqrt{2})t}$를 포함하는 항에 의해서 좌우될 것이다. 이러한 점에서 극점 $s=-1\pm j\sqrt{2}$은 극점 $s=-5$에 비해 상대적으로 우세극점이라고 한다. 우세극점을 이용하여 식 9.3.1의 3차 시스템은 다음과 이차시스템으로 근사시킬 수 있다.

$$G(s) = \frac{5}{(s^2+2s+3)(s+5)} \cong \frac{1}{s^2+2s+3} \tag{9.3.3}$$

우세극점을 이용하여 시스템의 차수를 낮추어 줄 때 근사화 시키기 전과후의 정상상태 이득은 동일하도록 맞춰주어야 한다. 그림 9.5는 3차 시스템(식 9.3.1)과 근사화 시킨 2차 시스템(식 9.3.3)의 시간응답 비교를 나타낸다. 시간 $t=4.34$ 이후로는 거의 두 시스템의 시간응답이 거의 동일함을 알 수 있다. 일반적으로 극점들 중에 실수부가 원점으로부터 왼쪽으로 떨어진 거리가 가장 작은 극점이 그 다음으로 작은 극점에 비해 5배 이하(또는 10배 이하로 하기도 함)이면 우세극점으로 간주한다.

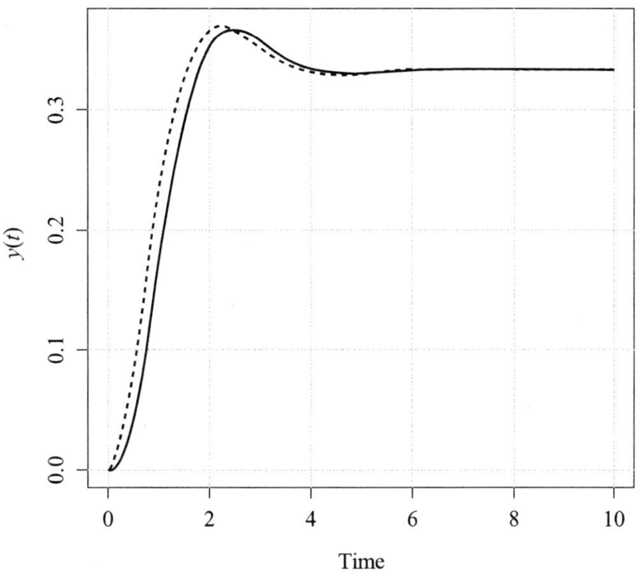

그림 9.5 단위 계단 입력에 대한 3차 시스템 $[5/(s^2+2s+3)(s+5)]$의 시간응답(실선)과 우세극점을 이용하여 근사화 시킨 2차 시스템 $[1/(s^2+2s+3)]$의 시간응답(점선)

고차 시스템 전달함수의 일반적인 형태와 이에 대응하는 단위 계단 입력의 응답은 다음과 같이 나타낼 수 있다[9].

$$G(s) = \frac{Y(s)}{U(s)} = \frac{K\prod_{j=1}^{m}\left(\tau_{d_j}s+1\right)}{\prod_{i=1}^{n}\left(\tau_{g_i}s+1\right)} \quad (n>m) \tag{9.3.4}$$

$$y(t) = K\left\{1-\sum_{i=1}^{n}\frac{\prod_{j=1}^{m}\left(\tau_{g_i}-\tau_{d_j}\right)\tau_{g_i}^{n-m-1}}{\prod_{j=1(j\neq i)}^{n}\left(\tau_{g_i}-\tau_{g_j}\right)}e^{-t/\tau_{g_i}}\right\} \tag{9.3.5}$$

식 9.3.4에서 분자는 영점에 대한 정보를 나타내며 주파수 응답에서 양의 위상을 나타내므로 위상 앞섬(phase lead)에 기여하는 반면에 분모는 극점에 대한 정보를 제공하며 음

9) 여영구 외, 최신공정제어 공학 : Matlab 활용(도서출판 아진, 2007), p. 206.

의 위상을 나타내므로 위상 뒤짐(phase lag)에 기여한다. 위상 앞섬은 시간응답에서 상승시간을 빠르게 하는 반면 위상 뒤짐은 상승시간을 느리게 하지만 정상상태의 오차를 줄이는 특성을 가지고 있다. 식 9.3.4에서 $n = m = 1$인 경우에 전달함수는 다음과 같이 된다.

$$G(s) = \frac{Y(s)}{U(s)} = K\frac{\tau_d s + 1}{\tau_g s + 1} = K^{'}\frac{(s+z)}{(s+p)} \tag{9.3.6}$$

여기서 $K^{'} = K\tau_d/\tau_g$, $z = 1/\tau_d$, $p = 1/\tau_g$ 이다. 식 9.3.6은 안정한 공정이나 제어기에 의해 이미 안정화된 공정에서 시스템에 요구되는 주파수 영역의 성능기준을 만족시키기 위해 추가로 사용되는 보상기(compensator)의 전달함수 형태에 해당된다. 그림 9.6은 보상기를 포함한 피드백 시스템을 나타낸다. $0 < z < p$ 인 경우 보상기의 영점이 극점보다 허수축에 더 가까이 있기 때문에 보상기의 위상은 항상 0보다 큰 값을 가지게 되므로 열린루프 전달함수의 위상은 항상 공정의 위상보다 앞서게 된다. 따라서 이때의 보상기를 앞섬 보상기(lead compensator)라고 부른다. 반면에 $0 < p < z$ 인 경우에는 극점이 영점보다 허수축에 더 가까이 있기 때문에 위상이 항상 0보다 작은 값을 가지게 되며 열린루프 전달함수의 위상은 항상 공정의 위상보다 뒤지는 현상이 나타나므로 이때의 보상기를 뒤짐 보상기(lag compensator)라고 부른다.

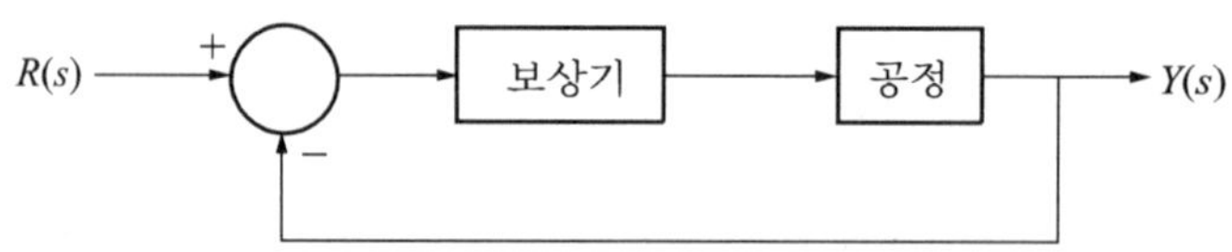

그림 9.6 보상기를 가진 피드백 시스템

그림 9.7의 예를 통해 앞섬/뒤짐 보상기가 시스템 응답특성에 어떠한 영향을 미치는지를 살펴보도록 하자.

그림 9.7에서 A는 보상기가 없는 때, B는 앞섬 보상기가 있을 때, C는 뒤짐 보상기가 있을 때의 피드백 시스템을 나타낸다. 보상기 없는 경우와 보상기 있는 경우의 피드백 시스템의 정상상태 이득은 1로서 모두 동일하다. 그림 9.8은 세 피드백 시스템의 단위 계단 변화에 대한 응답을 나타낸다. 앞섬 보상기가 있는 피드백 시스템(B)은 상승시간과 오버슈트를 줄이는 효과를 나타내는 반면 뒤짐 보상기가 있는 피드백 시스템(C)은 느린 감쇠

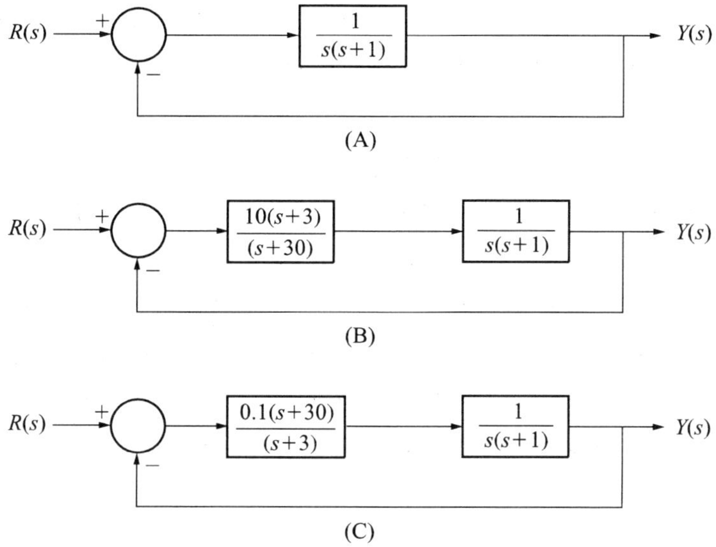

그림 9.7 공정의 전달함수가 $1/s(s+1)$인 피드백 시스템

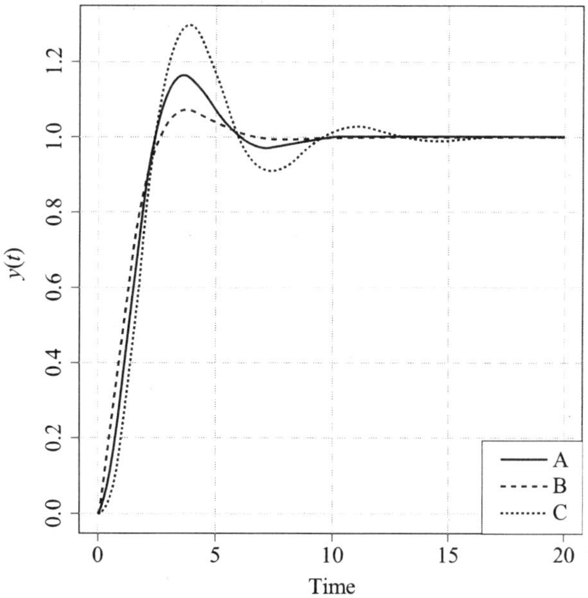

그림 9.8 단위 계단 입력에 대한 그림 9.6의 세 피드백 시스템 A, B, C의 시간응답

를 보이지만 정상상태의 오차를 줄임으로써 정확도를 개선하는 효과를 보인다. 이러한 응답특성에서 앞섬 보상기는 비례-미분 제어기와 유사하고 뒤짐 보상기는 비례-적분 제어기와 유사하다.

그림 9.7의 세 피드백 시스템에서 앞섬/뒤짐 보상기에 의한 위상 앞섬과 뒤짐은 그림 9.9의 각 피드백 시스템의 열린루프 전달함수에 대한 Bode 선도를 통해 명확히 볼 수 있다. 앞섬 보상기가 있는 피드백 시스템(B)은 위상여유와 주파수 대역폭을 증가시켜 응답속도를 빠르게 하지만 출력에 잡음의 영향이 커질 수 있다. 반면에 뒤짐 보상기가 있는 피드백 시스템(C)은 대역폭을 줄임으로써 고주파 잡음의 영향이 줄어들며 저주파 영역에서는 피드백 시스템의 이득을 증가시킴으로 정상상태 오차를 아주 작게 만들 수 있다. 그러나 뒤짐 보상기는 피드백 시스템의 과도응답 속도를 느려지게 하거나 심한 경우에는 과도응답을 불안정하게 할 수도 있다.

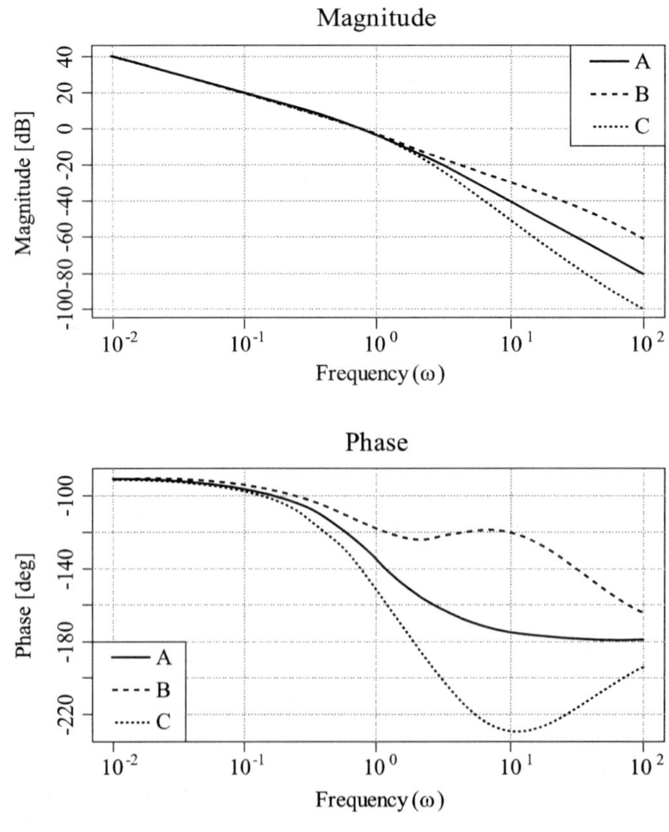

그림 9.9 그림 9.7의 세 피드백 시스템 A, B, C의 열린루프 전달함수에 대한 Bode 선도

보기 9.5 우세극점을 이용한 시스템의 근사화

시스템의 전달함수가 다음과 같을 때 우세극점을 이용하여 시스템 시간응답을 근사화 할 수 있는 낮은 차수의 전달함수를 구하여 보라.

$$\frac{Y(s)}{R(s)} = \frac{5}{(s+1)(s+5)}$$

풀이 주어진 시스템의 단위 계단응답은 다음과 같이 주어진다.

$$Y(s) = \frac{5}{s(s+1)(s+5)} = \frac{1}{s} - \frac{1.25}{s+1} + \frac{0.25}{s+5}$$

$$y(t) = 1 - 1.25e^{-t} + 0.25e^{-5t}$$

극점 $s=-5$에 의한 응답은 극점 $s=-1$에 비해 5배나 빠른 감소를 보인다. 따라서 시간응답의 실질적인 관점에서 극점 $s=-5$의 효과는 무시될 수 있다. 따라서 주어진 시스템은 다음과 1차 시스템으로 근사될 수 있다.

$$\frac{Y(s)}{R(s)} = \frac{5}{(s+1)(s+5)} \cong \frac{K}{s+1}$$

또한 근사화 시켰을 때 정상상태 이득은 본래 시스템의 정상상태 이득과 동일하여야 하므로 $K=1$이 되어야 함을 알 수 있다. 따라서 근사화된 전달함수는 다음과 같다.

$$\frac{Y(s)}{R(s)} = \frac{1}{s+1}$$

보기 9.6 극점과 영점의 상쇄효과를 이용한 시스템의 근사화

시스템의 전달함수가 다음과 같을 때 극점과 영점을 이용하여 근사화 해보고 근사화 전과 후의 단위 계단입력에 대한 시간응답을 비교해 보라.

$$\frac{Y(s)}{R(s)} = \frac{2(s+8)}{(s+1)(s^2+2s+3)(s+6)}$$

풀이 $s=-8$에 의한 영점과 $s=-6$은 극점의 효과는 서로 상쇄될 수 있다. 따라서 전달함수는 다음과 같이 근사화 될 수 있다.

$$\frac{Y(s)}{R(s)} = \frac{2(s+8)}{(s+1)(s^2+2s+3)(s+6)} \cong \frac{K}{(s+1)(s^2+2s+3)}$$

근사화 전과 후 시스템의 정상상태 이득은 동일해야 하므로 $K=8/3$이다. 그림 E9.6은 근사화 전과 후 시스템의 단위 계단입력에 대한 시간응답을 나타낸 것이다.

근사화된 3차 시스템의 응답(점선)은 근사화 이전의 4차 시스템 응답(실선)과 좋은 일치를 보여줌을 알 수 있다.

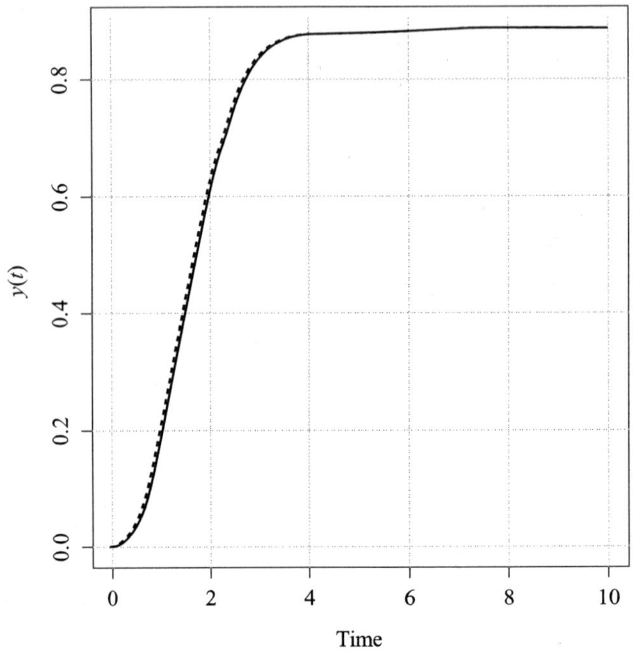

그림 E9.6

Chapter 10

근궤적을 이용한 제어기 설계

근궤적은 피드백 시스템의 극점 자취를 복소평면에 나타낸 것으로서 안정성 판별에 이용될 뿐만 아니라 극점의 위치가 시간응답의 특성을 결정하기 때문에 제어기의 설계에도 활용될 수 있다. 즉, 피드백 시스템의 안정성 과도응답(오버슈트, 상승시간, 정착시간 등)은 극점의 위치와 관련되어 있으며 제어기는 원하는 응답특성을 가지도록 극점을 이동시킬 수 있다. 여기서는 근궤적을 이용하여 P, PI, PD, PID 제어기의 매개변수를 결정하는 방법에 대해 알아보도록 한다.

근궤적은 피드백 제어 시스템의 안정성 판별에 이용될 수 있음을 7장에서 살펴보았다. 피드백 형태의 제어는 화학공정에서 흔히 사용되며 상수 게인(constant gain)을 이용하는 비례(P) 제어기, 비례기와 적분기의 합으로 구성되어 정상상태 오차를 개선하는 비례-적분(PI) 제어기, 비례기와 미분기의 합으로 구성되어 시스템의 안정성을 향상시키는 비례-미분(PD) 제어기 및 비례기, 적분기, 미분기의 합으로 구성되어 정상상태 오차와 더불어 시스템의 안정성도 같이 향상시키는 비례-적분-미분(PID) 제어기 등이 활용된다. 특히 PID 제어기는 사용이 간편하기 때문에 석유화학 공정에서부터 우주 항공기, 전자장치 및 발전소에 이르기까지 광범위한 분야에 응용된다. PID 제어기의 전달함수는 다음과 같이 나타낼 수 있다.

P제어기 : $G_c(s) = K$

PI제어기 : $G_c(s) = K + \dfrac{K_i}{s}$

PD제어기 : $G_c(s) = K + K_d s$

PID제어기 : $G_c(s) = K + \dfrac{K_i}{s} + K_d s$

여기서 K, K_i, K_d는 피드백 시스템의 동특성을 결정짓는 상수가 되며 피드백 시스템이 원하는 동특성을 가지도록 이들 상수들을 결정하는 것이 제어기 설계 문제가 된다. 제어기는 시스템의 부족한 성능 혹은 응답특성을 보충해 주는 역할을 하기 때문에 보상기(compensator)라고도 부른다.

피드백 제어 시스템의 설계에서 중요한 사항은 안정성, 과도응답(오버슈트, 상승시간, 정착시간 등) 및 정상상태 오차이다. 안정성과 과도응답은 피드백 시스템의 극점 위치와 관련이 되어 있으므로 제어기는 극점 위치를 적절히 이동시켜 원하는 응답특성을 가지도록 하는 역할을 한다. 또한, 피드백 제어 시스템의 극점 자취가 근궤적이므로 제어기는 시스템의 응답특성 개선을 위해 근궤적을 변경시킬 수 있다. 정상상태 오차는 시스템이 정상상태에 도달하였을 때의 오차로서 작을수록 좋다. 기준입력이나 외란이 일정하지는 않지만 시스템이 정상상태에 도달할 만큼 충분히 긴 시간에 대해서 시간의 선형함수(다항식)로 근사될 수 있을 때에 정상상태 오차를 일정하게 하는 다항식의 차수에 따라 시스템 유형(system type)이 결정된다. 근궤적을 이용한 제어기 설계에 앞서서 시스템 유형에 따라 정상상태 오차가 어떻게 되는지 살펴보기로 하자.

10.1 정상상태 오차와 시스템 유형

그림 10.1과 같은 단위 피드백 제어 시스템을 고려해보자. 그림 10.1의 피드백 시스템에서 오차 $E(s)$는 다음과 같다.

$$E(s) = R(s) - C(s) = R(s)\left\{1 - \frac{G(s)}{1+G(s)}\right\} = \frac{R(s)}{1+G(s)} \tag{10.1.1}$$

기준입력 $r(t)$가 시간에 대해 다음과 같이 k차의 다항식으로 표현될 수 있다고 가정하자.

$$r(t) = \frac{t^k}{k!}u(t) \tag{10.1.2}$$

여기서 $u(t)$가 단위 계단함수일 때 $r(t)$에 대한 라플라스 변환 $R(s)$는

$$R(s) = \frac{1}{s^{k+1}} \tag{10.1.3}$$

이 된다. 따라서 $k=0$, 1, 2일 때 $r(t)$, $R(s)$, $E(s)$는 각각 다음과 같다.

$$\begin{aligned} &k=0\text{일 때 } r(t)=1,\ R(s)=\frac{1}{s},\ E(s)=\frac{1}{s+sG(s)} \\ &k=1\text{일 때 } r(t)=t,\ R(s)=\frac{1}{s^2},\ E(s)=\frac{1}{s^2+s^2G(s)} \\ &k=2\text{일 때 } r(t)=\frac{t^2}{2},\ R(s)=\frac{1}{s^3},\ E(s)=\frac{1}{s^3+s^3G(s)} \end{aligned} \tag{10.1.4}$$

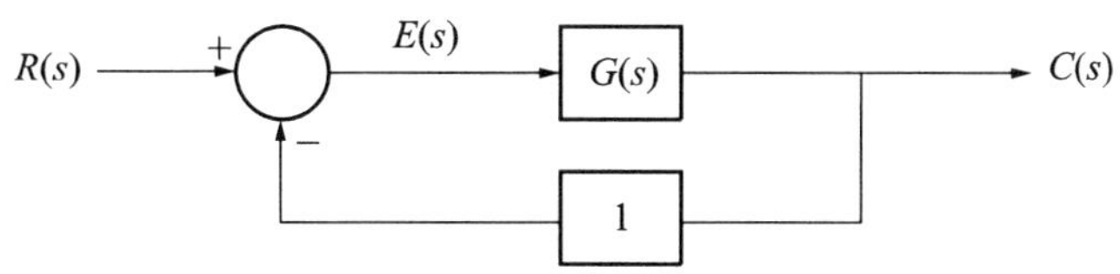

그림 10.1 피드백 전달함수가 1인 피드백 시스템

안정한 시스템일 경우 정상상태 오차는 $\lim_{t \to \infty} e(t) = e(\infty)$로 나타낼 수 있으며 라플라스 변환의 최종치 정리를 이용하면 $e(\infty) = \lim_{s \to 0} sE(s)$가 된다. 그러므로 기준입력이 단위계단 입력[$r(t)=1$], 램프 입력[$r(t)=t$], 포물선 입력[$r(t)=t^2/2$)]일 때의 정상상태 오차는 다음과 같다.

$$\begin{aligned} r(t) = 1\text{일 때 } e(\infty) &= \lim_{s \to 0} s \frac{1}{s + sG(s)} = \frac{1}{1 + \lim_{s \to 0} G(s)} \\ r(t) = t\text{일 때 } e(\infty) &= \lim_{s \to 0} s \frac{1}{s^2 + s^2 G(s)} = \frac{1}{\lim_{s \to 0} sG(s)} \\ r(t) = \frac{t^2}{2}\text{일 때 } e(\infty) &= \lim_{s \to 0} s \frac{1}{s^3 + s^3 G(s)} = \frac{1}{\lim_{s \to 0} s^2 G(s)} \end{aligned} \tag{10.1.5}$$

식 10.1.5에서 정상상태 오차를 간편히 나타내기 위해 다음과 같이 세 종류의 오차상수를 정의해보자.

$$K_p = \lim_{s \to 0} G(s),\ K_v = \lim_{s \to 0} sG(s),\ K_a = \lim_{s \to 0} s^2 G(s) \tag{10.1.6}$$

위의 식에서 K_p, K_v, K_a는 각각 위치 오차상수(position error constant), 속도상수(velocity constant), 가속도상수(acceleration constant)라고 부르며 이들을 식 10.1.5에 대입하면

$$\begin{aligned} r(t) = 1\text{일 때 } e(\infty) &= \frac{1}{1 + K_p} \\ r(t) = t\text{일 때 } e(\infty) &= \frac{1}{K_v} \\ r(t) = \frac{t^2}{2}\text{일 때 } e(\infty) &= \frac{1}{K_a} \end{aligned} \tag{10.1.7}$$

이 된다. 오차상수 K_p, K_v, K_a가 클수록 정상상태 오차는 작게 되며 무한대일 경우에는 정상상태 오차는 0이 된다. 식 10.1.6에서 K_p, K_v, K_a가 무한대가 되기 위해서는 각각 $G(s)$, $sG(s)$, $s^2G(s)$가 0의 극점을 가져야 함을 알 수 있다. 0의 극점을 가지는 $G(s)$를 다음과 같이 나타내보자.

$$G(s) = \frac{(s+z_1)(s+z_2)\cdots}{s^n(s+p_1)(s+p_2)\cdots} \tag{10.1.8}$$

식 10.1.8에서 분모의 s^n은 n개의 적분기에 해당하며 n 값은 시스템 유형으로 정의된다. 즉, $n=0$이면 유형 0, $n=1$이면 유형 1, $n=2$이면 유형 2등으로 명명한다. 단위 피드백 시스템(그림 10.1)에서 $G(s)$는 제어기 전달함수 $G_c(s)$와 공정 전달함수 $G_p(s)$의 곱으로서 열린루프 전달함수로 생각될 수 있다. 식 10.1.6, 10.1.7, 10.1.8을 이용하여 시스템의 유형이 0, 1, 2일 때의 K_p, K_v, K_a 및 정상상태 오차를 계산하면 표 10.1과 같다. 계단입력(시간 t에 대한 차수가 0)으로 오차 없이 시스템을 제어할 수 있는 경우는 시스템 유형이 1 이상일 때이며, 램프 입력(시간에 대한 차수가 1)으로 오차 없이 시스템을 제어할 수 있는 경우는 시스템 유형이 2 이상이 되어야 함을 알 수 있다. 즉, 기준입력이 시간의 다항식으로 주어질 때 시간에 대한 차수가 시스템 유형보다 작을 때에만 정상상태 오차가 0이 된다. 시스템 유형과 입력의 시간 차수가 동일한 경우에는 정상상태 오차는 0이 아닌 상수가 되며 시스템 유형이 입력의 시간 차수보다 작은 경우에는 정상상태 오차는 ∞가 되어 시스템의 제어가 불가능하게 된다.

표 10.1 시스템 유형에 따른 정상상태 오차

시스템 유형	오차상수			정상상태 오차		
n	K_p	K_v	K_a	$r(t)=1$	$r(t)=t$	$r(t)=t^2/2$
0	$\frac{z_1 z_2\cdots}{p_1 p_2\cdots}$	0	0	$\frac{1}{1+K_p}$	∞	∞
1	∞	$\frac{z_1 z_2\cdots}{p_1 p_2\cdots}$	0	0	$\frac{1}{K_v}$	∞
2	∞	∞	$\frac{z_1 z_2\cdots}{p_1 p_2\cdots}$	0	0	$\frac{1}{K_a}$

보기 10.1 피드백 시스템의 정상상태 오차계산

그림 E10.1과 같은 피드백 시스템에 단위 계단입력, 단위 램프입력이 주어질 때 정상상태 오차를 계산하여라.

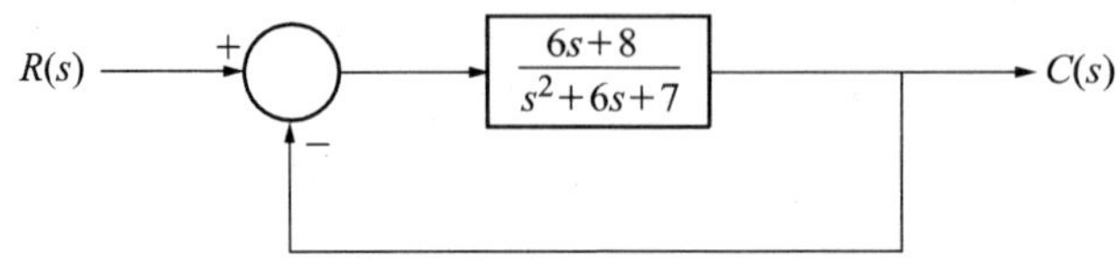

그림 E10.1

풀이 피드백 시스템에서 열린루프 전달함수는 다음과 같다.

$$G(s)=\frac{6s+8}{s^2+6s+7}$$

열린루프 전달함수는 $s=0$의 극점을 가지지 않으므로 시스템 유형은 0이 된다(식 10.1.8 참조). $\lim_{s\to 0} G(s)=8/7$, $\lim_{s\to 0} sG(s)=0$이므로 단위 계단입력과 단위 램프입력에 대한 정상상태 오차는 식 10.1.5로부터 각각 다음과 같다.

$$r(t)=1 \text{ 일 때} \quad e(\infty)=\lim_{s\to 0} s\frac{1}{s+sG(s)}=\frac{1}{1+\lim_{s\to 0} G(s)}=\frac{7}{15}$$

$$r(t)=t \text{ 일 때} \quad e(\infty)=\lim_{s\to 0} s\frac{1}{s^2+s^2G(s)}=\frac{1}{\lim_{s\to 0} sG(s)}=\infty$$

시스템 유형은 열린루프 전달함수에서 $s=0$의 극점 개수에 의해 결정되며 정상상태 오차는 피드백 시스템의 시간응답 특성과 관련됨을 기억하자. 즉, 입력의 종류와 열린루프 전달함수로부터 시스템 유형에 대한 정보가 주어지면 피드백 시스템의 정상상태 오차를 결정할 수 있다.

10.2 피드백 시스템의 극점 위치와 시간 응답특성

피드백 제어 시스템의 시간응답특성은 극점 위치에 의존한다. 제어기의 역할은 시스템에 가해지는 기준입력이나 외란에 대해 원하는 출력(시스템 응답)을 가지도록 극점의 위치를 변경하는 것이다. 일반적으로 화학공정은 고차공정인 경우가 많다. 고차공정의 경우 해석이 복잡하므로 우세극점이 존재하다면 낮은 차수(1차 혹은 2차)의 공정으로 근사시켜 시스템의 응답특성을 해석한다. 여기서는 2차 공정이 피드백 제어될 때 극점의 위치와 시간 응답특성과의 관계를 살펴보고자 하자. 그림 10.2의 피드백 제어계는 시스템 유형 1에 해당되므로 계단입력으로 오차 없이 제어할 수 있는 시스템이다.

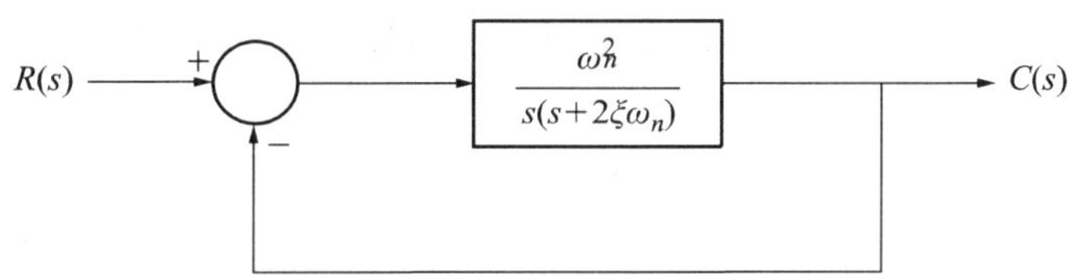

그림 10.2 시스템 유형이 1인 피드백 제어 시스템

열린루프 전달함수가 $G_{op}(s)=\omega^2/s(s+2\zeta\omega_n)$이므로 닫힌루프(피드백 루프) 전달함수 $G_{cl}(s)$은 다음과 같다.

$$G_{cl}(s)=\frac{G_{op}(s)}{1+G_{op}(s)}=\frac{\omega_n^2}{s^2+2\zeta\omega_n s+\omega_n^2} \tag{10.2.1}$$

식 10.2.1은 2차 시스템의 표준 형태와 동일함을 알 수 있다. 감쇄인자 ζ가 $0<\zeta<1$이라면 피드백 루프 전달함수의 극점은 다음과 같이 켤레관계의 두 복소수가 된다.

$$s^2+2\zeta\omega_n s+\omega_n^2=(s+\sigma+j\omega)(s+\sigma-j\omega)=s^2+2\sigma s+\sigma^2+\omega^2 \tag{10.2.2}$$

여기서 σ, ω가 양의 실수일 때 두 극점을 복소평면에 나타내면 그림 10.3과 같다.

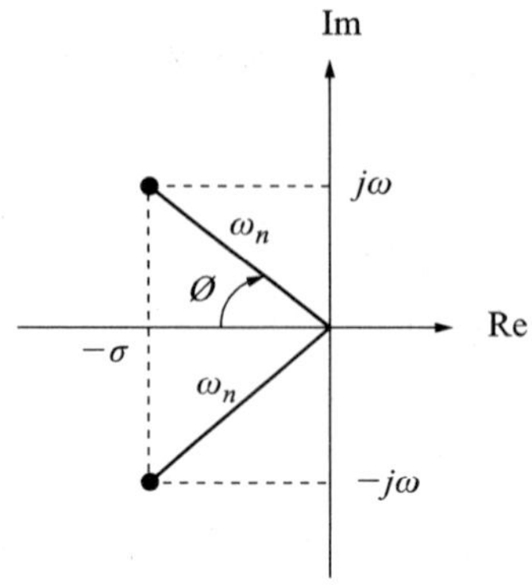

그림 10.3 감쇠인자가 $0 < \zeta < 1$일 때 피드백 제어시스템(그림 10.2)의 두 극점

식 10.2.2와 그림 10.3로부터 다음의 관계가 성립함을 알 수 있다.

$$\omega_n^2 = \sigma^2 + \omega^2 , \;\; \zeta = \frac{\sigma}{\omega_n} = \cos\phi \tag{10.2.3}$$

위의 식으로부터 비감쇠 고유주파수 ω_n은 원점으로부터 극점까지의 거리이며 감쇄인자 ζ는 원점으로부터 극점의 실수부까지의 거리 σ를 ω_n으로 나눈 값에 해당함을 알 수 있다. 이러한 관계를 통해 ω_n을 일정하게 유지하면서 감쇄인자를 증가시킬 경우와 감쇄인자 ζ를 유지하면서 ω_n을 증가시킬 때의 근궤적을 나타내면 그림 10.4와 같다.

피드백 시스템의 극점이 이동함에 따라 응답특성은 달라진다. 식 10.2.1은 일반적인 2차 시스템의 전달함수 형태와 동일하다. 따라서 감쇠인자가 일정할 때 식 9.2.6과 9.2.7에 의해 상승시간 T_r과 정착시간 T_s는 ω_n와 반비례함을 알 수 있다. 즉, 감쇠인자가 일정할 때 ω_n을 두 배로 증가시키면 T_r과 T_s는 1/2로 감소한다. 만약 비감쇠 고유주파수 ω_n가 일정하다면 정착시간은 감쇠인자의 값이 0.707일 때 최소의 값이 얻어질 수 있다[10]. 즉, 그림 10.3에서 $\phi = 45°$일 때 정착시간이 최소가 된다. 따라서 상승시간과 정착시간을 줄이기 위한 효과적인 전략은 극점을 $\phi = 45°$를 유지하면서 비감쇠 고유진동수 ω_n를 증가시키는 방향으로 이동시키는 것임을 알 수 있다.

10) Stefani, R.T. et al, Design of feedback control systems. 4th ed. (Oxoford University Press, Inc., 2002), p. 336-337.

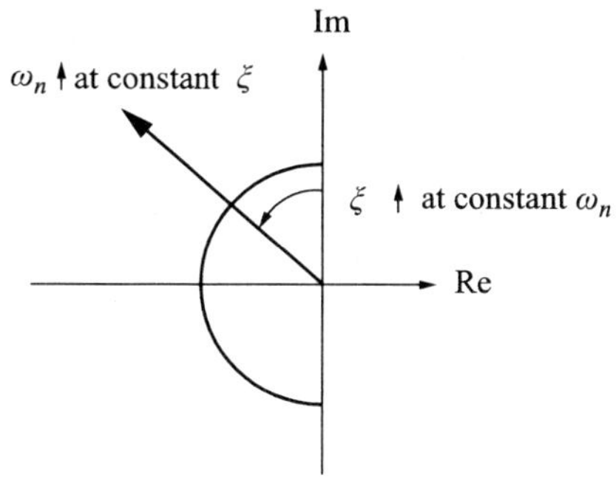

그림 10.4 비감쇠 고유주파수와 감쇠인자의 변화에 따른 근궤적

보기 10.2 감쇠인자와 비감쇠 고유주파수에 따른 이차 시스템의 시간응답

피드백 시스템의 전달함수가 $\omega_n^2/(s^2+2\zeta\omega_n+\omega_n^2)$일 때 다음의 각 경우에 대해 단위 계단응답을 그래프로 나타내어라.

① $\omega_n=1$로 고정하고 감쇠인자가 $\zeta=0.5,\ 0.7,\ 0.8$로 바뀔 때

② $\zeta=0.5$로 고정하고 비감쇠 고유주파수가 $\omega_n=1,\ 2,\ 4$로 바뀔 때

풀이 전달함수가 주어져 있으므로 contol 패키지에 있는 step 함수를 이용하여 단위 계단응답을 구하여 보자.

```
require(control)
#ωn =1이고 ζ=0.5, 0.7, 0.8일 때의 시간응답 계산
wn=1
zeta=c(0.5,1/sqrt(2),0.8)
res=list()
for (i in 1:length(zeta)) {
  res[[i]]=step(tf(1,c(1,2*zeta[i]*wn,wn^2)),seq(0,20,length.out=500))
}
Time=res[[1]]$t
Yt1=cbind(t(res[[1]]$y),t(res[[2]]$y),t(res[[3]]$y))

# ζ=0.5이고 ωn =1, 2, 4일 때의 시간응답 계산
zeta=0.5
wn=c(1,2,4)
res=list()
for (i in 1:length(wn)) {
  res[[i]]=step(tf(wn[i]^2,c(1,2*zeta*wn[i],wn[i]^2)),seq(0,20,length.out=500))
}
Yt2=cbind(t(res[[1]]$y),t(res[[2]]$y),t(res[[3]]$y))
```

```
x11() # 그림 E10.2 작성을 위한 X-윈도우 열기
par(mfrow=c(2,1))
matplot(Time,Yt1,ylab="y(t)",xlab="Time(t)",
        main=expression(paste(omega[n],"=1",sep="")),type="l",lwd=2,col=1)
legend("bottomright",legend=expression(paste(zeta,"=0.5",sep=""),
  paste(zeta,"=0.7",sep=""),paste(zeta,"=0.8",sep="")),
    lwd=2,lty=1:3,x.intersp=0.1,cex=1)
grid(col="darkgray")
matplot(Time,Yt2,ylab="y(t)",xlab="Time(t)",
        main=expression(paste(zeta,"=0.5",sep="")),type="l",lwd=2,col=1)
legend("bottomright",legend=expression(paste(omega[n],"=1",sep=""),
         paste(omega[n],"=2",sep=""), paste(omega[n],"=4",sep="")),
       lwd=2,lty=1:3,x.intersp=0.1,cex=1)
grid(col="darkgray")
```

위의 R 코드에 의해 작성된 그림 E10.2에서 보는 바와 같이 $\omega_n = 1$로 고정되었을 때 ζ가 작을수록 오버슈트는 커지는 반면 상승시간은 감소하게 되며, $\zeta = 0.5$로 고정되었을 때에는 ω_n가 커짐에 응답이 빨라지지만 오버슈트는 동일함을 알 수 있다.

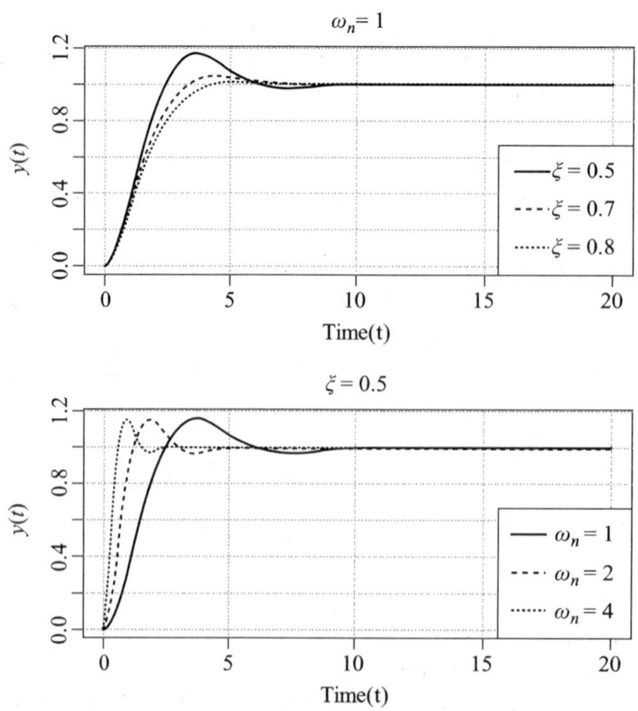

그림 E10.2

10.3 근궤적을 이용한 P 제어기 설계

그림 10.5와 같이 비례 제어기의 게인이 K인 피드백 시스템을 고려해보자.

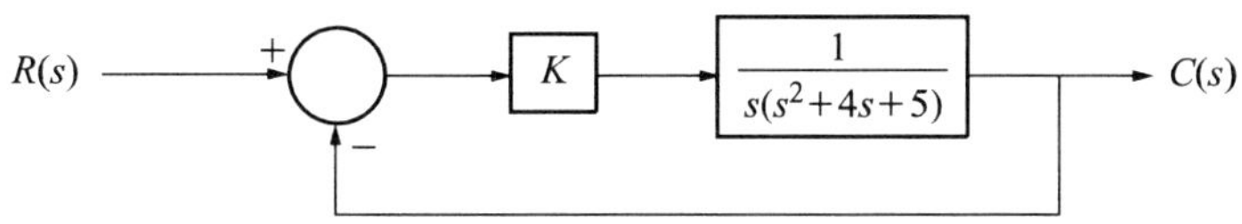

그림 10.5 P 제어기 피드백 시스템

그림 10.5에서 보인 피드백 시스템의 근궤적을 작성하기 위해 피드백 루프의 전달함수 $G_{cl}(s)$를 구하면 다음과 같다.

$$G_{cl}(s) = \frac{K/s(s^2+4s+5)}{1+K/s(s^2+4s+5)} = \frac{K}{s(s^2+4s+5)+K} \tag{10.3.1}$$

따라서 특성방정식은 $s^3+4s^2+5s+K=0$이 된다. 아래의 R 코드를 이용하여 K 값이 0에서 20까지 변할 때 특성방정식 근의 자취를 그래프로 나타내보자.

```
K=seq(0,20,0.1)
rs=list()
for (i in 1:length(K)) {
  rs[[i]]=polyroot(c(K[i],5,4,1))
}
a=lapply(rs,Re)
b=lapply(rs,Im)
a1=Reduce(c,a)
b1=Reduce(c,b)

x11() # 그림 10.6 작성을 위한 X-윈도우 열기
par(mar=c(5.1,5.8,4.1,2.1))
plot(a1,b1,xlab="Real part",ylab="Imaginary part")
grid(col="darkgray")
points(0,0,pch=15,col=1,cex=1.5)
points(-2,1,pch=15,col=1,cex=1.5)
```

```
points(-2,-1,pch=15,col=1,cex=1.5)
arrows(x0=-3.5,y0=-0.1,x1=-4,y1=-0.1,length=0.05,lwd=2)
arrows(x0=-0.5,y0=1.8,x1=-0.1,y1=2.3,length=0.05,lwd=2)
arrows(x0=-0.5,y0=-1.8,x1=-0.1,y1=-2.3,length=0.05,lwd=2)
```

위의 코드를 통해 작성된 그림 10.6은 특성방정식의 근의 자취, 즉 근궤적을 나타내며 열린루프 극점에서 시작하여 비례 게인 K가 증가할수록 세 개의 무한영점을 향하여 감을 알 수 있다.

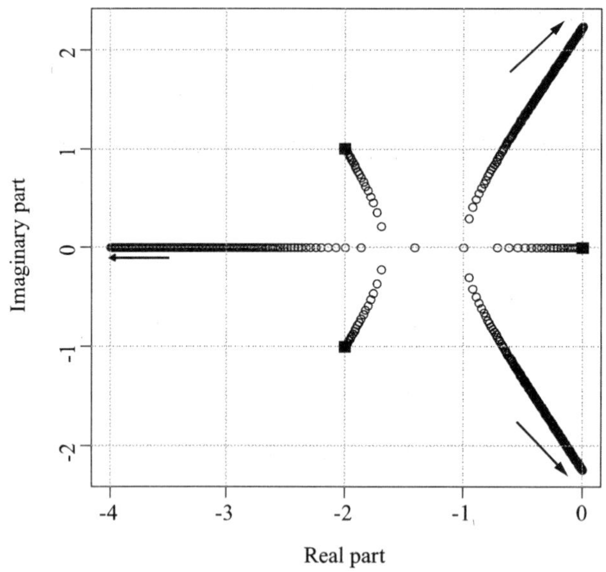

■은 열린루프 전달함수의 극점을 나타냄.

그림 10.6 P 제어기에 의해 제어되는 피드백 시스템(그림 10.5)의 근궤적($0 \le K \le 20$)

그림 10.5에서 열린루프 전달함수는 시스템 유형 1에 해당되므로 단위 계단 입력과 램프입력에 대한 정상상태 오차는 식 10.1.6~10.1.7에 의해 다음과 같이 계산된다.

$$G_{op}(s) = \frac{K}{s(s^2+4s+5)} \tag{10.3.2}$$

$$\Rightarrow K_p = \lim_{s \to 0} G_{op}(s) = \infty, \quad K_v = \lim_{s \to 0} s\,G_{op}(s) = \frac{K}{5}$$

$$r(t) = 1\text{일 때 } e(\infty) = \frac{1}{1+K_p} = 0$$

$$r(t) = t\text{일 때 } e(\infty) = \frac{1}{K_v} = \frac{5}{K}$$

위의 결과를 통해 단위 계단입력의 경우는 유한한 상수 K 값에 대해 정상상태 오차가 0이지만 램프입력의 경우는 K 값이 증가함에 따라 정상상태 오차는 감소하지만 0은 아니다. 그림 10.6에서 보는 바와 같이 $K > 20$이 되면 우반평면에 근이 존재하기 시작하므로 시스템의 안정성을 위해 K는 20보다 작은 값을 가져야 한다. 또한 K 값이 20으로 가까이 갈수록 우세극점에 의한 감쇄는 약해진다(그림 10.4 참조). 10.2절에서 ω_n가 일정한 경우 정착시간은 감쇠인자의 값이 0.707일 때 최소가 됨을 살펴보았다. $K = 2.0, 2.5, 3.0$일 때의 피드백 시스템(식 10.3.1)의 극점 및 우세극점에 의한 감쇠인자 ζ와 비감쇠 고유주파수 ω_n을 계산해 보면 다음과 같다.

K	**극점**	$\zeta(\sigma/\omega_n)$	$\omega_n\left(=\sqrt{\sigma^2+\omega^2}\right)$
2.0	−2, −1, −1	1 / 1 = 1	$\sqrt{0^2+1^2}=1$
2.5	−2.297, −0.851 ± j0.603	0.851 / 1.043 = 0.816	$\sqrt{0.851^2+0.603^2}=1.043$
3.0	−2.466, −0.767 ± j0.793	0.767 / 1.103 = 0.695	$\sqrt{0.767^2+0.793^2}=1.103$

위의 결과를 통해 $K=3$일 때 우세극점에 의한 감쇠인자가 약 0.7이 됨을 알 수 있다. 또한 $K = 2.0, 2.5, 3.0$일 때의 비감쇠 고유주파수 ω_n의 값은 크게 변하지 않음을 알 수 있다. 따라서 정착시간을 최소화하기 위한 비례 게인의 값은 3이 적절함을 알 수 있다. K 값을 증가시키면 정상상태 오차는 줄어들겠지만 감쇠인자가 감소하기 때문에 정착시간은 늘어나게 된다. $K = 2, 2.5, 3$일 때 피드백 시스템(그림 10.5)의 단위 계단입력에 대한 응답을 그래프로 나타내면 그림 10.7과 같다.

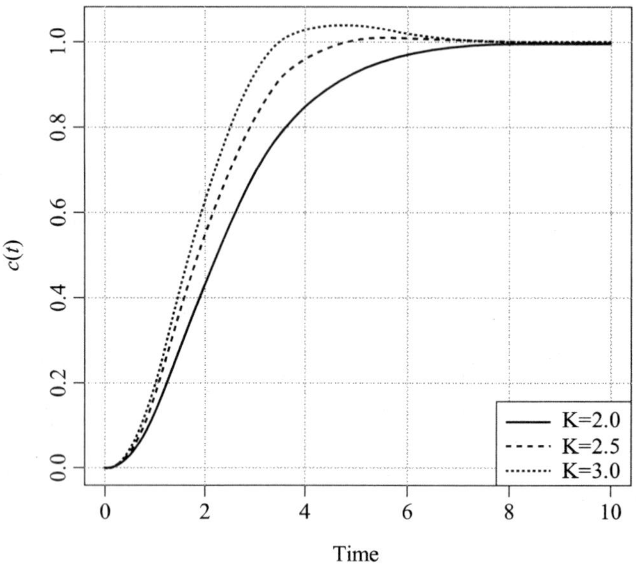

그림 10.7 단위 계단입력에 대한 P 제어기 피드백 시스템(그림 10.5)의 시간응답

보기 10.3 우세극점의 감쇠인자를 이용한 K 값의 선택

그림 E10.3과 같은 피드백 시스템에서 우세극점에 대해 $\zeta = 0.707$이 되도록 K를 결정하여라.

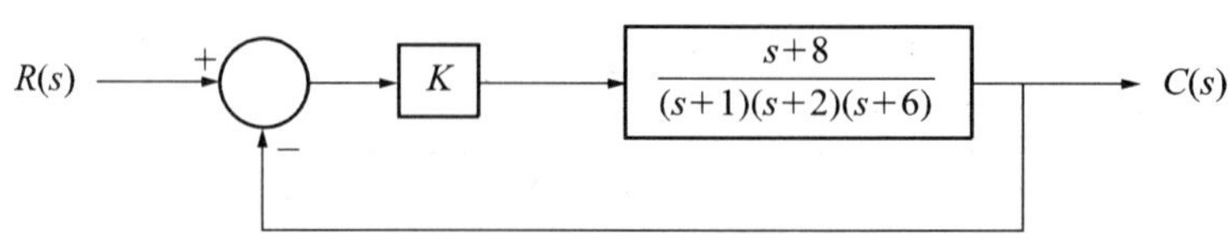

그림 E10.3

풀이 피드백 시스템(그림 E10.3)의 전달함수는 다음과 같다.

$$G_d(s) = \frac{\dfrac{K(s+8)}{(s+1)(s+2)(s+6)}}{1 + \dfrac{K(s+8)}{(s+1)(s+2)(s+6)}}$$

$$= \frac{K(s+8)}{(s+1)(s+2)(s+6) + K(s+8)}$$

$$= \frac{Ks + 8K}{s^3 + 9s^2 + (K+20)s + 12 + 8K}$$

따라서 특성방정식은 $s^3+9s^2+(K+20)s+12+8K=0$이 된다. 다음의 R 코드를 이용하여 특성방정식의 근과 ζ를 계산해 보도록 하자.

```
K=seq(0.1,2,0.1)
res=list()
zeta=list()
for (i in 1:length(K)) {
  res[[i]]=polyroot(c(12+8*K[i],K[i]+20,9,1))
  zeta[[i]]=abs(Re(res[[i]]))/abs(res[[i]]) # 각 근에 대해 ζ를 계산(식 10.2.3)
}
zeta
[[1]]
[1] 1 1 1
[[2]]
[1] 0.9914154 0.9914154 1.0000000
[[3]]
[1] 0.9611572 0.9611572 1.0000000
[[4]]
[1] 0.9332934 0.9332934 1.0000000
[[5]]
[1] 0.9075227 0.9075227 1.0000000
[[6]]
[1] 0.8835948 0.8835948 1.0000000
...
[[15]]
[1] 0.7248208 0.7248208 1.0000000
[[16]]
[1] 0.7115567 0.7115567 1.0000000  # 우세극점의 ζ가 0.707에 가까움
[[17]]
[1] 0.6989141 0.6989141 1.0000000
[[18]]
[1] 0.6868459 0.6868459 1.0000000
[[19]]
[1] 0.67531 0.67531 1.00000
[[20]]
[1] 0.6642684 0.6642684 1.0000000
K[16]  # 우세극점의 ζ가 0.707에 가까울 때의 K 값
[1] 1.6
res[16]  # K=1.6일 때의 특성방정식의 근들
[[1]]
[1] -1.430065+1.412122i -1.430065-1.412122i -6.139870+0.000000i
```

위의 결과를 통해 $K=1.6$일 때 우세극점은 $-1.43\pm j1.412$가 되며 ζ는 약 0.712

가 됨을 알 수 있다. $\zeta = 0.707$의 값을 얻도록 K 값을 수정해보면 다음과 같다.

```
K=1.635
res=polyroot(c(12+8*K,K+20,9,1))
zeta=abs(Re(res))/abs(res)
res
[1] -1.428722+1.428896i -1.428722-1.428896i -6.142556+0.000000i
zeta
[1] 0.7070636 0.7070636 1.0000000
```

따라서 $K = 1.635$일 때 우세극점은 $-1.429 \pm j1.429$가 되며 $\zeta = 0.707$이 된다.

10.4 근궤적을 이용한 PI 제어기 설계

PI 제어기의 전달함수는 다음과 같이 두 개의 매개변수를 이용한다.

$$G_c(s) = K + K_i/s = \frac{K(s+a)}{s} \tag{10.4.1}$$

여기서 $a = K_i/K$이다. 따라서 PI 제어기를 설계하는 것은 피드백 시스템이 원하는 응답특성을 보이도록 두 개의 매개변수 K와 K_i 혹은 K와 a를 결정하는 것이 된다. 그림 10.5의 P 제어기 피드백 시스템과 비교하기 위해 제어기의 전달함수만을 식 10.4.1로 교체해보자.

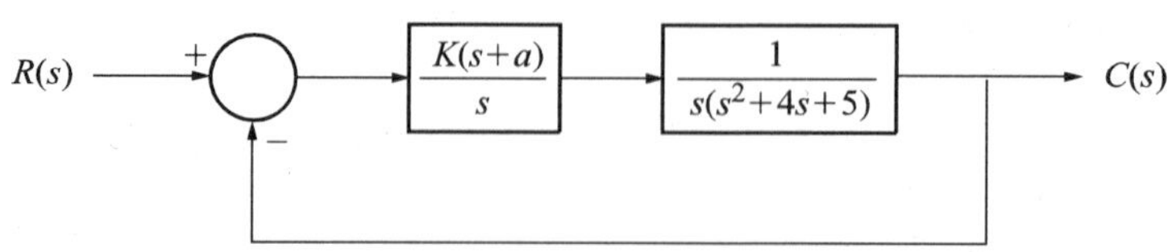

그림 10.8 PI 제어기 피드백 시스템

PI 제어기의 전달함수(식 10.4.1)는 열린루프 전달함수에 $s=0$에서의 극점과 $s=-a$에서 영점이 추가하는 역할을 하며 시스템 유형을 높이는 역할을 한다. 따라서 단위 계단입력이나 램프입력에 대해 정상상태 오차를 0으로 만들 수 있다.

$$G_{op}(s)=\frac{K(s+a)}{s^2(s^2+4s+5)} \tag{10.4.2}$$

$$\Rightarrow\ K_p=\lim_{s\to 0} G_{op}(s)=\infty\ ,\ \ K_v=\lim_{s\to 0} sG_{op}(s)=\infty$$

$r(t)=1$일 때 $e(\infty)=\dfrac{1}{1+K_p}=0$

$r(t)=t$일 때 $e(\infty)=\dfrac{1}{K_v}=0$

PI 제어기는 열린루프 전달함수의 극점과 영점의 개수를 똑같이 1씩 증가시키기 때문에 극점 개수와 영점 개수의 차이에 의해 결정되는 근궤적의 점근선을 바꾸지 않는다. 즉, PI 제어기의 주목적은 근궤적의 형태를 유지하면서 열린루프 전달함수에 0의 극점을 추가시켜 시스템 유형을 높임으로써 정상상태 오차를 줄이는데 있다. PI 제어기에 의해 극점과 영점이 추가되더라도 근궤적이 P 제어기의 경우와 유사하도록 하기 위해 식 10.4.1에서 영점 $-a$는 원점에 매우 가깝게 둔다. a가 충분히 0에 가까우면 극－영점 상쇄효과에 의해 근궤적은 P 제어기 피드백 시스템의 경우와 거의 동일하게 된다. 따라서 극－영점 상쇄효과가 충분할 경우 PI 제어기는 근궤적을 유지함으로써 피드백 시스템의 과도응답에 영향을 주지 않으면서도 시스템의 유형을 높여줌으로써 정상상태 오차를 줄일 수 있다.

이제 식 10.4.1에서 PI 제어기의 매개변수 K, a를 결정하는 문제를 고려해 보도록 하자. 매개변수가 두 개이므로 일반적으로 다음과 같은 절차를 따라 계산한다.

① P 제어기를 사용하여 초기의 K 값을 결정한다.
② 정해진 K 값에 대해 피드백 시스템의 안전성을 최대로 하는 a 값을 결정한다.
③ ②에서 정해진 a 값에 대해 과도응답의 특성을 향상시키는 K 값을 결정한다.
④ 최적의 성능을 가지도록 ②, ③을 반복할 수 있다.

위의 절차에 따라 그림 10.8의 피드백 시스템에 대해 제어기의 매개변수 K, a를 결정해 보도록 하자. 10.3절의 결과에 따라 K의 초기값으로 3을 선택하면 그림 10.8의 피드백 시스템의 전달함수는 다음과 같다.

$$G_{cl}(s) = \frac{3(s+a)/s^2(s^2+4s+5)}{1+3(s+a)/s^2(s^2+4s+5)} \quad (10.4.3)$$

$$= \frac{3(s+a)}{s^2(s^2+4s+5)+3(s+a)}$$

$$= \frac{3(s+a)}{s(s^3+4s^2+5s+3)+3a}$$

$$= \frac{3(s+a)/s(s^3+4s^2+5s+3)}{1+3a/s(s^3+4s^2+5s+3)}$$

$$= \frac{\text{분자}}{1+3a/s(s+0.767+j0.793)(s+0.767-j0.793)(s+0.246)}$$

위의 식을 통해 a는 피드백 루프의 극점의 위치를 변경시킬 수 있음을 알 수 있다. 즉, 특성방정식의 근은 a의 값에 따라 변하게 된다. 따라서 K 값의 변화로부터 근궤적을 작성하는 것과 같이 a 값을 변화시키면서 근궤적을 작성한 뒤 상대적인 안정성(허수축으로부터 좌반평면에 있는 극점까지의 거리)이 최대가 될 때의 a 값을 계산하면 0.236이 되며 이때의 극점은 -0.543, $-0.543 \pm j\,0.506$, -2.37이 된다. a 값이 결정되었으므로 다시 K 값을 변화시키면서 과도응답 특성을 향상시키는 새로운 K 값을 찾을 수 있다. $a=0.236$으로 고정하고 K가 0에서 20까지 변할 때 다음의 R 코드를 이용하여 근궤적을 작성해보자.

```
K=seq(0,20,0.1)
a=0.236
rs=list()
for (i in 1:length(K)) {
  rs[[i]]=polyroot(c(K[i]*a,K[i],5,4,1))
}
a=lapply(rs,Re)
b=lapply(rs,Im)
a1=Reduce(c,a)
b1=Reduce(c,b)

x11()  # 그림 10.9 작성을 위한 X-윈도우 열기
par(mar=c(5.1,5.8,4.1,2.1))
plot(a1,b1,xlab="Real part",ylab="Imaginary part")
grid(col="darkgray")
```

```
points(0,0,pch=15,col=1,cex=1.5)
points(-2,1,pch=15,col=1,cex=1.5)
points(-2,-1,pch=15,col=1,cex=1.5)
points(-0.236,0,pch=0,col=1,cex=1.5)
arrows(x0=-3.5,y0=-0.1,x1=-4,y1=-0.1,length=0.05,lwd=2)
arrows(x0=-0.7,y0=-0.1,x1=-0.23,y1=-0.1,length=0.05,lwd=2)
arrows(x0=-0.5,y0=1.8,x1=-0.1,y1=2.3,length=0.05,lwd=2)
arrows(x0=-0.5,y0=-1.8,x1=-0.1,y1=-2.3,length=0.05,lwd=2)
```

그림 10.9에서 보는 바와 같이 근궤적은 열린루프 전달함수의 극점에서 출발하여 1개의 유한 영점과 3개의 무한 영점으로 향함을 알 수 있다. $K \to \infty$ 일 때의 점근선은 P 제어기 피드백 시스템의 근궤적인 그림 10.6과 동일함을 알 수 있다. 즉, PI 제어기는 피드백 시스템의 근궤적 유형을 유지함을 확인할 수 있다. $a = 0.236$으로 고정하고 $K = 3$, 4, 5일 때 단위 계단입력의 응답은 그림 10.10과 같다. 응답시간과 정착시간의 관점에서 $K = 5$일 때가 $K = 3$, 4일 때보다 유리함을 알 수 있다. K 값이 새롭게 정해지면 a 값을 다시 계산할 수 있으며 이러한 과정은 최적의 응답특성을 나타낼 때까지 반복될 수 있다.

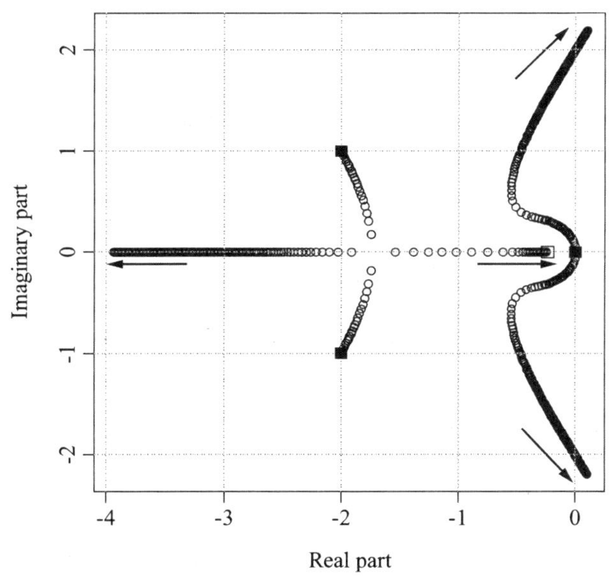

■ : 열린 루프 전달함수의 극점, □ : 열린 루프 전달함수의 영점

그림 10.9 PI 제어기 피드백 시스템(그림 10.8)의 근궤적($a = 0.236$, $0 \le K \le 20$)

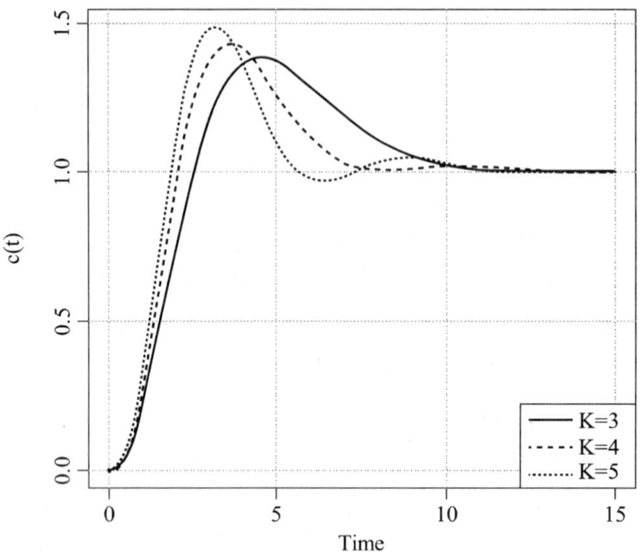

그림 10.10 $a=0.236$일 때 PI 제어기 피드백 시스템(그림 10.8)의 단위 계단입력에 대한 시간응답

보기 10.4 PI 제어기 매개변수 계산

그림 E10.4와 같은 피드백 시스템에서 상대적인 안정성을 최대로 만들어 주는 a 값을 결정하여라.

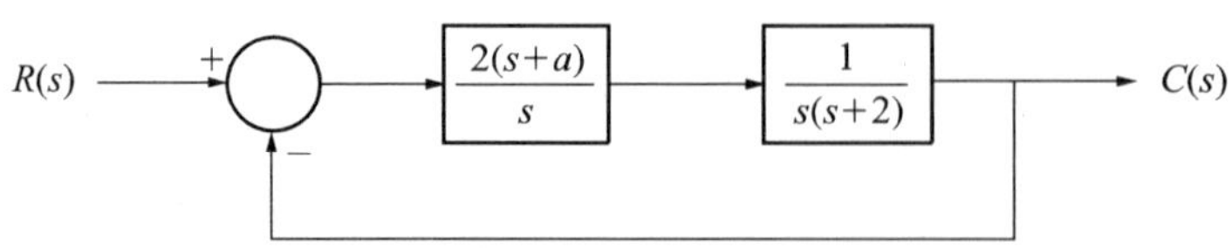

그림 E10.4

풀이 피드백 루프의 전달함수를 구하면 다음과 같다.

$$G_d(s)=\frac{\dfrac{2(s+a)}{s^2(s+2)}}{1+\dfrac{2(s+a)}{s^2(s+2)}}=\frac{2(s+a)}{s^2(s+2)+2(s+a)}=\frac{2(s+a)}{s^3+2s^2+2s+2a}$$

따라서 a 값에 따른 극점의 자취를 다음의 R 코드를 이용하여 나타내보자.

```
A=seq(0,1,0.01)
rs=list()
```

```
for (i in 1:length(A)) {
  rs[[i]]=polyroot(c(2*A[i],2,2,1))
}
a=lapply(rs,Re)
b=lapply(rs,Im)
a1=Reduce(c,a)
b1=Reduce(c,b)
x11() # 그림 E10.4A 작성을 위한 X-윈도우 열기
par(mar=c(5.1,5.8,4.1,2.1))
plot(a1,b1,xlab="Real part",ylab="Imaginary part")
grid(col="darkgray")
points(0,0,pch=15,col=1,cex=1.5)
points(-1,1,pch=15,col=1,cex=1.5)
points(-1,-1,pch=15,col=1,cex=1.5)
points(-0.666,0,pch=0,col=1,cex=1.5)
points(-0.667,0.816,pch=0,col=1,cex=1.5)
points(-0.666,-0.816,pch=0,col=1,cex=1.5)
```

그림 E10.4A는 a가 0에서 1까지 변할 때 피드백 시스템의 극점의 자취를 나타낸 것이다. 허수축으로부터 좌반평면에 있는 극점까지의 거리가 멀수록 상대적인 안정성이 높아진다. 최대의 안정성은 3개의 극점이 모두 동일한 실수부를 가질 때 얻어진다. 따라서 극점의 정보를 담고 있는 변수 rs를 살펴보자.

```
rs
[[1]]
[1]  0+0i -1+1i -1-1i
[[2]]
[1]        -0.01010153-0.0000000i        -0.99494924+0.9949749i
-0.99494924-0.9949749i
[[3]]
[1]        -0.02041241+0.000000i        -0.98979379+0.989899i
-0.98979379-0.989899i
...
[[35]]
[1]        -0.5766497+0.0000000i        -0.7116752+0.8202097i
-0.7116752-0.8202097i
[[36]]
[1]        -0.6058923+0.0000000i        -0.6970539+0.8181912i
-0.6970539-0.8181912i
[[37]]
[1]        -0.6356005-0.0000000i        -0.6821997+0.8169397i
-0.6821997-0.8169397i
[[38]]   # 세 극점의 실수부가 거의 동일한 값을 가짐
```

```
 [1]           -0.6655556-0.0000000i             -0.6672222+0.8164971i
-0.6672222-0.8164971i
 [[39]]
 [1]           -0.6955195+0.0000000i             -0.6522402+0.8168788i
-0.6522402-0.8168788i
 ...
 [[99]]
 [1] -0.234962+1.107147i -1.530077+0.000000i -0.234962-1.107147i
 [[100]]
 [1] -0.231538+1.11116i -1.536924+0.00000i -0.231538-1.11116i
 [[101]]
 [1] -0.228155+1.115143i  -1.543689+0.000000i -0.228155-1.115143i

 A[38]
 [1] 0.37
```

따라서 $a = 0.37$일 때 세 극점의 실수부는 동일함을 알 수 있으며 피드백 시스템의 안정성은 최대가 된다.

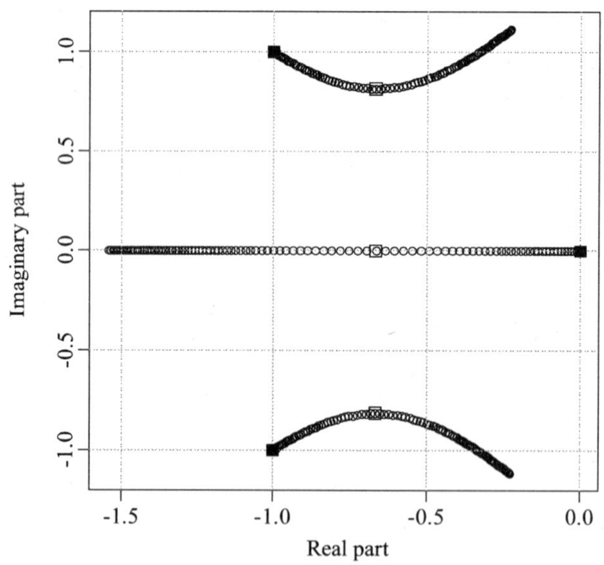

■ : a=0일 때의 극점, □ : a=0.37일 때의 극점

그림 E10.4A $0 \le a \le 1$에서 피드백 시스템의 극점의 자취

10.5 근궤적을 이용한 PD 제어기 설계

PI 제어기는 정상상태 오차를 개선하지만 적분기가 없을 때의 근궤적 형태를 거의 유지하기 때문에 피드백 시스템의 과도응답 특성에 미치는 영향이 미비하다. 반면에 PD 제어기는 근궤적의 형태를 변형시키기 때문에 과도응답 및 안정성에 영향을 미치게 된다. PD 제어기의 전달함수는 다음과 같이 나타내보자.

$$G_c(s) = KA\left(s + \frac{1}{A}\right) \tag{10.5.1}$$

따라서 PD 제어기를 설계하는 것은 피드백 시스템이 원하는 응답특성을 가지도록 K와 A를 결정하는 문제가 되며 PI 제어기의 매개변수를 계산하는 방법과 유사하다. 즉, 미분기 없을 때(비례 제어기)를 이용하여 K의 초기값을 결정한 뒤 안정성을 최대로 하는 A를 선택한다. A 값이 선택되면 K 값을 변화시키면서 근궤적을 작성하고 원하는 과도응답 성능을 보이는 K를 선택하면 된다. 필요에 따라 새롭게 선택된 K 값을 고정하고 안전성을 개선하는 새로운 A를 계산할 수도 있다. 설계요건을 충족시키기 위해 이러한 과정을 반복할 수 있다.

식 10.5.1에서 보는 바와 같이 PD 제어기의 전달함수는 유한한 극점이 없고 $s = -1/A$에서 영점을 가지므로 열린루프 전달함수에 영점을 추가하는 역할을 한다. 열린루프 전달함수에 영점을 추가하면 피드백 시스템의 극점을 복소평면의 좌반평면으로 이동시키는 효과가 있으며 이를 통해 안정성과 과도응답을 향상시킬 수 있다. 앞 절의 P, PI 제어기와 비교하기 위해 제어기의 전달함수만을 식 10.5.1로 교체한 피드백 시스템을 고려해보자.

그림 10.11에 나타난 피드백 제어 시스템에 대한 열린루프 전달함수와 피드백 루프 전달함수는 다음과 같다.

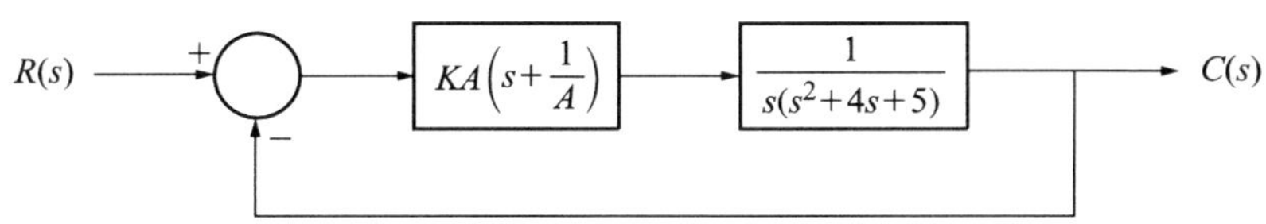

그림 10.11 PD 제어기 피드백 시스템

$$G_{op}(s) = \frac{KA(s+1/A)}{s(s^2+4s+5)} \tag{10.5.2}$$

$$G_{cl}(s) = \frac{G_{op}(s)}{1+G_{op}(s)} = \frac{KAs+K}{s^3+4s^2+(5+KA)s+K}$$

따라서 특성방정식 $s^3+4s^2+(5+KA)s+K=0$이 된다. K의 초기값을 미분기가 없는 비례 제어기의 경우에서 찾으면 10.3절에 의해 3으로 둘 수 있다. 비례 제어에 상응하는 정상상태 오차를 가지기 위해서는 K를 보다 크게 할 필요가 있으며 여기서는 $K=6$을 선택해 보도록 하자. 이 때 특성방정식은 $s^3+4s^2+(5+6A)s+6=0$이 되며 A 값에 따른 근궤적을 다음의 R 코드를 통해 작성해보자.

```
A=seq(0,1,0.01)
rs=list()
for (i in 1:length(A)) {
  rs[[i]]=polyroot(c(6,5+6*A[i],4,1))
}
a=lapply(rs,Re)
b=lapply(rs,Im)
a1=Reduce(c,a)
b1=Reduce(c,b)

rs[52]     # 세 극점의 실수부가 거의 동일함
[[1]]
[1] -1.33116+0.000000i -1.33442+1.651263i -1.33442-1.651263i
A[52]     # 세 극점의 실수부가 동일 할 때의 A의 값
[1] 0.51

x11() # 그림 10.12 작성을 위한 X-윈도우 열기
par(mar=c(5.1,5.8,4.1,2.1))
plot(a1,b1,xlab="Real part",ylab="Imaginary part")
grid(col="darkgray")
points(-0.5,1.32,pch=15,col=1,cex=1.5)
points(-0.5,-1.32,pch=15,col=1,cex=1.5)
points(-3,0,pch=15,col=1,cex=1.5)
points(-1.33,0,pch=0,col=1,cex=1.5)
points(-1.33,1.65,pch=0,col=1,cex=1.5)
points(-1.33,-1.65,pch=0,col=1,cex=1.5)
```

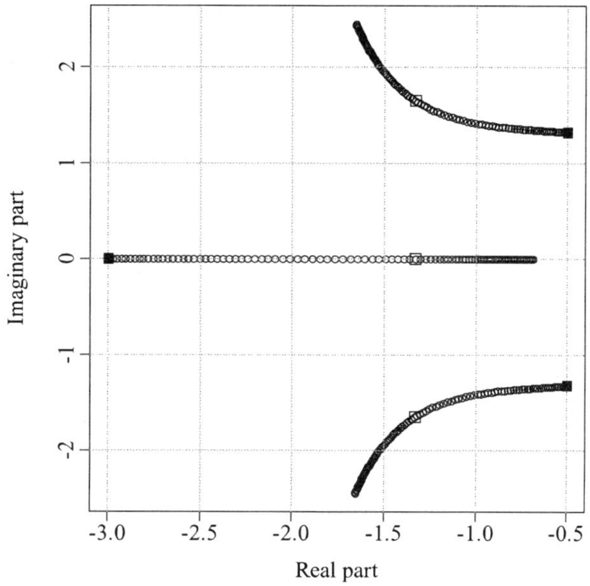

그림 10.12 $K=6$일 때 A 값에 따른 특성방정식 $s^3+4s^2+(5+KA)s+K=0$의 근궤적

그림 10.12의 근궤적에서 상대적 최대 안정성은 세 극점의 실수부가 동일할 때이며 얻어지므로 $A=0.51$임을 알 수 있다.

$K=6$, $A=0.51$일 때 피드백 루프 전달함수는 다음과 같이 정리된다.

$$G_c(s) = 6 \times 0.51(s+1/0.51) = 3.06s+6 \tag{10.5.3}$$

$$G_{cl}(s) = \frac{6 \times 0.51s+6}{s^3+4s^2+(5+6\times 0.51)s+6} = \frac{3.06s+6}{s^3+4s^2+8.06s+6}$$

$A=0.51$로 고정하고 $K=3$, 6, 9일 때 피드백 시스템의 단위 계단 입력에 대한 응답은 그림 10.13과 같으며, $K=9$인 경우 상승시간은 유리하지만 오버슈트가 크고 정착시간도 $K=6$일 때보다 길다. $K=3$인 경우는 오버슈트는 없지만 응답시간과 정착시간에 너무 길어 적절하지 않다. $K=6$일 때는 오버슈트가 크지 않고 응답시간과 정착시간도 빨라 좋은 응답을 보이고 있다. 이러한 결과는 그림 10.14의 근궤적과 좋은 일치를 보여주고 있다. PD 제어기는 PI 제어기와 달리 근궤적을 새롭게 재구성함을 그림 10.6 (P 제어기),

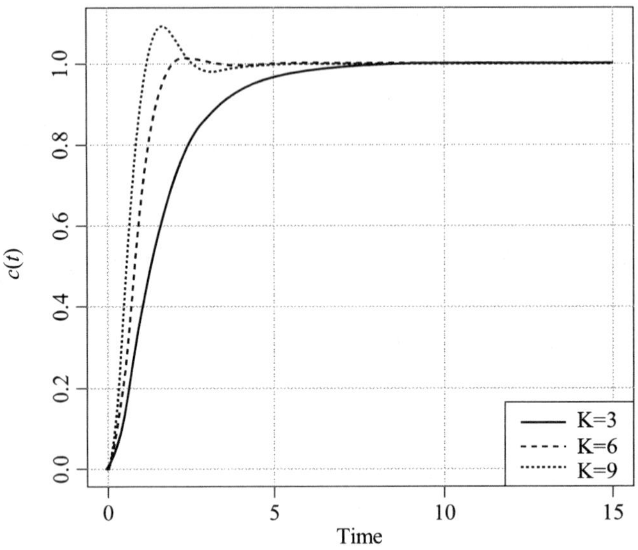

그림 10.13 $A=0.51$일 때 PD 제어기 피드백 시스템(그림 10.11)의 단위 계단입력에 대한 시간응답

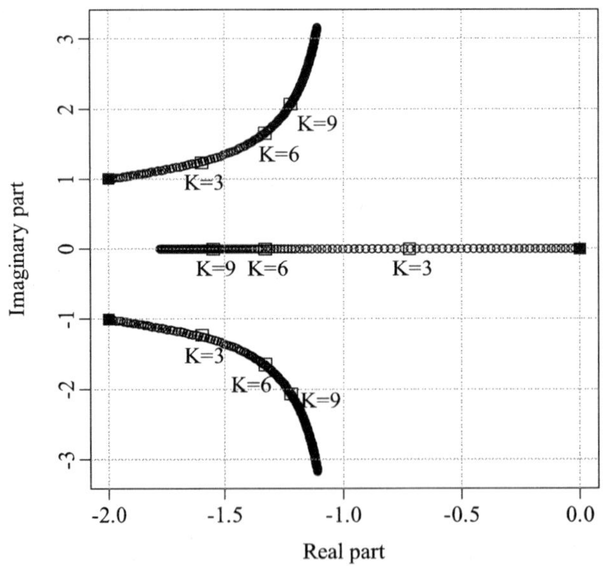

■ : 열린 루프 전달함수의 극점, □ : 피드백 루프의 극점
$K=6$일 때 세 근의 실수부는 거의 일치한다.

그림 10.14 $A=0.51$일 때 PD 제어기 피드백 시스템의 근궤적

그림 10.9 (PI 제어기), 그림 10.14 (PD 제어기)의 비교를 통해 알 수 있다. 근궤적의 재구성은 과도응답 및 안정성에 영향을 주게 된다. 정상상상태의 오차를 개선하는 기능을 가진 PI 제어기와 과도응답 및 안정성을 개선하는 기능을 가진 PD 제어기를 결합하면 정상상태 오차, 과도응답, 안전성 등의 개선을 동시에 수행할 수 있음을 짐작할 수 있으며 산업현장에서 널리 사용되는 PID 제어기가 이에 해당한다.

10.6 근궤적을 이용한 PID 제어기 설계

PID 제어기는 공정제어 분야에서 널리 응용되고 있으며 PI 제어기와 PD 제어기의 결합으로 구성된다. PID 제어기의 전달함수는 다음과 같이 나타낼 수 있다.

$$G_c(s) = A_p + \frac{A_i}{s} + A_d s \tag{10.6.1}$$

위에서 A_p은 비례동작을, A_i/s 적분동작을, $A_d s$ 미분동작을 담당한다. 따라서 PID 제어기는 세 개의 매개변수를 요구한다. 편의상 PID 제어기의 전달함수를 다음과 같이 나타내보자.

$$G_c(s) = \frac{K(s+a)}{s} + KAs = \frac{KA(s^2 + (1/A)s + a/A)}{s} \tag{10.6.2}$$

위의 식에서 $A = 0$이면 PI 제어기가 되며, $a = 0$이면 PD 제어기의 형태가 된다. 피드백 시스템의 응답이 설계사양에 맞도록 세 개의 매개변수 K, A, a를 결정하는 것이 PID 제어기의 설계문제가 된다. 세 매개변수의 초기값은 PI 제어기와 PD 제어기 설계의 결과를 바탕으로 적절히 결정될 수 있다. 앞에서 논의한 P, PI, PD 제어기와 비교하기 위해 제어기의 전달함수만을 식 10.6.2로 교체한 피드백 시스템을 고려해보자.

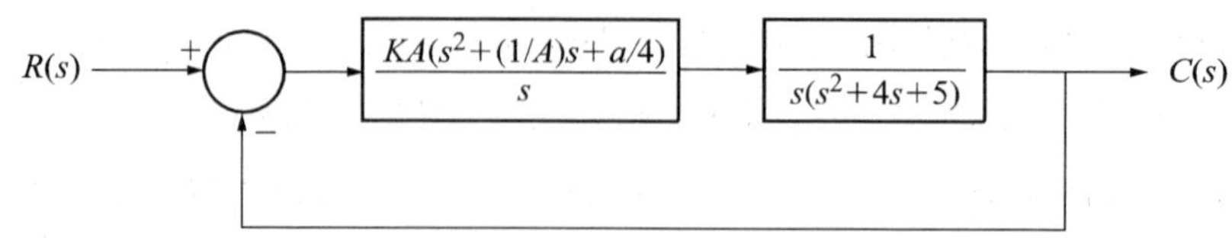

그림 10.15 PID 제어기 피드백 시스템

$A=0$일 때 제어기는 PI 제어기가 되며 이 경우 $K=3$, $a=0.236$이 적절할 수 있음을 10.4절에서 살펴보았다. 또한 $a=0$일 때 제어기는 PD 제어기가 되며 $K=6$, $A=0.51$이 적절함을 보였다(10.5절). 이 두 결과를 이용하여 식 10.6.2에 $A=0.51$, $a=0.236$을 대입하여 정리하면 PID 제어기의 전달함수는 다음과 같이 나타낼 수 있다.

$$G_c(s)=\frac{0.51K(s^2+1.961s+0.463)}{s} \tag{10.6.3}$$

따라서 열린루프 전달함수와 피드백 루프 전달함수는 다음과 같이 각각 정리된다.

$$G_{op}(s)=\frac{0.51K(s^2+1.96s+0.463)}{s^2(s^2+4s+5)} \tag{10.6.4}$$

$$G_{cl}(s)=\frac{G_{op}(s)}{1+G_{op}(s)}=\frac{0.51K(s^2+1.96s+0.463)}{s^4+4s^3+(5+0.51K)s^2+Ks+0.236K}$$

위의 식으로부터 특성방정식은 $s^4+4s^3+(5+0.51K)s^2+Ks+0.236K=0$이 되며 K가 0에서 20까지 변할 때의 피드백 시스템의 근궤적은 그림 10.16과 같다. 아래의 R 코드에서 보는 바와 같이 $K=12$일 때 극점 $(-0.322,0)$은 피드백 루프의 영점 $(-0.274,0)$에 근접하여 상쇄효과를 가져올 수 있으며 나머지 세 극점 $(-1.283,0)$, $(-1.198\pm j2.330)$의 실수부는 크게 차이가 나지 않기 때문에 상대적 안정성이 최대가 될 수 있다.

```
rs=list()
K=c(9,12,15)
for (i in 1:length(K)) {
rs[[i]]=polyroot(c(0.236*K[i],K[i],5+0.51*K[i],4,1))
}
rs
```

```
[[1]]
[1] -0.3478551+0.000000i -1.1108779+0.000000i -1.2706335-1.970288i
[4] -1.2706335+1.970288i
[[2]]  #K=12일 때의 특성방정식의 근
[1] -0.3216928+0.000000i -1.2825427+0.000000i -1.1978823-2.330048i
[4] -1.1978823+2.330048i
[[3]]
[1] -0.3094798+0.000000i -1.3740079-0.000000i -1.1582562-2.642611i
[4] -1.1582562+2.642611i
```

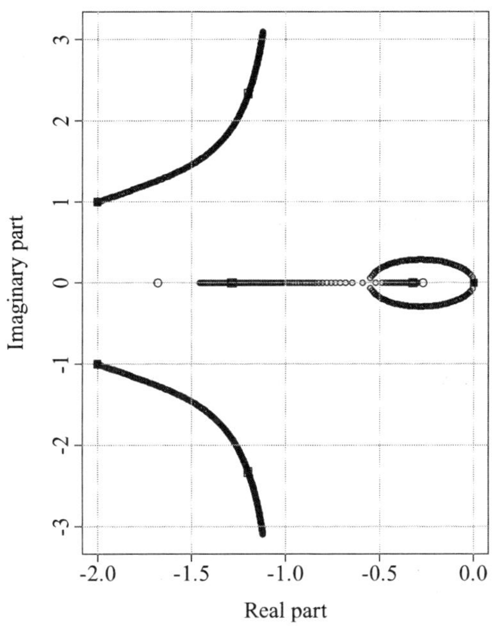

■ : 열린 루프 전달함수의 극점, ○ : 열린 루프 전달함수의 영점, □ : K=12일 때의 극점

그림 10.16 PID 제어기 피드백 시스템(그림 10.15)의 근궤적($A=0.51, a=0.236$)

$A=0.51$, $a=0.236$으로 고정하고 K 값에 따른 단위 계단입력에 대한 피드백 시스템의 응답을 비교하면 그림 10.17과 같다. K 값을 3에서 12까지 증가시킬 때 정착시간이 크게 줄어드는 것을 볼 수 있다. 계단입력이 주어질 때 PID 제어기에 의한 상승시간과 오버슈트는 PI 제어기와 PD 제어기의 값 사이에 위치하게 된다. 따라서 PID 제어기는 PI 제어기에 상응하는 정상오차를 가지면서도 안전성은 PI 제어기의 경우보다 더 좋게 된다.

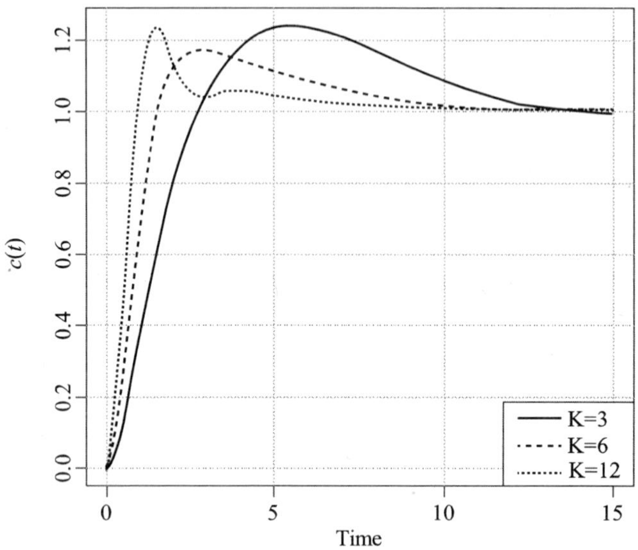

그림 10.17 $A=0.51$, $a=0.236$일 때 PID 제어기 피드백 시스템(그림 10.15)에 단위 계단 입력이 주어졌을 때의 응답

보기 10.5 근궤적을 이용한 PID 제어기의 설계

그림 E10.5와 같이 PID 제어기에 의해 보상되는 피드백 시스템을 고려해보자.

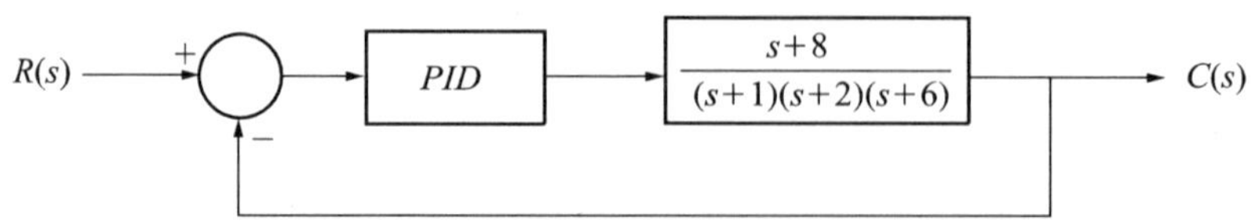

그림 E10.5

다음의 절차에 따라 PID 제어기의 매개변수를 결정해보라.

① 우세극점에 대해 $\zeta=0.707$이 되도록 P 제어기의 비례 게인 K_p를 결정하여라.

② PI 제어기의 전달함수를 $K_p(s+a)/s$로 두고 상대적 안정성이 최대가 되도록 a 값을 결정하여라.

③ PD 제어기의 전달함수를 $2K_pA(s+1/A)$로 두고 상대적 안정성이 최대가 되도록 A의 값을 결정하여라.

④ PID 제어기의 전달함수를 $4K_pA[s^2+(1/A)s+a/A]/s$로 두었을 때 계단입력에 대한 정착 시간은 얼마인가? K_p, a, A는 ①~③에서 결정된 값을 이용하여 하여라.

풀이

① P 제어기가 사용될 경우 피드백 시스템의 전달함수는

$$\frac{\dfrac{K(s+8)}{(s+1)(s+2)(s+6)}}{1+\dfrac{K(s+8)}{(s+1)(s+2)(s+6)}}=\frac{K(s+8)}{(s+1)(s+2)(s+6)+K(s+8)}$$

$$=\frac{K(s+8)}{s^3+9s^2+(20+K)s+12+8K}$$

따라서 특성방정식은 $s^3+9s^2+(20+K)s+12+8K=0$이 된다. 다음의 R 코드를 이용하여 우세극점에 대해 $\zeta=0.707$이 될 때의 K 값을 계산해보자.

```
K=seq(0,5,0.01)
rs=list()
zeta=list()
for (i in 1:length(K)) {
  rs[[i]]=polyroot(c(8*K[i]+12,20+K[i],9,1))
  zeta[[i]]=abs(Re(rs[[i]]))/abs(rs[[i]]) # 극점을 이용한 ζ 계산
}
zeta[160:170]
[[1]]   # zeta[160]
[1] 0.7128543 0.7128543 1.0000000
[[2]]   #zeta[161]
[1] 0.7115567 0.7115567 1.0000000
[[3]]
[1] 0.7102653 0.7102653 1.0000000
[[4]]
[1] 0.7089801 0.7089801 1.0000000
[[5]]
[1] 0.7077009 0.7077009 1.0000000
[[6]]  #zeta[165]
[1] 0.7064279 0.7064279 1.0000000
[[7]]
[1] 0.7051608 0.7051608 1.0000000
[[8]]
[1] 0.7038997 0.7038997 1.0000000
[[9]]
[1] 0.7026446 0.7026446 1.0000000
[[10]]
[1] 0.7013953 0.7013953 1.0000000
[[11]]
[1] 0.7001518 0.7001518 1.0000000
```

```
zeta[165]
[[1]]
[1] 0.7064279 0.7064279 1.0000000
K[165]
[1] 1.64
```

위의 결과를 통해 ζ가 0.707에 가장 가까운 값을 가질 때의 K의 값은 1.64임을 알 수 있다. 따라서 $K_p = 1.64$이다.

② $K_p = 1.64$이므로 PI 제어기의 전달함수는 $1.64(s+a)/s$가 되며 피드백 시스템의 전달함수는 다음과 같다.

$$\frac{\frac{1.64(s+a)(s+8)}{s(s+1)(s+2)(s+6)}}{1+\frac{1.64(s+a)(s+8)}{s(s+1)(s+2)(s+6)}} = \frac{1.64(s+a)(s+8)}{s^4+9s^3+21.6s^2+(24.8+1.6a)s+12.8a}$$

따라서 특성방정식은 $s^4+9s^3+21.6s^2+(24.8+1.6a)s+12.8a=0$이 된다. 우세극점들의 실수부가 동일하면서 원점으로부터 좌반평면쪽으로 가장 멀리 떨어져 있을 때이므로 상대적인 안정성이 최대가 되므로 아래의 R 코드를 통해 $a=0.98$임을 알 수 있다.

```
ai=seq(0,2,0.01)
rs=list()
for (i in 1:length(ai)) {
  rs[[i]]=polyroot(c(12.8*ai[i],24.8+1.6*ai[i],21.6,9,1))
}
rs[95:100]
[[1]]
[1] -0.8921037+0.00000i -0.9936361+1.10284i -0.9936361-1.10284i
[4] -6.1206241+0.00000i
[[2]]
[1] -0.9099009+0.000000i -0.9848421+1.101641i -0.9848421-1.101641i
[4] -6.1204149+0.000000i
[[3]]
[1] -0.9278089+0.000000i -0.9759927+1.100652i -0.9759927-1.100652i
[4] -6.1202057+0.000000i
[[4]]
[1] -0.9458009+0.000000i -0.9671014+1.099878i -0.9671014-1.099878i
[4] -6.1199963+0.000000i
[[5]]
[1] -0.9638492+0.000000i -0.9581819+1.099323i -0.9581819-1.099323i
[4] -6.1197869+0.000000i
```

```
[[6]]
[1] -0.9819252+0.000000i -0.9492487+1.098988i -0.9492487-1.098988i
[4] -6.1195773-0.000000i
rs[99]
[[1]]
[1] -0.9638492+0.000000i -0.9581819+1.099323i -0.9581819-1.099323i
[4] -6.1197869+0.000000i
ai[99]
[1] 0.98
```

③ $K_p = 1.64$이므로 PD 제어기의 전달함수는 $3.28A(s+1/A)$이므로 피드백 시스템의 전달함수는 다음과 같다.

$$\frac{\dfrac{3.28(As+1)(s+8)}{(s+1)(s+2)(s+6)}}{1+\dfrac{3.28(As+1)(s+8)}{(s+1)(s+2)(s+6)}} = \frac{3.28(As+1)(s+8)}{s^3+(3.28A+9)s^2+(26.24A+23.28)s+38.24}$$

따라서 특성방정식은 $s^3+(3.28A+9)s^2+(26.24A+23.28)+38.24=0$이 된다. PI 제어기의 매개변수를 구한 경우와 마찬가지로 우세극점들의 실수부가 동일하면서 원점으로부터 좌반평면쪽으로 가장 멀리 떨어져 있을 때가 상대적인 안정성이 최대가 되므로 아래의 R 코드를 통해 $A=0.45$임을 알 수 있다.

```
A=seq(0,2,0.01)
rs=list()
for (i in 1:length(A)) {
  rs[[i]]=polyroot(c(38.24,26.24*A[i]+23.28,3.28*A[i]+9,1))
}
rs[45:50]
[[1]]
[1] -2.70431+0.531203i -2.70431-0.531203i -5.03458-0.000000i
[[2]]
[1] -2.767624+0.28279i -2.767624-0.28279i -4.940752-0.00000i
[[3]]
[1] -2.452405-0i -3.232258+0i -4.824136-0i
[[4]]
[1] -2.276799-0i -3.602094-0i -4.662707+0i
[[5]]
[1] -2.161863+0i -4.141099-0i -4.271438+0i
[[6]]
[1] -2.073202+0.000000i -4.266999+0.487461i -4.266999-0.487461i
rs[46]
[[1]]
[1] -2.767624+0.28279i -2.767624-0.28279i -4.940752-0.00000i
```

```
A[46]
[1] 0.45
```

④ $K_p = 1.64,\ a = 0.98,\ A = 0.45$이므로 PID 제어기의 전달함수는

$$\frac{2.952(s^2 + 2.222s + 2.178)}{s}$$

이 된다. 따라서 열린루프 전달함수 $G_{op}(s)$와 피드백 루프의 전달함수 $G_{cl}(s)$는 다음과 같다.

$$G_{op}(s) = \frac{2.952(s^2 + 2.222s + 2.178)}{s} \frac{(s+8)}{(s+1)(s+2)(s+6)}$$

$$G_{cl}(s) = \frac{G_{op}(s)}{1 + G_{op}(s)}$$

아래의 R 코드를 이용하여 피드백 시스템의 단위 계단 응답을 살펴보도록 하자.

```
require(control)
Gop=TF("2.952*(s^2+2.222*s+2.178)*(s+8)/(s*(s+1)*(s+2)*(s+6))")
Gcl=feedback(Gop,1)
time=seq(0,10,0.01)
res=step(Gcl,time)

x11()  # 그림 E10.5A 작성을 X-윈도우 열기
plot(time,res$y,type="l",xlab="Time",ylab="y(t)",lwd=2)
lines(time,rep(0.98,length(time)),lty=2)
lines(time,rep(1.02,length(time)),lty=2)
grid()
```

그림 E10.5A는 단위 계단응답을 나타내며 점선은 정상상태 값의 ±2%의 범위를 나타낸다. 정착시간은 응답이 정상상태 값의 2%로 이내가 될 때의 시간이며 계단응답 곡선은 $y = 1.02$와 두 번 만남을 알 수 있다. 정착시간은 응답곡선이 $y = 1.02$와 두 번째로 만날 때이며 다음의 코드를 이용하여 계산해보자.

```
max(which(res$y>=1.02))
[1] 317
res$y[317]
[1] 1.020145
time[317]
[1] 3.16  # 정착시간
```

위의 결과를 통해 정착시간은 3.16임을 알 수 있다. PI 제어기에 의해 보상되는 피드백 시스템의 근궤적은 P 제어기의 경우와 유사하므로 비례 게인의 값으로 K_p 를 사용하였고, PD와 PID의 경우는 안정성이 향상되므로 비례 게인 값으로 각각 $2K_p$, $4K_p$ 를 사용하였다. 안정성이 보장된다면 빠른 응답특성을 얻기 위해 비례 게인을 증가시키는 것은 바람직하다.

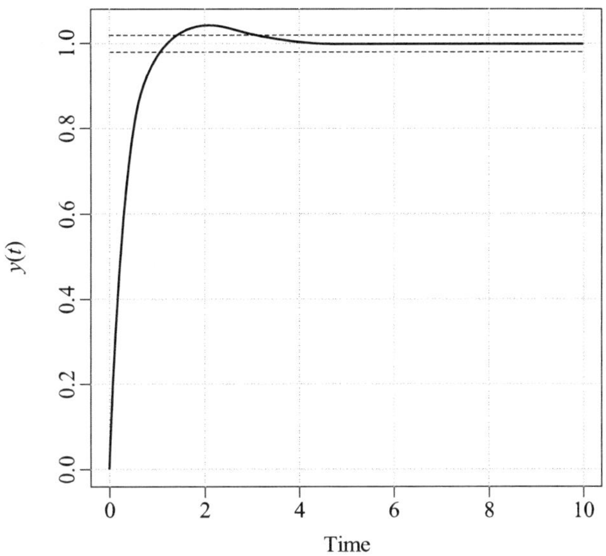

그림 E10.5A

Chapter 11

Bode 선도를 이용한 제어기 설계

근궤적과 과도응답의 관계를 이용하여 P, PI, PD, PID 제어기를 설계하는 방법을 10장에서 살펴보았다. 즉, 피드백 루프 극점의 위치와 시간응답 특성과의 관계를 이용하여 제어기의 매개변수를 결정하였다. 시스템의 시간응답 특성은 8장에서 소개된 주파수 응답으로부터도 유추될 수 있으며 역으로 시간응답으로부터 주파수 응답이 유추될 수도 있다. 이러한 관계는 주파수 응답이 제어기 설계에 사용될 수 있음을 시사한다. 여기서는 주파수 응답 해석도구 중의 하나인 Bode 선도를 이용하여 P, PI, PD, PID 제어기의 매개변수를 결정하는 방법에 대해 살펴보기로 한다.

11.1 주파수 응답과 시간응답 특성과의 관계

열린루프의 주파수 응답과 피드백 시스템의 시간응답과의 관계성을 살펴보기 열린루프 전달함수가 $G_{op}(s)=\omega_n^2/s(s+2\zeta\omega_n)$인 피드백 시스템을 고려해보자. 피드백 루프의 전달함수는 다음과 같이 표준형 이차 시스템이 된다.

$$G_{cl}(s)=\frac{G_{op}(s)}{1+G_{op}(s)}=\frac{\omega_n^2}{s^2+2\zeta\omega_n s+\omega_n^2} \tag{11.1.1}$$

식 11.1.1의 이차 시스템에서 시간응답은 감쇠인자 ζ와 비감쇠 고유 주파수 ω_n에 결정되는 극점이 복소평면에 어디에 위치하는지에 의해 결정된다. 따라서 열린루프의 주파수 응답을 통해 ζ와 ω_n에 대한 정보를 얻을 수 있다면 피드백 시스템의 시간응답 특성은 열린루프의 주파수 응답을 통해 유추될 수 있음을 알 수 있다. 열린루프의 주파수 응답으로부터 피드백 루프 극점을 결정하는 ζ와 ω_n를 추정하는 방법에 대해 살펴보도록 하자.

열린루프 전달함수 $G_{op}(s)=\omega_n^2/s(s+2\zeta\omega_n)$에 대한 주파수 응답은 다음과 같다.

$$G_{op}(j\omega)=\frac{\omega_n^2}{j\omega(j\omega+2\zeta\omega_n)} \tag{11.1.2}$$

위의 주파수 응답에서 이득 교차주파수를 ω_g라고 하면 $|G(j\omega_g)|=1$이므로

$$\omega_n^2=|j\omega_g(j\omega_g+2\zeta\omega_n)| \tag{11.1.3}$$

$$\omega_n^2=\omega_g\sqrt{\omega_g^2+(2\zeta\omega_n)^2}$$

$$\omega_g^4+4\zeta^2\omega_n^2\omega_g^2-\omega_n^4=0$$

근을 공식을 이용하여 ω_g^2을 계산하면 다음과 같다.

$$\omega_g^2=\omega_n^2\left(-2\zeta^2\pm\sqrt{4\zeta^4+1}\right) \tag{11.1.4}$$

ω_g는 양의 실수이므로 $k=\sqrt{\sqrt{4\zeta^4+1}-2\zeta^2}$라고 하면 이득 교차주파수는 다음과 같이 나타낼 수 있다.

$$\omega_g = \omega_n k \tag{11.1.5}$$

이득 교차주파수 ω_g에서 위상여유(PM, phase margin)를 계산하면 다음과 같다.

$$\begin{aligned} \mathrm{PM} &= 180^\circ + \angle G(j\omega_g) = 180^\circ - 90^\circ - \tan^{-1}\frac{\omega_g}{2\zeta\omega_n} \\ &= 90^\circ - \tan^{-1}\frac{k}{2\zeta} = \tan^{-1}\frac{2\zeta}{k} \end{aligned} \tag{11.1.6}$$

감쇠인자에 따른 k 값과 위상여유의 변화를 다음의 R 코드를 이용하여 그래프로 나타내보자.

```
zeta=seq(0,1,0.05)
k=sqrt(sqrt(4*zeta^4+1)-2*zeta^2) # k= √(√(4ζ^4+1)-2ζ^2)
PM=atan(2*zeta/k)*180/pi # 식 11.1.6
x11() # 그림 11.1 작성을 위한 X-윈도우 열기
par(mfrow=c(2,1))
plot(zeta,k,ylim=c(0,1.2),xlab=expression(zeta),yylab="k",main="(A)")
abline(1.13,-0.687,lty=1)  # 직선 k=1.13-0.687ζ 추가
text(0.4,0.6,labels=expression(paste("k=1.13-0.687",zeta,sep="")))
grid()
plot(zeta,PM,ylim=c(0,100),ylab=expression(paste("PM (",degree,")",sep="")),
     xlab=expression(zeta),main="(B)")
abline(0,100,lty=1) # 직선 PM=100ζ 추가
text(0.4,60,labels=expression(paste("PM=100",zeta,sep="")))
grid()
```

그림 11.1은 감쇠인자 ζ로부터 $k(=\omega_g/\omega_n)$와 위상여유를 계산할 수 있는 다음의 근사식을 제공한다[11].

$$k = \frac{\omega_g}{\omega_n} \cong 1.13 - 0.687\zeta \quad \rightarrow \quad \omega_g \cong \omega_n(1.13 - 0.687\zeta) \tag{11.1.7}$$

$$PM \cong 100\zeta$$

---

11) 신윤기, 전기전자공학도를 위한 매틀랩과 함께하는 자동제어, GC 인터비젼(2007), p. 546.

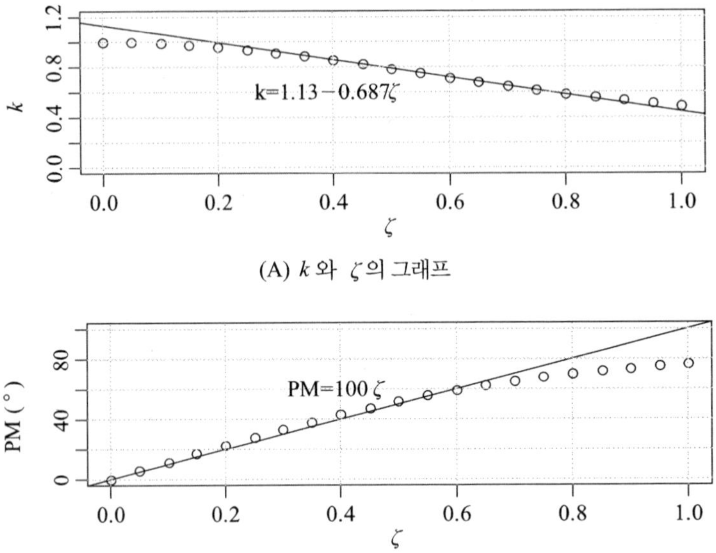

(A) k 와 ζ 의 그래프

(B) 위상여유(PM)와 ζ 의 그래프

그림 11.1 ζ 에 따른 $k=\sqrt{\sqrt{4\zeta^4+1}-2\zeta^2}$ 와 위상여유(PM)의 변화

열린루프 전달함수의 Bode 선도로부터 이득 교차주파수 ω_g 와 위상여유가 계산되면 식 11.1.7을 통해 피드백 루프의 극점 위치를 결정하는 ζ 와 ω_n 를 계산할 수 있다. 2차 시스템에서 $\zeta > 0.707$ 이면 진폭비가 최대가 되는 공진 피크(resonance peak)는 나타나지 않으며 $\zeta = 0.707$ 에서 위상여유를 식 11.1.6을 이용하여 계산하면 약 65.5°가 된다. 따라서 열린루프 전달함수 $G_{op}(j\omega)$ 의 Bode 선도에서 위상여유가 65.5° 이상이면 피드백 시스템의 주파수 응답 $G_{cl}(j\omega)$ 의 Bode 선도에서는 공진이 일어나지 않음을 알 수 있다. 고차 시스템의 경우 10.2절에서 논의한 바와 같이 ζ 와 ω_n 는 우세극점의 위치를 결정하게 하게 된다. 열린루프 전달함수의 Bode 선도에서 이득 교차주파수와 위상여유를 조절함으로써 피드백 루프의 우세극점을 원하는 위치에 있도록 설계할 수 있으며 주파수 응답을 이용한 제어기 설계의 주요 방법이 된다. 예를 들면, 그림 10.4에서 감쇄인자 ζ 를 유지하면서 비감쇠 고유주파수 ω_n 을 증가시키는 것을 주파수 영역에서 해석하면 위상여유는 유지하면서 이득 교차주파수 ω_g 를 증가시키는 것이 된다. 결론적으로 피드백 루프의 시간응답 특성은 열린루프의 주파수 응답을 통해 유추될 수 있음을 알 수 있다. 또한 열린루프의 주파수 응답은 제어기 의해 변경될 수 있으므로 제어기는 피드백 루프의 시간응답을 조절하게

된다.

제어기가 열린루프의 주파수 응답에 미치는 영향을 알아보기 위해 열린루프 전달함수를 제어기의 전달함수 $G_c(s)$와 공정의 전달함수 $G_p(s)$의 곱으로 두면 $G_{op}(s) = G_c(s)G_p(s)$가 된다. 주파수 응답에서 dB로 나타낸 크기응답을 $M(\omega)$, 위상응답을 $\phi(\omega)$라고 하면 다음의 관계가 성립한다.

$$\begin{aligned} M(\omega) &= 20\log_{10}(|G_c(j\omega)G_p(j\omega)|) \\ &= 20\log_{10}|G_c(j\omega)| + 20\log_{10}|G_p(j\omega)| \\ &= M_{G_c}(\omega) + M_{G_p}(\omega) \end{aligned} \tag{11.1.8}$$

$$\begin{aligned} \phi(\omega) &= \angle(G_c(j\omega)G_p(j\omega)) \\ &= \angle G_c(j\omega) + \angle G_p(j\omega) \\ &= \phi_{G_c}(\omega) + \phi_{G_p}(\omega) \end{aligned} \tag{11.1.9}$$

위의 식들에서 $M_{G_c}(\omega)$와 $\phi_{G_c}(\omega)$는 제어기 전달함수 $G_c(s)$의 주파수 응답에서 크기응답과 위상응답을, $M_{G_p}(\omega)$와 $\phi_{G_p}(\omega)$는 공정의 전달함수 $G_p(s)$의 주파수 응답에서 크기응답과 위상응답을 나타낸다. 식 11.1.8~11.1.9를 통해 $G_{op}(s)$의 주파수 응답은 $G_c(s)$와 $G_p(s)$의 주파수 응답의 합으로 나타낼 수 있음을 알 수 있다. 따라서 $G_{op}(s)$에 대한 Bode 선도는 $G_c(s)$의 Bode 선도와 $G_p(s)$의 Bode 선도의 합으로 결정된다. 즉, 제어기는 공정의 전달함수 $G_p(s)$에 대한 Bode 선도를 변경시킴으로 열린루프 전달함수의 이득교차 주파수와 위상여유를 조절하는 역할을 한다.

보기 11.1 열린루프의 Bode 선도로부터 피드백 루프 우세극점의 ζ와 ω_n의 추정

그림 E11.1과 같은 피드백 시스템의 우세극점에 대한 감쇠인자와 비감쇠 고유주파수를 열린루프 전달함수의 Bode 선도에서 얻어지는 위상여유로부터 추정하여라.

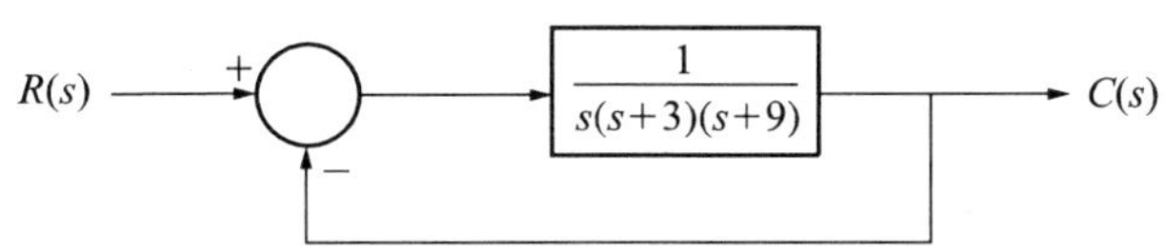

그림 E11.1

풀이 열린루프에 대한 Bode 선도에서 이득 교차주파수 ω_g와 위상 여유를 찾은 다음 식 11.1.6으로부터 ζ를 계산한다. ζ가 계산되면 식 11.1.5를 통해 비감쇠 고유 주파수를 계산할 수 있다. 아래의 R 코드를 이용해보자.

```
require(control) # TF, freqresp 함수 사용을 위한 패키지 로더
require(pracma) # logspace, fzero 함수 사용을 위한 패키지 로더
w = logspace(-1, 1, n=1000)
Gop=TF("100/(s*(s+3)*(s+9))") # 열린루프 전달함수
H=freqresp(Gop,w) # 열린루프 전달함수의 주파수 응답 계산
mag = 20 * log10(abs(H))
phase=ifelse(Im(H)<0,atan2(Im(H),Re(H)),atan2(Im(H),Re(H))-2*pi)*180/pi
which(abs(mag)<0.05) # 주파수 응답에서 크기 응답이 0 dB이 되는 위치 찾기
[1] 712 713
mag[c(712,713)]
[1]  0.03645161 -0.02440152
mag[713]
[1] -0.02440152
w[713]  # 0 dB일 때의 주파수, 즉 ω_g 이득 교차주파수(rad/s)
[1] 2.663333
phase[713]  # ω_g에서 위상 (단위: ο)
[1] -148.0828
PM=phase[713]+180 # 위상여유 (단위: ο)
PM
[1] 31.9172
DPM=PM*pi/180 # 위상여유 (단위: 라디안)
DPM
[1] 0.5570603
zf=function(x) {  #식 11.1.6를 f(x)=0 형태로 고침(tan^-1 (2ζ/k) - PM=0)
    2*x/sqrt(sqrt(4*x^4+1)-2*x^2)-tan(DPM)
  }
x=fzero(zf,0.5)$x  # 식 11.1.6의 근(감쇠인자) 계산
x
[1] 0.2869246
k=sqrt(sqrt(4*x^4+1)-2*x^2) # k = sqrt(sqrt(4ζ^4+1) - 2ζ^2) 계산
wn=w[713]/k # 식 11.1.5로부터 ω_n 계산
wn
[1] 2.890809
```

위의 결과를 통해 $\omega_g = 2.66$ rad/s, PM(위상여유) = 31.9° (0.557 rad)이며 피드백 루프의 우세극점에 대해 $\zeta = 0.287$, $\omega_n = 2.89$ rad/s임을 알 수 있다. 피드백 루프의

전달함수로부터 직접 우세극점을 구한 뒤 ζ와 ω_n을 계산하면 각각 0.27과 3.11 rad/s가 된다.

11.2 Bode 선도를 이용한 P 제어기의 설계

피드백 시스템에서 P 제어기를 설계하는 것은 시스템의 성능을 만족하도록 비례 게인을 결정하는 문제가 된다. $G_c(s) = K$, $G_p(s) = 1/s(s^2+4s+5)$인 피드백 시스템에서 열린루프 전달함수를 $G_{op}(s) = KG_p(s)$로 둘 때 주파수응답은 다음과 같다.

$$G_{op}(j\omega) = \frac{K}{j\omega((j\omega)^2 + 4j\omega + 5)} \tag{11.2.1}$$

식 11.2.1을 이용하여 주파수 응답에서 크기응답 $M(\omega)$(단위 : dB)과 위상응답 $\phi(\omega)$을 계산하면

$$M(\omega) = 20\log_{10}|KG_p(j\omega)| = 20\log_{10}|K| + 20\log_{10}|G_p(j\omega)| \tag{11.2.2}$$

$$\phi(\omega) = \angle K + \angle G_p(j\omega) = \angle G_p(j\omega)$$

이 된다. 식 11.2.2를 통해 P 제어기는 공정 전달함수 $G_p(s)$의 크기응답을 $20\log_{10}|K|$ dB 만큼 증가시키며 $G_p(s)$의 위상응답에는 아무런 영향을 주지 않음을 알 수 있다. 즉, $\angle G_{op}(j\omega) = \angle G_p(j\omega)$이다. $K=3$, 9일 때 열린루프 전달함수의 Bode 선도를 다음의 R 코드를 이용하여 작성해보자.

```
require(control) # freqresp 함수가 들어있는 control 패키지 로더
require(pracma) # logspace 함수가 들어있는 pracma 패키지 로더
K=c(3,9)
w = logspace(-2, 1, n=1000)
```

```
mag=list()
phase=list()
for (i in 1:2) {
  Gop=tf(K[i],c(1,4,5,0))  # 열린루프 전달함수 정의
  H=freqresp(Gop,w) # 열린 푸르 전달함수의 주파수 응답 계산
  mag[[i]] = 20 * log10(abs(H))
  phase[[i]]=ifelse(Im(H)<0,atan2(Im(H),Re(H)),atan2(Im(H),Re(H))-2*pi)*180/pi
}
Mag=cbind(mag[[1]],mag[[2]])
Phase=cbind(phase[[1]],phase[[2]])
x11() # 그림 11.2 작성을 위한 X-윈도우 열기
par(mfrow=c(2,1))
matplot(w, Mag, log="x",main = "Magnitude",
          xaxt="n", xlim=c(1e-2,1e1),ylim=c(-60,60),
     lwd=2,xlab =expression(paste("Frequency(",omega,")",sep="")),
     ylab = "Magnitude [dB]", type = "l",col=1)
ticks=seq(-2,1,by=1)
labels=sapply(ticks,function(i) as.expression(bquote(10^.(i))))
axis(1,at=c(0.01,0.1,1,10),labels=labels)
grid(col="darkgray")
legend("topright",legend=c("K=3","K=9"),lwd=2,lty=1:3,x.intersp=0.1,cex=1)
matplot(w, Phase, log="x",main = "Phase",
     xaxt="n", xlim=c(1e-2,1e1),col=1,ylim=c(-270,-80),
     lwd=2, xlab =expression(paste("Frequency(",omega,")",sep="")),
     ylab = "Phase [deg]", type = "l")
ticks=seq(-2,1,by=1)
labels=sapply(ticks,function(i) as.expression(bquote(10^.(i))))
axis(1,at=c(0.01,0.1,1,10),labels=labels)
grid(col="darkgray")
```

위의 코드에 의해서 작성된 그림 11.2에서 보는 바와 같이 비례 게인 K가 증가할수록 이득 교차주파수 ω_g는 증가하면서 위상여유는 작아짐을 알 수 있다. 따라서 K의 증가는 ζ의 감소를 초래하여 안정성이 감소하는 방향으로 피드백 시스템의 극점을 이동시킴을 알 수 있다. 또한, K의 증가는 시간영역의 응답에서는 정상상태 오차는 줄일 수 있지만 감쇠인자의 감소로 인해 정착시간은 늘어나게 된다. $K=3$일 때 위상여유와 이득 교차주파수는 63.7°와 0.575 rad/s이며, 식 11.1.7을 이용하여 ζ를 계산하면 약 0.64가 된다. $K=9$일 때의 위상여유, 이득 교차주파수, ζ를 계산하면 각각 28.4°, 1.403 rad/s, 0.014가

되며 위상여유와 ζ가 너무 작아 시스템의 안정성이 떨어지고 장착시간이 길어질 것을 예상할 수 있다.

P 제어기의 매개변수인 K 값은 공정 전달함수 $G_p(s)$와 열린루프 전달함수 $G_{op}(s) = KG_p(s)$의 주파수 응답에서 위상응답이 동일함을 이용하여 결정할 수 있다. 즉, 공정의 위상응답 곡선에서 설계자가 원하는 위상여유를 갖는 주파수를 선택한 뒤 이 주파수가 열린루프의 이득 교차주파수가 되게 하는 K를 선택하면 된다. 예를 들어, 공정의 위상응답 곡선으로부터 원하는 위상여유를 나타내는 주파수를 ω'라고 하면 ω'은 열린루프 함수의 이득교차 주파수가 되어야 하므로 다음 식을 만족한다.

$$|G_{op}(w')| = 1 = K|G_p(j\omega')| \quad \Rightarrow \quad K = \frac{1}{|G_p(j\omega')|} \tag{11.2.3}$$

식 11.2.3을 이용하여 선택된 K 값이 피드백 시스템의 설계기준을 만족하지 않으면 위상여유를 변경하면서 새로운 ω'를 선택하고 이에 따른 K 값을 계산한다. 설계기준을 만족할 때까지 이러한 과정은 반복될 수 있다.

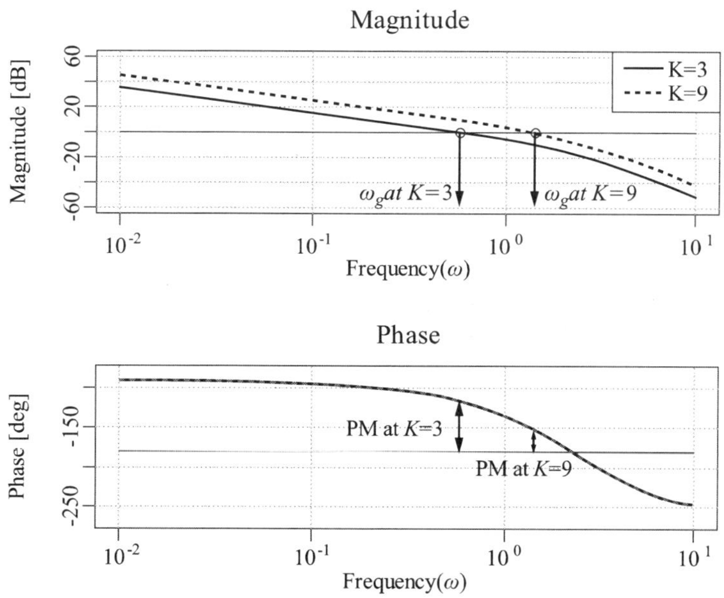

그림 11.2 열린루프 전달함수 $G_{op}(s) = K/s(s^2+4s+5)$의 Bode 선도

보기 11.2 주파수 응답으로부터 비례 게인 선택

공정의 전달함수가 다음과 같을 때 위상여유가 64°가 되도록 비례 제어기의 비례 게인 K 값을 설정하여라.

$$G_p(s) = \frac{1}{s(s+2)(s+4)}$$

풀이 P 제어기를 사용하는 피드백 시스템의 경우 열린루프 전달함수와 공정 전달함수의 위상응답은 동일하다. 따라서 공정 전달함수의 위상응답으로부터 위상여유가 64°가 되는 주파수를 찾은 다음, 이 주파수에서 열린루프 전달함수의 크기응답이 1이 되도록 하는 K 값을 선택하면 된다. 아래의 R 코드를 이용해보자.

```
require(control)
require(pracma)
w = logspace(-1, 1, n=1000)
Gp=TF("1/(s*(s+2)*(s+4))") # 공정의 전달함수
H=freqresp(Gp,w) # 주파수 응답
mag = 20 * log10(abs(H))
phase=ifelse(Im(H)<0,atan2(Im(H),Re(H)),atan2(Im(H),Re(H))-2*pi)*180/pi
PM=180+phase # 위상여유 계산
which(abs(PM-64)<0.1) # 위상여유가 64°가 되는 위치 찾기
[1] 396 397
PM[c(396,397)]
[1] 64.05739 63.94285
w[397]  # 위상여유가 64°일 때의 주파수(rad/s)
[1] 0.6205729
1/abs(H[397]) # 위상여유가 64°일 때 주파수 응답의 크기의 역수(K=1/|Gp(jω)|)
[1] 5.260267
```

위의 결과를 통해 $K=5.26$일 때 열린루프 전달함수의 위상여유는 64°가 되며 이득 교차주파수는 0.62 rad/s이 된다.

11.3 Bode 선도를 이용한 PI 제어기의 설계

PI 제어기 전달함수를 $G_c(s) = K(s+a)/s$로, 공정의 전달함수를 $G_p(s)$로 두고 $G_{op}(s) = G_c(s)G_p(s)$라고 할 때 열린루프 전달함수 $G_{op}(s)$의 주파수 크기응답 $M(\omega)$과 위상응답 $\phi(\omega)$은 다음과 같다.

$$M(\omega) = 20\log_{10}|G_c(j\omega)G_p(j\omega)| \tag{11.3.1}$$
$$= 20\log_{10}|G_c(j\omega)| + 20\log_{10}|G_p(j\omega)|$$
$$\phi(\omega) = \angle G_c(j\omega) + \angle G_p(j\omega)$$

PI 제어기의 매개변수를 결정하기 전에 PI 제어기의 주파수 응답에 대한 특징을 살펴보기로 하자. PI 제어기의 주파수 응답은 다음과 같다.

$$G_c(j\omega) = \frac{K(j\omega + a)}{j\omega} = \frac{K(j\omega/a + 1)}{j\omega/a} = \frac{K(j\omega_{no} + 1)}{j\omega_{no}} \tag{11.3.2}$$

여기서 $\omega_{no} = \omega/a$로서 a로 표준화된 주파수이다. 따라서 PI 제어기의 주파수 응답에서 크기와 위상을 표준화된 주파수 ω_{no}로 나타내면

$$|G_c(j\omega_{no})| = \frac{K\sqrt{\omega_{no}^2 + 1}}{\omega_{no}} = K\sqrt{1 + \frac{1}{\omega_{no}^2}} \tag{11.3.3}$$
$$\angle G_c(j\omega_{no}) = \tan^{-1}\omega_{no} - 90^\circ$$

이 된다. 따라서 $\omega_{no} \to 0$일 때 $|G_c(j\omega)| \to \infty$, $\angle G_c(j\omega) \to -90^\circ$가 되며 $\omega_{no} \to \infty$일 때 $|G_c(j\omega)| \to K$, $\angle G_c(j\omega) \to 0^\circ$임을 알 수 있다. 아래의 R 코드를 이용하여 PI 제어기의 이러한 특징을 확인해 보자.

```
require(control)
require(pracma)
K=1
wno=logspace(-2, 2, n=100) # 표준화된 주파수의 범위
Gc=tf(c(K,K),c(1,0)) # Gc(s)=K(s+1)/s
```

```
H=freqresp(Gc,wno)
  mag = 20 * log10(abs(H))
  phase=ifelse(Im(H)<0,atan2(Im(H),Re(H)),atan2(Im(H),Re(H))-2*pi)*180/pi

x11() # 그림 11.3 작성을 위한 X-윈도우 열기
par(mfrow=c(2,1))
matplot(wno, mag, log="x",main = "Magnitude", xaxt="n",
        xlim=c(1e-2,1e2),ylim=c(-60,60),
        lwd=2,xlab =expression(paste("Frequency(",omega[no],")",sep="")),
        ylab = "Magnitude [dB]", type = "l",col=1)
ticks=seq(-2,2,by=1)
labels=sapply(ticks,function(i) as.expression(bquote(10^.(i))))
axis(1,at=c(0.01,0.1,1,10,100),labels=labels)
grid(col="darkgray")

matplot(wno, phase, log="x",main = "Phase", xaxt="n",
        xlim=c(1e-2,1e2),col=1,ylim=c(-100,60),
        lwd=2, xlab =expression(paste("Frequency(",omega[no],")",sep="")),
        ylab = "Phase [deg]", type = "l")
ticks=seq(-2,2,by=1)
labels=sapply(ticks,function(i) as.expression(bquote(10^.(i))))
axis(1,at=c(0.01,0.1,1,10,100),labels=labels)
grid(col="darkgray")
```

그림 11.3에서 보는 바와 같이 PI 제어기 전달함수의 주파수 응답에서 위상은 항상 음(−)의 값을 가짐을 알 수 있다. 따라서 식 11.3.1에 의해 PI 제어기는 공정 전달함수의 위상응답을 지연시키는 역할을 함을 알 수 있다. 즉, 이득 교차주파수가 변하지 않도록 K 값이 조절될 때 PI 제어기는 열린루프 전달함수 $G_{op}(s) = G_c(s)G_p(s)$에 대한 위상여유를 P 제어기의 경우보다 작게 한다. 위상여유가 유지되어야 한다면 이득 교차주파수는 P 제어기의 경우보다 줄어들어야 하며 공정의 위상은 PI 제어기 의해 줄어든 만큼 증가해야 한다.

열린루프의 위상여유가 줄어들거나 위상여유를 유지하기 위해 이득 교차 주파수를 줄이게 되면 피드백 시스템의 안정성은 나빠지게 된다. PI 제어기에 의한 시스템의 안전성 감소효과를 줄이기 위한 한 가지 방법은 PI 제어기 전달함수의 매개변수 a의 값을 다음과 같이 선택한다[12).

12) Stefani, R.T. et al, Design of feedback control systems. 4th ed. (Oxoford University Press, Inc.,

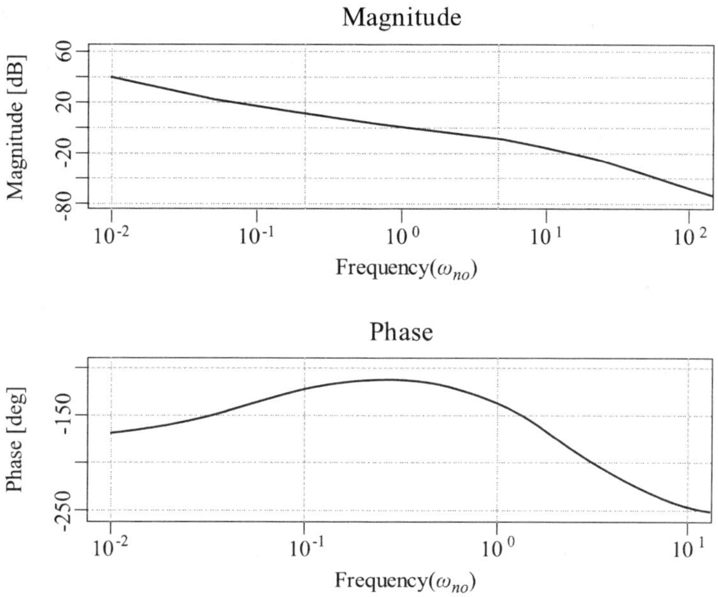

그림 11.3 PI 제어기 전달함수 $G_c(s) = (s+1)/s$의 Bode 선도

$$a = \frac{w_g \text{ for } G_p(s)}{10} \tag{11.3.4}$$

위의 식은 공정에 대한 이득 교차주파수를 a로 표준화한 값이 10이 되도록 a 값을 정한다는 의미이다. 표준화된 주파수 $\omega_{no} = 10$일 때는 그림 11.3에서는 보는 바와 같이 PI 제어기의 크기응답은 거의 0 dB로서 열린루프의 크기응답에 거의 영향을 미치지 않는다. 따라서 공정의 이득 교차주파수는 열린루프의 이득 교차주파수와 거의 같게 된다. 이때의 PI 제어의 위상을 계산하면 다음과 같다.

$$\tan^{-1}\omega_{no} - 90° = \tan^{-1}10 - 90° = -5.7° \tag{11.3.5}$$

식 11.3.4는 이득 교차주파수가 유지될 때 PI 제어기에 의해 감소하는 위상여유는 약 6°보다 작다는 것을 의미한다.

2002), p. 511.

이제 $G_c(s)=K(s+a)/s$, $G_p(s)=1/s(s^2+4s+5)$인 피드백 시스템에서 PI 제어기의 매개변수를 계산해보자. P 제어기를 사용할 경우 11.2절에서 $K=3$일 때 이득교차 주파수는 0.575 rad/s이었다. 이 값을 이용하여 PI 제어기의 a 값을 결정하면 식 11.3.4에 의해

$$a=\frac{0.576}{10}=0.0576$$

이 된다. 따라서 PI 제어기의 전달함수는 다음과 같이 나타낼 수 있다.

$$G_c(s)=\frac{K(s+0.0576)}{s} \tag{11.3.6}$$

PI 제어기의 전달함수에서 K 값은 아직 결정되지 않았다. K 값을 결정하기 위해 $G_c(s)=KG_c'(s)$로 두면 열린루프 전달함수는 다음과 같이 나타낼 수 있다.

$$G_{op}(s)=KG_c'(s)G_p(s) \tag{11.3.7}$$

여기서 $G_c'(s)=(s+0.0576)/s$이다. $G_p(s)$가 주어져 있으므로 $G_c'(s)G_p(s)$에 대한 Bode 선도를 작성하면 그림 11.4와 같다. $G_c'(s)G_p(s)$의 위상응답은 K 값에 관계없이 동일하므로 위상응답을 이용하여 K를 결정해 보자. 그림 11.4의 위상응답 곡선을 통해 원하는 위상여유를 나타내는 주파수 ω_ϕ를 선택할 수 있으며 이때의 주파수가 열린루프 함수의 이득 교차주파수가 ω_g이 되도록 하는 K 값을 선택하면 된다.

$$|G_{op}(j\omega_\phi)|=|KG_c'(j\omega_\phi)G_p(j\omega_\phi)|=1 \tag{11.3.8}$$

$$\Leftrightarrow \quad K=\frac{1}{|G_c'(j\omega_\phi)G_p(j\omega_\phi)|}$$

예를 들어, 희망하는 위상여유가 57.9°라고 하면 위상응답은 57.9° − 180° = −122.1°이 되어야 하며 그림 11.4에서 이에 해당하는 주파수는 0.114, 0.578 rad/s이 된다. 이 주파수에 대해 식 11.3.8을 이용하여 K를 구하면 각각 0.5와 3.0이 된다. 동일한 위상여유라면 K 값이 클수록 시스템의 응답특성이 향상되므로 K 값을 3.0으로 선택한다. 설계기준의 충족 요건에 따라 K, a 값의 변경을 반복할 수 있다.

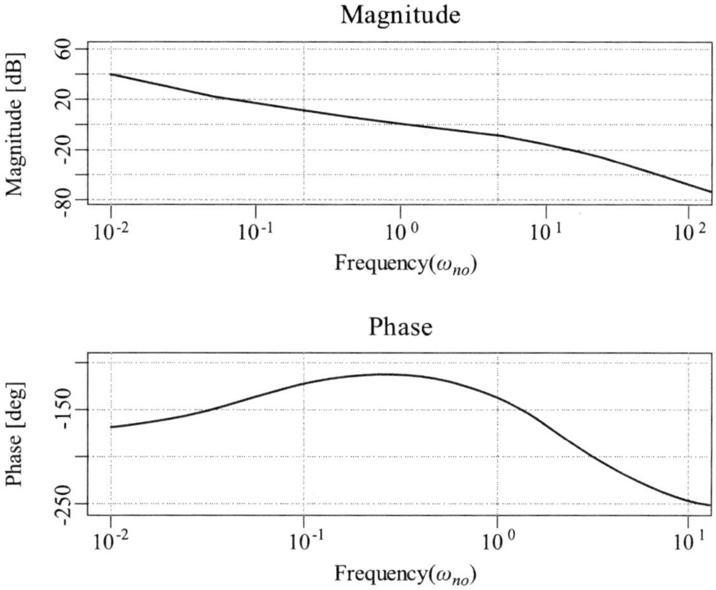

그림 11.4 $G_c'(s)G_p(s) = [(s+a)/s][1/s(s^2+4s+5)]$에 대한 Bode 선도

보기 11.3 PI 제어기의 매개변수 결정

그림 E11.3과 같은 피드백 시스템에서 다음의 절차에 따라 PI 제어기의 매개변수를 K와 a를 계산하고 위상여유를 계산하여라.

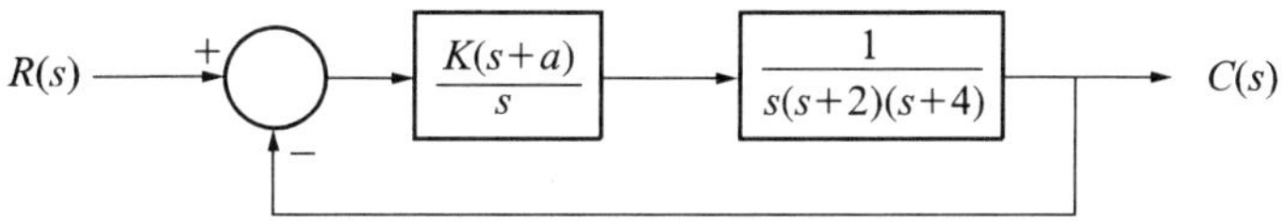

그림 E11.3

① P 제어기를 사용하였을 때 위상여유가 64°가 되도록 K 값을 결정하고 이득 교차주파수 ω_g를 구하여라.

② $a = 0.1\omega_g$로 두고 ①에서 결정된 K을 사용하여 그림 E11.3의 열린루프 전달함수에 대한 이득 교차주파수와 위상여유를 결정하여라.

풀이 ① P 제어기의 경우 보기 11.2에 의해 K와 ω_g는 다음과 같다.

$K = 5.26,\ \omega_g = 0.62$ rad/s

② $a = 0.1\omega_g = 0.062$, $K = 5.26$이므로 열린루프 전달함수는 다음과 같다.

$$G_{op}(s) = \frac{K(s+a)}{s}\frac{1}{s(s+2)(s+4)} = \frac{5.26(s+0.062)}{s^2(s+2)(s+4)}$$

열린루프 전달함수의 이득 교차주파수를 ω_{g2} 라고 하면 $|G_{op}(j\omega_{g2})|=1$이 된다. 다음의 R 코드를 이용하여 ω_{g2} 를 계산해보자.

```
require(control)
require(pracma)
w = logspace(-1, 1, n=1000)
Gop=TF("5.26*(s+0.062)/(s^2*(s+2)*(s+4))") # 열린루프 전달함수
H=freqresp(Gp,w) # 열린루프 전달함수의 주파수 응답 계산
phase=ifelse(Im(H)<0,atan2(Im(H),Re(H)),atan2(Im(H),Re(H))-2*pi)*180/pi
which(abs(abs(H)-1)<0.001) # |Gop(jωg2)|=1을 만족하는 위치 찾기
[1] 398
w[398] #  |Gop(jωg2)|=1일 때의 주파수
[1] 0.6234402
PM=180+phase
PM[398]  #  |Gop(jωg2)|=1일 때의 위상여유
[1] 58.14856
```

위의 결과를 통해 열린루프 전달함수의 이득 교차주파수는 $\omega_{g2}=0.623$ rad/s로서 P 제어기를 경우와 크게 다르지 않지만 위상여유는 58.15°로서 P 제어기의 경우보다 5.85° 줄었음을 알 수 있다. 두 제어기에 대한 열린루프의 위상응답은 그림 E11.3A와 같다.

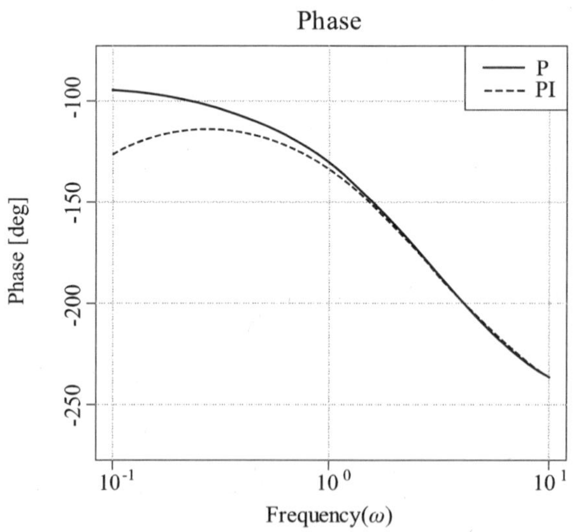

그림 E11.3A 열린루프의 위상응답[P 제어기($K=5.26$), PI 제어기($5.26(s+0.062)/s$)]

11.4 Bode 선도를 이용한 PD 제어기의 설계

PD 제어기의 전달함수를 $G_c(s) = KA(s+1/A)$로 두면 PD 제어기의 주파수 응답은 다음과 같다.

$$G_c(j\omega) = KA\left(j\omega + \frac{1}{A}\right) = K(jA\omega + 1) = K\left(\frac{\omega}{A'} + 1\right) = K(j\omega_{no} + 1) \quad (11.4.1)$$

여기서 $A' = 1/A$, $\omega_{no} = \omega/A'$이다. 즉, ω_{no}는 A'로 표준화된 주파수이다. PD 제어기의 주파수 응답에서 크기응답과 위상응답을 계산하면

$$|G_c(j\omega)| = K\sqrt{\omega_{no}^2 + 1} \quad (11.4.2)$$

$$\angle G_c(j\omega) = \tan^{-1}\omega_{no}$$

이 된다. 따라서 $\omega_{no} \to 0$일 때 $|G_c(j\omega)| \to K$, $\angle G_c(j\omega) \to 0°$가 되며 $\omega_{no} \to \infty$ 일 때 $|G_c(j\omega)| \to \infty$, $\angle G_c(j\omega) \to 90°$임을 알 수 있다. 다음의 R 코드를 이용하여 PD 제어기의 Bode 선도를 작성해보자.

```
wno=logspace(-2, 2, n=100) # wno: 표준화된 주파수
Gc=TF("s+1")  # 식 11.4.1에서 K=A=1일 때
H=freqresp(Gc,wno)
mag = 20 * log10(abs(H))
phase=atan2(Im(H),Re(H))*180/pi

x11()  # 그림 11.5 작성을 위한 X-윈도우 열기
par(mfrow=c(2,1))
matplot(wno, mag, log="x",main = "Magnitude", xaxt="n",
        xlim=c(1e-2,1e2),ylim=c(-60,60),
        lwd=2,xlab =expression(paste("Frequency(",omega[no],")",sep="")),
        ylab = "Magnitude [dB]", type = "l",col=1)
ticks=seq(-2,2,by=1)
labels=sapply(ticks,function(i) as.expression(bquote(10^.(i))))
axis(1,at=c(0.01,0.1,1,10,100),labels=labels)
grid(col="darkgray")
matplot(wno, phase, log="x",main = "Phase", xaxt="n",
```

```
        xlim=c(1e-2,1e2),col=1,ylim=c(0,100),
        lwd=2, xlab =expression(paste("Frequency(",omega[no],")",sep="")),
        ylab = "Phase [deg]", type = "l")
ticks=seq(-2,2,by=1)
labels=sapply(ticks,function(i) as.expression(bquote(10^.(i))))
axis(1,at=c(0.01,0.1,1,10,100),labels=labels)
grid(col="darkgray")
```

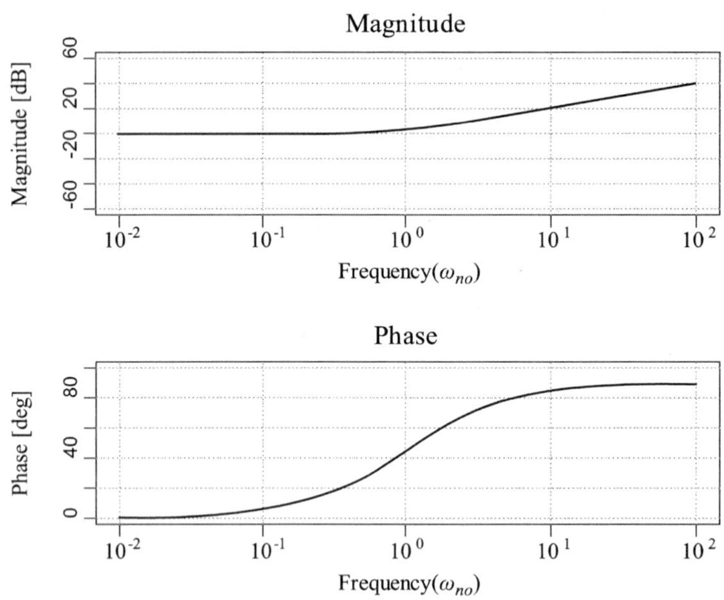

그림 11.5 PD 제어기 전달함수 $G_c(s) = (s+1)$의 Bode 선도

그림 11.5에서 보는 바와 같이 PD 제어기의 위상응답은 PI 제어기의 경우와 대조적으로 항상 양(+)의 값을 가짐을 알 수 있다. 따라서 열린루프 전달함수 $G_{op}(s)$가 제어기 전달함수 $G_c(s)$와 공정의 전달함수 $G_p(s)$의 곱으로 주어진 경우 식 11.4.1에 의해 열린루프 전달함수의 위상응답은 공정 전달함수의 위상응답보다 항상 크게 된다. 즉, PD 제어기는 열린루프 전달함수의 위상여유를 증가시켜 시스템의 안정성을 향상 시키는 역할을 한다.

이제 Bode 선도를 이용하여 PD 제어기의 매개변수를 결정하는 방법을 살펴보도록 하

자. 공정의 전달함수가 $G_p(s)$일 때 열린루프 전달함수를 $G_{op}(s)=G_c(s)G_p(s)$로 두고 제어기 전달함수에 $G_c(s)=KA(s+1/A)$를 대입하면

$$G_{op}(s)=KAs\,G_p(s)+KG_p(s) \tag{11.4.3}$$

$$G_{op}(j\omega)=KAs\,G_p(j\omega)+KG_p(j\omega)$$

이 된다. 식 11.4.3을 이용하여 PD 제어기의 두 매개변수 K와 A를 결정하는 방법은 아래와 같다.

① $KG_p(s)$에 대한 Bode 선도를 이용하여 K, 이득 교차주파수, 위상여유를 결정한다.
② $KAs\,G_p(s)$에 대한 Bode 선도를 이용하여 적절한 이득 교차 주파수와 위상여유를 가지도록 하는 KA 값을 선택한다.
③ ①에서 결정된 K, ②에서 결정된 KA를 이용하여 A 값을 결정한 뒤 $KA(s+1/A)G_p(s)$의 Bode 선도를 작성하여 이득 교차주파수와 위상여유가 설계 요건을 충족시키는지 살펴보고 충족하지 않을 경우에는 ①, ② 과정을 반복하면서 새로운 K, A 값을 계산한다.

위의 과정을 이용하여 공정 전달함수가 $G_p(s)=1/s(s^2+4s+5)$인 피드백 시스템에 대해 PD 제어기의 매개변수를 계산해 보도록 하자. 먼저 열린루프 전달함수를 계산하면

$$G_{op}(s)=G_c(s)G_p(s)=\frac{KA(s+1/A)}{s(s^2+4s+5)} \tag{11.4.4}$$

$$=\frac{KA}{s^2+4s+5}+\frac{K}{s(s^2+4s+5)}$$

이 된다. 식 11.4.4에서 우변의 첫째항 KA/s^2+4s+5의 Bode 선도에서 진폭비가 1을 초과하지 않는 범위에서 최대의 KA의 값을 선택하면 $KA=5$가 된다. $KG_p(s)$의 Bode 선도를 통해 K 값을 결정되면 $KA=5$를 이용하여 A 값을 결정할 수 있다. 예를 들어, $KG_p(s)$의 주파수 응답에서 선도위상여유가 50.8°가 되도록 K 값을 선택하면 5가 된다. $KA=5$이므로 $A=1$이 된다. K와 A 값에 따른 열린루프 전달함수의 이득 교차주파수와 위상여유를 Bode 선도에서 나타내면 그림 11.6과 같다.

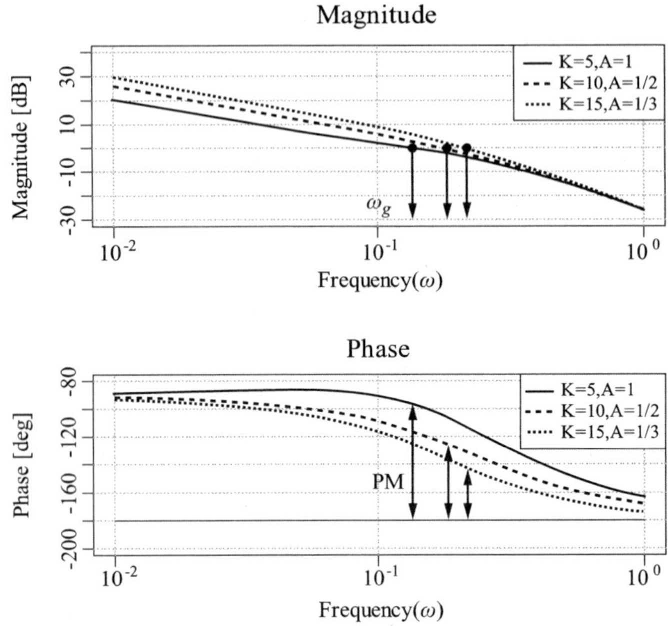

그림 11.6 열린루프 전달함수 $G_{op}(s) = KA(s+1/A)/s(s^2+4s+5)$의 Bode 선도

$(K, A) = (5,1), (10,1/2), (15,1/3)$일 때의 이득 교차주파수와 위상여유는 각각 1.34, 1.81, 2.15 rad/s와 84.2°, 55.5°, 38.2°가 된다. $K = 10$, $A = 1/2$일 때 11.2절의 P 제어기보다 위상은 약 8°밖에 감소하지 않지만 이득 교차주파수는 약 세 배가 된다. 따라서 $K = 10$, $A = 1/2$의 선택은 적절하다.

보기 11.4 PD 제어기의 매개변수 결정

그림 E11.4와 같은 피드백 시스템에서 다음의 절차에 따라 PD 제어기의 매개변수 K와 A를 결정해보라.

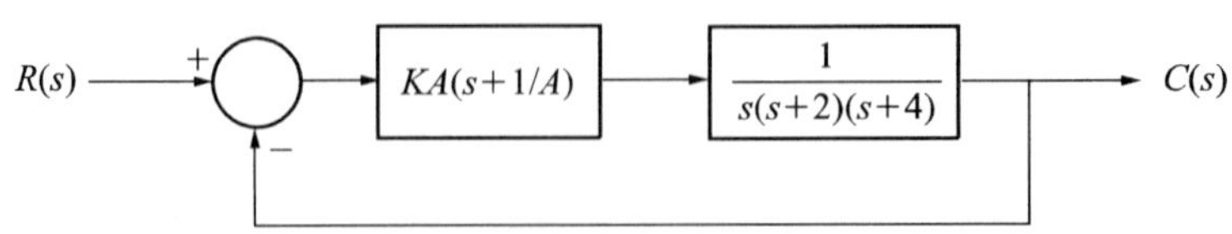

그림 E11.4

① $G_c(s) = KA(s+1/A)$, $G_p(s) = 1/s(s+2)(s+4)$로 두고 열린루프 전달함수를 구하여라.

② $KG_p(s)$의 Bode 선도에서 위상여유가 50°가 되도록 K 값을 결정하여라.

③ $KAsG_p(s)$의 Bode 선도에서 크기응답이 1이 초과하지 않는 범위에서 KA의 최대값을 결정하여라.

④ ②~③의 결과를 바탕으로 열린루프 함수의 위상여유가 83°가 되도록 K와 A를 결정하여라.

풀이 ① 열린루프 함수 $G_{op}(s)$는 다음과 같다.

$$G_{op}(s) = G_c(s)G_p(s) = KA(s+1/A)G_p(s) = KAsG_p(s) + KG_p(s)$$

② $KG_p(s) = K/s(s+2)(s+4)$이며 위상여유가 50°가 되는 주파수 ω_{g1}을 찾은 다음, $|KG_p(j\omega_{g1})| = 1$이 되도록 K 값을 선택하면 된다.

다음의 R 코드를 이용해보자.

```
require(control)
require(pracma)
Gp=TF("1/(s*(s+2)*(s+4))") # 공정의 전달함수
w = logspace(-1, 1, n=1000)
H=freqresp(Gp,w) # 주파수 응답
phase=ifelse(Im(H)<0,atan2(Im(H),Re(H)),atan2(Im(H),Re(H))-2*pi)*180/pi
PM=phase+180 # 위상여유 계산
which(abs(PM-50)<0.1) # 위상여유가 50°가 되는 위치 찾기
[1] 497
PM[497]   # (단위: 도(°))
[1] 49.98265
w[497]  # 위상여유가 50°일 때의 주파수 ωg1 (rad/s)
[1] 0.9839952
K=1/abs(H[497]) # |KGp(jωg1)|=1을 만족하는 K 계산
K
[1] 9.034686
```

위 결과를 통해 $KG_p(s)$의 Bode 선도에서 위상여유가 50°가 되기 위한 K의 값은 9임을 알 수 있다.

③ $KAsG_p(s) = KA/(s^2+6s+8)$이므로 Bode 선도에서 진폭비가 1이 초과하지 않는 범위에서 KA의 최대값은 8이 된다.

④ ②~③의 결과를 바탕으로 $(K, A) = (9, 8/9)$, $(18, 8/18)$, $(27, 8/27)$일 때 열린루프 전달함수의 위상여유를 다음의 R 코드를 이용하여 계산해보자.

$$G_{op}(s) = \frac{KA(s+1/A)}{s(s+2)(s+4)} = \frac{KAs+K}{s^3+6s^2+8s}$$

```
require(control) # 이미 로딩되어 있다면 생략가능
require(pracma) # 이미 로딩되어 있다면 생략가능
K=c(9,18,27)
A=c(8/9,8/18,8/27)
w = logspace(-1, 1, n=1000)
PMs=list()
ws=list()
for (i in 1:length(K)) {
Gop=tf(c(K[i]*A[i],K[i]),c(1,6,8,0))
H=freqresp(Gop,w)
phase=ifelse(Im(H)<0,atan2(Im(H),Re(H)),atan2(Im(H),Re(H))-2*pi)*180/pi
PM=phase+180
ind=which(abs(abs(H)-1)<0.005) # 크기응답이 1이 되는 위치 찾기
PMs[[i]]=PM[ind]
ws[[i]]=w[ind]
}
PMs # 위상 여유
[[1]]     # K=9, A=8/9일 때
[1] 87.12463 87.04839
[[2]]     # K=18, A=8/18일 때
[1] 61.00430 60.89962
[[3]]     # K=27, A=8/27일 때
[1] 45.28423 45.16226
ws # 이득 교차 주파수
[[1]] # K=9, A=8/9일 때
[1] 1.384016 1.390411
[[2]] # K=18, A=8/18일 때
[1] 1.919921 1.928792
[[3]] # K=27, A=8/27일 때
[1] 2.308678 2.319345
```

위의 결과를 통해 위상여유를 82°를 만족하는 K 값은 9와 18 사이에 있음을 알 수 있다. $K=10$, $A=0.8$을 대입하여 열린루프 전달함수의 위상여유를 구하면 다음과 같이 83°가 된다.

```
Gop=tf(c(8,10),c(1,6,8,0)) # K=10, A=0.8일 때 열린루프 전달함수
H=freqresp(Gop,w)
phase=ifelse(Im(H)<0,atan2(Im(H),Re(H)),atan2(Im(H),Re(H))-2*pi)*180/pi
PM=phase+180
ind=which(abs(abs(H)-1)<0.005) #열린루프 크기응답이 1이 되는 위치찾기
abs(H)[ind]
[1] 1.0012508 0.9971601
w[ind]
```

```
[1] 1.456006 1.462733
PM[ind]
[1] 83.29717 83.21686
```

위의 결과를 통해 $K = 10$, $A = 0.8$일 때 열린루프 전달함수의 이득 교차주파수는 1.46 rad/s가 되며 위상여유는 약 83°가 됨을 알 수 있다. 그림 E11.4A는 K, A 값에 따른 피드백 시스템의 단위 계단응답을 나타낸다.

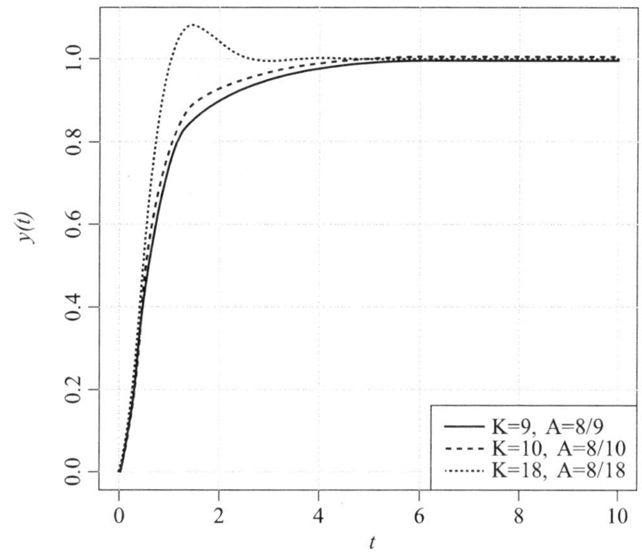

그림 E11.4A

11.5 Bode 선도를 이용한 PID 제어기의 설계

PID 제어기는 정상상태 오차를 개선하는 PI 제어기의 기능과 안전성을 향상시키는 PD 제어기의 기능을 동시에 가지는 제어기로서 전달함수의 일반적인 형태는 다음과 같다.

$$G_c(s) = A_p + \frac{A_i}{s} + A_d s \tag{11.5.1}$$

여기서 A_p는 비례동작을, A_i/s는 적분동작을, $A_d s$는 미분동작을 담당하며 세 개의 매개변수 A_p, A_i, A_d를 결정하는 것이 PID 제어기의 설계문제가 된다. 앞에서 다룬 P, PI, PD 제어기의 전달함수와 연관성을 보이기 위해 PID 제어기의 전달함수를 다음과 같이 나타내보자.

$$G_c(s) = \frac{K(s+a)}{s} + KAs \tag{11.5.2}$$

여기서 $A=0$이면 PI 제어기, $a=0$이면 PD 제어기, $A=0$, $a=0$이면 P 제어기의 형태가 된다. 따라서 앞에서 살펴본 P, PI, PD 제어기에서 매개변수를 계산하기 위해 Bode 선도를 이용한 방법은 다음의 절차에 따라 PID 제어기의 세 매개변수 K, a, A의 계산에도 활용될 수 있다.

① $KG_p(s)$의 Bode 선도를 이용하여 적절한 위상여유를 가지도록 K 값을 선택하고 이득교차 주파수 ω_g를 계산한다.

② $a = 0.1\omega_g$로 둔다.

③ $KAs\,G_p(s)$의 Bode 선도를 이용하여 적절한 위상여유를 가지도록 KA 값을 선택하고 이득 교차 주파수를 계산한다.

④ ①에서 계산된 K 값과 ③에서 계산된 KA 값을 이용하여 A를 계산한다.

⑤ $G_c(s) = KG_c'(s)$라고 할 때 $G_c'(s)G_p(s)$의 Bode 선도를 작성한 뒤 $|G_c'(j\omega)G_p(j\omega)| = 1/K$을 만족하는 주파수 ω_g(새로운 이득 교차 주파수)를 찾고 이 주파수에서 위상여유를 검토한다[$G_p(s)$는 공정의 전달함수].

⑥ 설계요구가 만족할 때까지 K, a, A의 값을 변경해 본다.

위의 과정에서 ①, ②는 PI 제어기의 매개변수 계산과정이 되고, ①, ③, ④는 PD 제어기의 매개변수 계산과정에 해당한다. 그리고 ⑤에서 $|G_c'(j\omega)G_p(j\omega)| = 1/K$는 결국 $|G_c(j\omega)G_p(j\omega)| = 1$을 만족하는 주파수 즉 이득 교차주파수를 계산하는 과정이다. 열린루프 전달함수 $G_c(s)G_p(s)$의 Bode 선도에서 크기응답은 K 값에 따라 달라지지만 $G_c'(s)G_p(s)$의 Bode 선도의 경우 크기응답은 K 값에 관계가 없으므로 K 값이 바뀌는 반복계산에서 계속 사용할 수 있다.

이제 위에서 언급한 방법을 공정의 전달함수가 $G_p(s) = 1/s(s^2+4s+5)$이고 제어기의 전달함수가 $G_c(s) = K(s+a)/s + KAs$인 피드백 시스템에 적용해 보도록 하자.

① $KG_p(s) = \dfrac{1}{s(s^2+4s+5)}$의 경우 11.2절의 결과에 의하면 $K=3$일 때 $\omega_g = 0.576$ rad/s, 위상여유는 $63.7°$이다.

② $A=0$일 때 PI 제어기의 설계가 되며 11.3절의 결과에 의해 $a = 0.0576$이다.

③ $a=0$일 때 PD 제어기의 설계가 되며 11.4절의 결과에 의해 $K=10$, $A=0.5$ $(KA=5)$이다.

④ PID 제어기 전달함수에서 $G_c'(s)$를 구하고 $G_c'(s)G_p(s)$의 주파수 응답크기가 $1/K$ (=1/10)이 될 때의 주파수를 계산하고 이때의 위상여유를 살펴본다.

위의 4에서 $G_c'(s)$는 다음과 같이 나타낼 수 있다.

$$G_c(s) = \frac{K(s+a)}{s} + KAs = K\left[\frac{s+a}{s} + As\right] = K\left[\frac{As^2+s+a}{s}\right] \tag{11.5.3}$$
$$= KG_c'(s)$$

$$G_c'(s) = \frac{As^2+s+a}{s}$$

따라서 매개변수를 대입하면 $G_c'(s)G_p(s)$는 다음과 같다.

$$G_c'(s)G_p(s) = \left(\frac{0.5s^2+s+0.0576}{s}\right)\left(\frac{1}{s(s^2+4s+5)}\right) \tag{11.5.4}$$

다음의 R 코드를 이용하여 $G_c'(s)G_p(s)$의 Bode 선도를 작성해보자.

```
require(control)
require(pracma)
A=0.5; a=0.0576
Gcp=TF("(A*s^2+s+a)/s")
Gp=TF("1/(s^3+4*s^2+5*s)")
Gopp=series(Gcp,Gp)
w = logspace(-2, 1, n=1000)
H=freqresp(Gopp,w)
mag = 20 * log10(abs(H))
phase=ifelse(Im(H)<0,atan2(Im(H),Re(H)),atan2(Im(H),Re(H))-2*pi)*180/pi

x11() # 그림 11.7 작성을 위한 X-윈도우 열기
par(mfrow=c(2,1))
matplot(w, mag, log="x",main = "Magnitude",
      xaxt="n", xlim=c(1e-2,1e1),ylim=c(-50,50),
          lwd=2,xlab =expression(paste("Frequency(",omega,")",sep="")),
          ylab = "Magnitude [dB]", type = "l",col=1)
ticks=seq(-2,1,by=1)
labels=sapply(ticks,function(i) as.expression(bquote(10^.(i))))
axis(1,at=c(0.01,0.1,1,10),labels=labels)
grid(col="darkgray")
matplot(w, phase, log="x",main = "Phase",
           xaxt="n", xlim=c(1e-2,1e1),col=1,ylim=c(-180,-100),
          lwd=2, xlab =expression(paste("Frequency(",omega,")",sep="")),
          ylab = "Phase [deg]", type = "l")
ticks=seq(-2,1,by=1)
labels=sapply(ticks,function(i) as.expression(bquote(10^.(i))))
axis(1,at=c(0.01,0.1,1,10),labels=labels)
grid(col="darkgray")
```

그림 11.7은 $G_c'(s)G_p(s)$의 Bode 선도이다. 크기응답에서 $\left|G_c'(j\omega)G_p(j\omega)\right| = 1/10$을 만족하는 주파수를 찾기 위해 dB로 나타내면 다음과 같다.

$$20\log_{10}\left|G_c'(j\omega)G_p(j\omega)\right| = -20 \text{ dB}$$

따라서 그림 11.7에서 크기응답이 -20 dB인 주파수를 찾으면 $\omega = 1.79$ rad/s가 되며 이 주파수에서 위상응답은 $-125.1°$이므로 위상여유는 54.9°가 된다. 매개변수 a와 A의 값이 고정될 경우 $G_c'(s)G_p(s)$의 Bode 선도는 K 값이 바뀌어도 바뀌지 않음을 기억하자. 설계기준을 만족하지 않을 때에는 기준을 충족할 때까지 1~4과정을 반복하면서 K, a, A 값들을 수정하도록 한다.

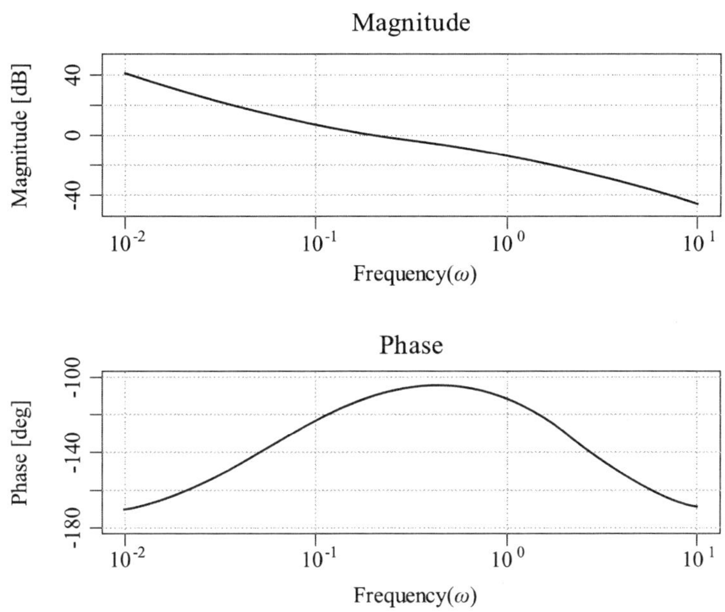

그림 11.7 $G_c'(s)G_p(s)$ (식 11.5.4)의 Bode 선도($a=0.0576$, $A=0.5$)

보기 11.5 PID 제어기의 매개변수 결정

그림 E11.5와 같은 피드백 시스템에서 PID 제어기의 매개변수의 값을 보기 11.2~11.4의 결과를 이용하여 선택하고 이득 교차주파수와 위상여유를 계산하여라.

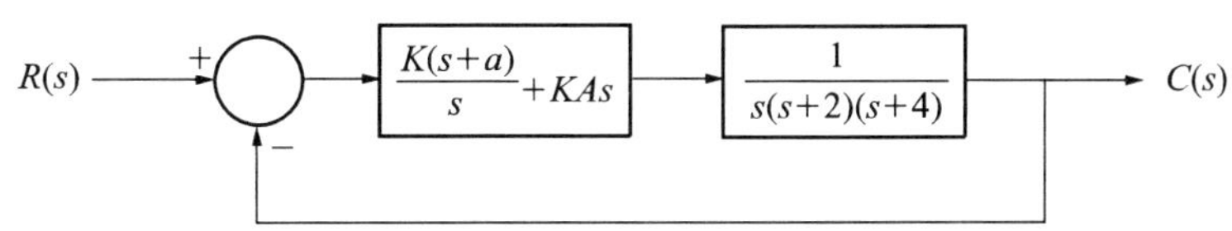

그림 E11.5

풀이 피드백 시스템에서 공정의 전달함수가 보기 11.2, 11.3, 11.4와 동일함에 주목하자. $A=0$일 때 제어기 전달함수는 $K(s+a)/s$로서 PI 제어기의 문제가 되며 보기 11.3에서 $a=0.062$이었다. $a=0$일 때 제어기 전달함수는 $KA(s+1/A)$로서 PD 제어기 문제가 되면 보기 11.4에서 $K=10$, $A=0.8$이었다. 따라서 PID 제어기의 전달함수는 다음과 같이 나타낼 수 있다.

$$G_c(s)=\frac{K(s+a)}{s}+KAs=\frac{K(As^2+s+a)}{s}=\frac{10(0.8s^2+s+0.062)}{s}$$

열린루프 전달함수는 $G_c(s)G_p(s)$이므로

$$G_{op}(s)=G_c(s)G_p(s)=\frac{10(0.8s^2+s+0.062)}{s^2(s+2)(s+4)}$$

다음 R 코드를 이용하여 열린루프 전달함수의 이득 교차주파수와 위상여유를 계산해보자.

```
require(control)
require(pracma)
w = logspace(-1, 1, n=1000)
Gop=TF("10*(0.8*s^2+s+0.062)/(s^2*(s+2)*(s+4))") # 열린루프 전달함수
H=freqresp(Gop,w) # 주파수 응답
phase=ifelse(Im(H)<0,atan2(Im(H),Re(H)),atan2(Im(H),Re(H))-2*pi)*180/pi
PM=180+phase # 위상여유
ind=which(abs(abs(H)-1)<0.005) # |G_op(jω)|=1이 되는 위치 찾기
[1] 576 577 578
abs(H)[ind]
[1] 1.0039819 1.0000119 0.9960543
w[ind]
[1] 1.416287 1.422830 1.429405
PM[ind]
[1] 82.64461 82.57878 82.51229
```

위의 결과를 통해 이득 교차주파수는 1.423 rad/s이며 위상여유는 82.58° 임을 알 수 있다. 그림 E11.5A는 $K=10$, $A=0.8$, $a=0.062$일 때 단위 계단 입력에 대한 피드백 시스템의 응답을 나타낸다.

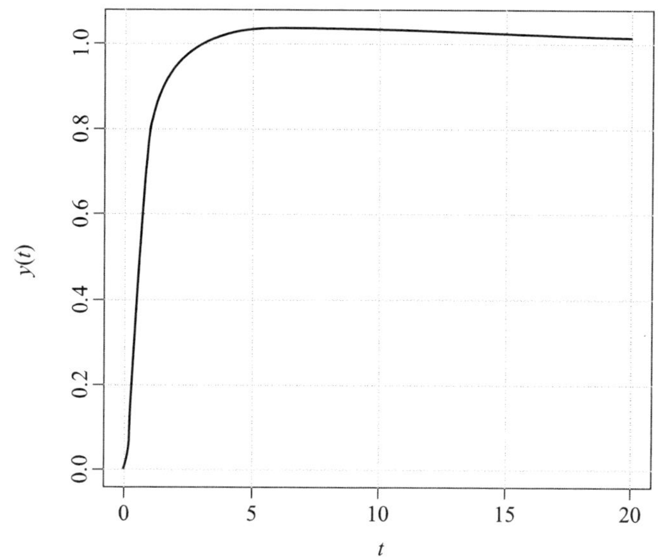

그림 E11.5A

Chapter 12

산업공정에서 PID 제어기의 조정

PID 제어기는 석유화학, 제강, 제지 등의 다양한 산업공정에서 널리 활용된다. 산업현장에서 공정은 과감쇠(overdamped)인 경우가 많으며 이 경우 시스템의 유형은 0이 된다. 따라서 설정점 계단변화에 대해 정상상태 오차를 제거하기 위해 제어기는 적분동작을 가져야 한다. 피드백 제어 시스템이 원하는 응답특성을 가지도록 PID 제어기의 매개변수는 조절될 필요가 있으며 이 과정을 조정(tuning)이라고 부른다. 공정의 전달함수가 알려진 경우에 제어기 매개변수를 결정하기 위해 근궤적을 이용하는 방법(10장), 주파수 응답을 이용하는 방법(11장)을 살펴보았다. 하지만 실제 산업현장에서 공정의 전달함수는 복잡하며 계산하기가 쉽지 않다. 여기서는 공정모델(전달함수)을 모를 때 피드백 제어 시스템이 원하는 응답특성을 가지도록 PID 제어기의 매개변수를 조절하는 방법에 살펴 볼 것이다.

12.1 Ziegler-Nichols의 PID 제어기 조정법

대부분 산업공정의 전달함수는 실수의 극점과 영점을 가지며 시스템 유형이 0이다. 따라서 계단입력이 주어질 경우 공정의 시간응답 곡선은 그림 12.1과 같이 S자 형태가 된다. Ziegler와 Nichols는 이러한 공정의 응답형태를 다음과 같은 시간지연을 포함한 1차 시스템으로 근사하였다.

$$\frac{Y(s)}{U(s)} = \frac{Ke^{-\theta s}}{\tau s + 1} \tag{12.1.1}$$

여기에서 매개분수 K, θ, τ은 공정의 단위 계단응답 곡선으로부터 계산된다. 즉, 그림 12.1에서 보듯이 공정 응답곡선의 변곡점에서 접선을 그을 때 기울기는 $R = K/\tau$가 되며 접선과 시간축의 교점은 지연시간 θ가 된다. Ziegler와 Nichols[13)]는 공정을 포함한 열린루프의 계단 응답곡선을 식 12.1.1로 근사한 후 피드백 시스템의 계단입력에 대한 응답에서 감쇠비(decay ratio)가 약 0.25가 되도록 PID 제어기의 매개변수를 조정하는 방법을 제안하였다. 즉, 열린루프의 응답곡선으로부터 구해지는 매개변수 K, θ, τ를 이용하여 그림 12.2와 같은 피드백 제어 시스템의 계단응답에서 감쇠비가 0.25가 되도록 PID 제어기 전달함수의 매개변수 K_p, τ_i, τ_d를 표 12.1과 같이 결정하였다. 감쇠비가 0.25가 될 때 감쇠인자는 $\zeta = 0.21$이 되며(식 9.2.5) 빠른 응답과 안정도 여유 사이에서 적절한 절충이다.

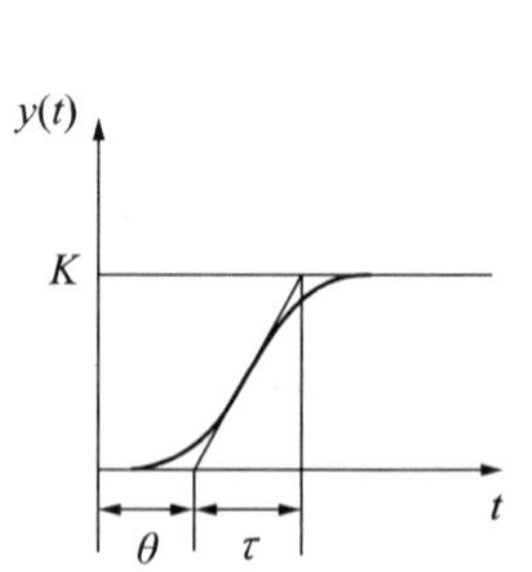

그림 12.1 계단입력에 대한 일반적인 공정반응 곡선

13) Ziegler, J.G., N.B. Nichols, Trans. ASME. (1942), 64:759-768.

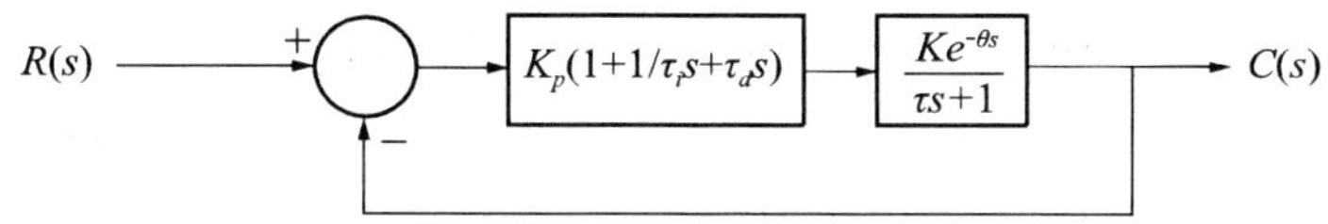

그림 12.2 PID 제어기 피드백 시스템

표 12.1 Ziegler와 Nichols에 의한 PID 제어기 조정법

제어기 형태	K_p	τ_i	τ_d
P	$\dfrac{\tau}{K\theta}$	–	–
PI	$\dfrac{0.9\tau}{K\theta}$	3θ	–
PID	$\dfrac{1.2\tau}{K\theta}$	2θ	0.5θ

표 12.1의 조정법은 1차 우세극점으로 근사화할 수 있는 안정한 공정에만 적용할 수 있는 단점이 있다. 이러한 단점을 극복하기 위해 Ziegler-Nichols는 공정모델이 원점에 극점을 갖거나 불안정한 경우에도 적용할 수 방법으로서 피드백 루프의 안정한계에 기초한 PID 제어기 조정법을 다음과 같이 제시하였다.

① $G_c(s)=K$인 P 제어기를 이용하여 단위 계단입력에 대해 피드백 시스템의 응답이 안정한 계, 즉 지속적인 진동이 나타날 때까지 K를 증가시키며 이때의 K 값과 주기를 각각 한계이득 K_u (ultimate gain), 한계주기 P_u (ultimate period)라고 하자.

② ①에서 얻어진 한계이득과 한계주기를 이용하여 PID 제어기의 매개변수는 표 12.2와 같이 결정한다.

표 12.2 최종이득과 최종주기를 이용한 Ziegler와 Nichols에 의한 PID 제어기 조정법

제어기 형태	K_p	τ_i	τ_d
P	$K_u/2.0$	–	–
PI	$K_u/2.2$	$P_u/1.2$	–
PID	$K_u/1.7$	$P_u/2.0$	$P_u/8.0$

피드백 루프의 안정한계에 기초한 방법은 P 제어기의 비례 게인을 증가시켜도 임계진동을 보이지 않는 피드백 시스템에는 적용할 수 없으며, 최종값(한계이득, 한계주기)만을 이용하기 때문에 과소감쇠(underdamped)나 시간지연이 큰 경우에는 제어성능이 떨어질 수 있다.

보기 12.1 Ziegler–Nichols 규칙을 이용한 PID 제어기 조정

그림 E12.1과 같은 피드백 시스템에 대해 안정한계를 이용하여 PID 제어기의 매개변수를 결정하여라.

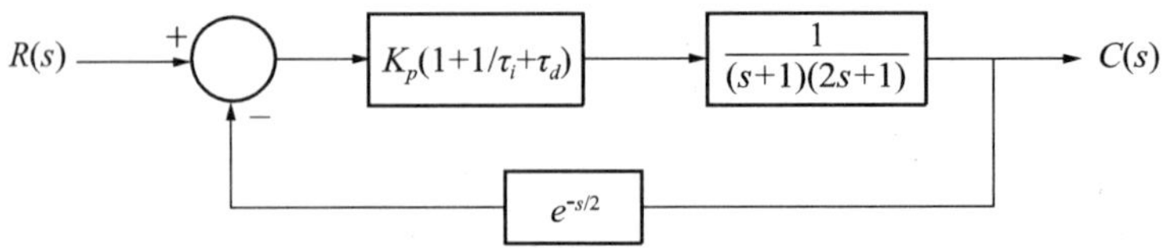

그림 E12.1

풀이 P 제어기를 이용하여 안정한계에 도달하는 K_u 을 계산해보자. 피드백 루프의 안정한계는 열린루프 전달함수의 Bode 선도에서 위상이 $-180°$일 때 진폭비가 1일 때이다. 즉, 위상 교차주파수에서 진폭비가 1이 되는 K 값이 한계이득 K_u 가 된다. 따라서 열린루프 전달함수의 위상응답으로부터 위상 교차주파수를 찾은 다음, 위상 교차주파수에서 열린루프 전달함수의 크기 응답이 1이 되도록 하는 K 값을 찾으면 된다. 다음의 R 코드를 이용해 보자.

```
require(control)
require(pracma)
w = logspace(-2, 1, n=1000)
Gp=TF("1/((s+1)*(2*s+1))")
Hp=freqresp(Gp,w) # 공정의 주파수 응답
phaseP=ifelse(Im(Hp)<0,atan2(Im(Hp),Re(Hp)),atan2(Im(Hp),Re(Hp))-2*pi)*180/pi
phase=phaseP-((1/2)*w)*180/pi # 열린루프의 위상응답
which(abs(phase+180)<0.5) # 열린루프 위상응답이 -180°가 되는 위치 찾기
[1] 740 741
phase[c(740,741)]
[1] -179.5463 -180.1598
wp=w[741] # 열린루프 위상응답이 -180°일 때의 주파수 (위상 교차주파수)
Ku=1/abs(Hp[741]) # 열린루프 크기응답(진폭비)이 1이 되도록 하는 K 값 계산
Pu=2*pi/wp # 한계주기
wp
```

```
[1] 1.668101
Ku
[1] 6.773725
Pu
[1] 3.766671
```

위의 코드에서 열린루프의 위상응답은 공정의 위상응답과 시간지연의 위상응답의 합으로 계산되는 것에 유의하자. 전달함수 $e^{-s/2}$의 위상응답은 $-(1/2)\omega$이며 단위가 라디안이다. 따라서 도(°)로 바꾸어 주기 위해 $180/2\pi$를 곱하여 주었다. 열린루프 전달함수의 위상 교차주파수는 1.67 rad/s이며 한계이득 K_u는 6.77, 한계주기 P_u는 3.77 s/cycle임을 알 수 있다. 따라서 표 12.2에 나와 있는 Ziegler-Nichols 규칙에 따라 PID 제어기의 매개변수는 다음과 같이 결정된다.

제어기 형태	K_p	τ_i	τ_d
P	3.4	–	–
PI	3.1	3.1	–
PID	4.0	1.9	0.5

참고로 P 제어기를 사용할 때 열린루프 전달함수 위상응답은 그림 E12.1A와 같으며 비례 게인 K와 무관함을 기억하자.

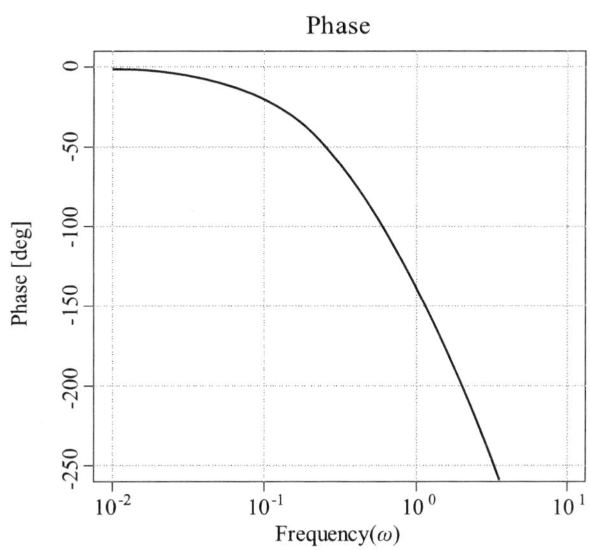

그림 E12.1A

12.2 Cohen–Coon의 PID 제어기 조정법

Ziegler와 Nichols는 열린루프 공정 반응곡선을 이용하는 방법과 피드백 루프의 계단응답에 기초하여 한계이득과 한계주기를 이용하는 방법을 통해 PID 제어기의 매개변수를 결정하였다. Cohen과 Coon[14)]는 Ziegler와 Nichols의 열린루프 공정 반응곡선을 이용하는 방법을 좀 더 정교하게 발전시켜 피드백 제어 시스템의 계단응답이 1/4의 감쇠비를 가질 뿐만 아니라 최소의 잔류편차, 부하－응답곡선에서의 최소 면적 및 여러 가지 바람직한 응답특성을 가지도록 PID 제어기의 매개변수를 조정하는 방법을 제시하였다. 즉, 밸브, 공정 및 측정요소를 포함한 열린루프의 계단응답을 실험적으로 구하여 공정 반응곡선을 작성하고 이를 식 12.1.1과 같은 시간지연 1차 모델로 근사화한 뒤 PID 제어기 매개변수를 표 12.3과 같이 결정하였다.

공정 반응곡선을 시간 지연이 있는 1차 공정으로 근사하여 제어기를 조정하는 방법은 공정의 계단입력 실험만을 필요로 하는 장점이 있지만 공정 반응곡선으로부터 변곡점을 찾고 이 점에서 접선을 구하는 것은 쉽지 않다. 특히 공정 반응곡선에 대한 데이터가 분산되어 있는 경우에는 더욱 어렵기 때문에 일반적으로 최소자승법(least-square fit) 같은 통계적 방법을 이용하여 1차 공정 시간지연 모델의 매개변수 K, θ, τ를 계산한다. Ziegler-Nichols 방법이나 Cohen-Coon의 조정법은 PID 제어기의 매개변수에 대해 최적값을 제시한다기보다는 적절한 첫 번째 추정값을 제공한다는 것에 유의하자.

표 12.3 Cohen-Coon에 의한 PID 제어기 조정법(K, τ, θ는 제어기가 제외된 열린루프 전달함수의 공정 반응곡선에 대한 1차 시간지연 모델의 매개변수)

제어기 형태	K_p	τ_i	τ_d
P	$\frac{1}{K}\frac{\tau}{\theta}\left(1+\frac{\theta}{3\tau}\right)$	–	–
PI	$\frac{1}{K}\frac{\tau}{\theta}\left(\frac{9}{10}+\frac{\theta}{12\tau}\right)$	$\theta\left(\frac{30+3\theta/\tau}{9+20\theta/\tau}\right)$	–
PD	$\frac{1}{K}\frac{\tau}{\theta}\left(\frac{5}{4}+\frac{\theta}{6\tau}\right)$		$\theta\left(\frac{6-2\theta/\tau}{22+3\theta/\tau}\right)$
PID	$\frac{1}{K}\frac{\tau}{\theta}\left(\frac{4}{3}+\frac{\theta}{4\tau}\right)$	$\theta\left(\frac{32+6\theta/\tau}{13+8\theta/\tau}\right)$	$\theta\left(\frac{4}{11+2\theta/\tau}\right)$

14) Cohen, G.H., G.A. Coon. Trans. ASME. (1953), 75:827.

보기 12.2 공정 반응곡선을 이용한 PID 제어기 조정

제어기를 제외한 열린루프 전달함수가 다음과 같을 때 Cohen-Coon의 조정법을 이용하여 PID 제어기의 매개변수를 결정하고 설정점의 단위 계단입력에 대해 피드백 루프의 응답을 그래프로 나타내어라.

$$G_{op}(s) = \frac{1}{(s+1)(5s+1)}$$

풀이 Cohen-Coon의 조정법을 이용하기 위해서는 먼저 열린루프 전달함수의 계단응답을 시간지연이 있는 1차 모델, 즉 $Ke^{-\theta s}/(\tau s+1)$로 근사화시키는 것이 필요하다. 다음의 R 코드를 이용하여 최적의 K, τ, θ를 계산해보자.

```
require(control) # TF, step 함수 사용을 위한 패키지
require(DEoptim) # DEoptim 함수 사용을 위한 패키지
require(quantmod) # Lag 함수 사용을 위한 패키지

t=seq(0,30,0.1)
Gop=TF("1/((s+1)*(5*s+1))")
yr=step(Gop,t)$y        # 열린루프 함수의 단위 계단응답
FOD=function(x) {    # 시간지연 1차 모델의 단위 계단응답을 계산하는 함수
  K=x[1]; tau=x[2] ;theta=x[3]
  res1=step(tf(K,c(tau,1)),t)$y  # 1차 공정의 단위 계단응답
  nd=round(theta/0.1)
  res2=Lag(res1,nd) # 1차 공정의 단위 계단응답을 theta 만큼 이동
  res2[which(is.na(res2))]=0
  return(res2) #
}

obj=function(x) sum((yr-t(FOD(x)))^2) # 열린루프 응답과 1차 지연모델 응답의 차의 제곱
res=DEoptim(obj,lower=c(1.0,1.0,0.0),upper=c(10,10,5),
      DEoptim.control(itermax = 50)) # 목적함수 obj를 최소로 하는 K, τ, θ 계산
Iteration: 1 bestvalit: 3.997262 bestmemit:  1.212611  8.023804  1.741891
Iteration: 2 bestvalit: 3.997262 bestmemit:  1.212611  .023804  1.741891
Iteration: 3 bestvalit: 3.997262 bestmemit:  1.212611  8.023804  1.741891
Iteration: 4 bestvalit: 1.772556 bestmemit:  1.152899  7.409128  0.873008
...
Iteration: 48 bestvalit: 0.014949 bestmemit:  1.004913  5.328660  0.818520
Iteration: 49 bestvalit: 0.014923 bestmemit:  .004913  5.340078  0.818520
Iteration: 50 bestvalit: 0.014923 bestmemit:  1.004913  5.340078  0.818520

res$optim$bestmem  # 추정된 K, τ, θ (순서대로)
     par1       par2       par3
1.0049127  5.3400778  0.8185199
```

```
# 추정된 매개변수를 이용하여 열린루프의 계단응답과 시간지연 1차 모델의 계단응답
# 비교 (그림 E12.2A)
K=res$optim$bestmem[1]; tau=res$optim$bestmem[2]; theta=res$optim$bestmem[3]
y1=step(tf(K,c(tau,1)),t)$y
nd=round(theta/0.1)
ylag=Lag(y1,nd)
ylag[which(is.na(ylag))]=0
x11() # 그림 E12.2A 작성을 위한 X-윈도우 열기
matplot(t,cbind(t(yr),ylag),type="l",lwd=2,col=1,ylab="y(t)",xlab="time")
grid()
```

위의 코드에서는 열린루프 전달함수를 시간지연이 있는 1차 전달함수로 근사하기 위해 두 전달함수의 시간응답 차이를 최소화하는 방법을 이용하였다. 즉, 각 시간에서 응답차이의 제곱합인 목적함수 obj를 최소로 하기 위해 DEoptim 함수를 이용하였다. 시간 지연 1차 모델의 응답은 시간지연이 없는 경우의 응답을 Lag 함수를 사용하여 theta 만큼 이동시켜 얻었다. 그림 E12.2A에서 보는 바와 같이 열린루프의 단위 계단응답(실선)과 시간지연 1차 모델의 단위 계단응답(점선)은 좋은 일치를 보인다. 따라서, 추정된 $K = 1.0049$, $\tau = 5.340$, $\theta = 0.8185$는 적절함을 알 수 있으며 표 12.3을 이용하여 PID 제어기의 매개변수를 구하면 다음과 같다.

P 제어기 : $K_p = 7.81$

PI 제어기 : $K_p = 6.82$, $\tau_i = 1.90$

PID 제어기 : $K_p = 10.2$, $\tau_i = 1.70$, $\tau_d = 0.26$

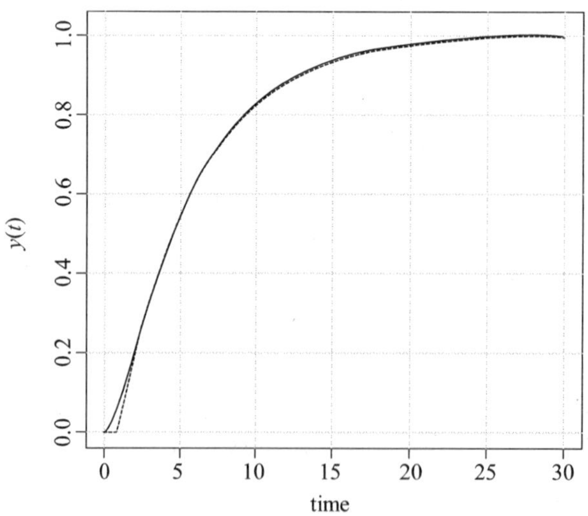

그림 E12.2A 열린루프의 단위 계단응답(실선)과 추정된 매개변수 K, τ, θ로 계산된 시간지연 1차 모델의 단위 계단응답(점선)

이제 다음의 R 코드를 이용하여 각 제어기에 대한 피드백 루프의 단위 계단응답을 구해보도록 하자.

```
GcP=TF("7.81")   # P 제어기 전달함수
GcPI=TF("6.82*(1+1/(1.90*s))")  # PI 제어기 전달함수
GcPID=TF("10.2*(1+1/(1.70*s)+0.26*s)") # PID 제어기 전달함수

# 열린루프 전달함수 계산
GopP=series(GcP,Gop)
GopPI=series(GcPI,Gop)
GopPID=series(GcPID,Gop)

# 피드백 루프 전달함수 계산
GclP=feedback(GopP,1)
GclPI=feedback(GopPI,1)
GclPID=feedback(GopPID,1)
GclP
y1:
             7.81
  - - - - - - - - - - - - -
    5 s^2 + 6 s + 8.81
Transfer Function: Continuous time model
GclPI
y1:
                  12.958 s^1 + 6.82
  - - - - - - - - - - - - - - - - - - - - - - -
    9.5 s^3 + 11.4 s^2 + 14.858 s + 6.82
Transfer Function: Continuous time model
GclPID
y1:
            4.5084 s^2 + 17.34 s + 10.2
  - - - - - - - - - - - - - - - - - - - - - - - - -
    8.5 s^3 + 14.7084 s^2 + 19.04 s + 10.2
Transfer Function: Continuous time model

# 피드백 루프의 단위 계단응답 계산
yP=step(GclP,t)$y
yPI=step(GclPI,t)$y
yPID=step(GclPID,t)$y
yt=cbind(t(yP),t(yPI),t(yPID))
x11() # 그림 E12.2B
matplot(t,yt,type="l",lty=1:3,col=1,lwd=2,xlab="time",ylab="y(t)")
grid()
legend("topright",legend=c("P", "PI", "PID"),lty=1:3,lwd=2)
```

위의 코드에서 TF, series, feedback, step 함수는 모두 control 패키지에 들어 있다. 이들 함수에 대한 자세한 사용법은 부록을 참조하길 바란다. 그림 E12.2B는 앞에서 계산된 제어기 설정값을 이용하여 얻어진 피드백 시스템의 단위 계단응답을 나타낸다.

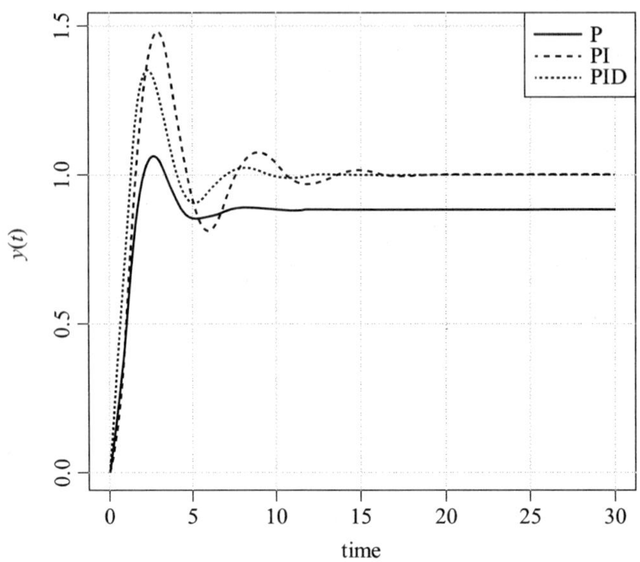

그림 E12.2B Cohen-Coon 방법에 의하여 구한 제어기 설정값들을 사용하여 얻어진 피드백 시스템의 단위 계단응답

12.3 최소오차를 이용한 PID 제어기 조정법

공정 출력변수의 값이 설정값으로 유지되도록 하는 것이 공정제어의 기본목적이므로 설정값과 출력변수 값의 차이로 정의되는 오차는 작을수록 바람직하며 오차가 최소가 되도록 제어기의 매개변수는 조정될 수 있다. 오차는 경우에 따라 양(+), 음(−)의 값이 될 수 있으므로 오차를 바로 사용하기 보다는 오차 절대값이나 제곱합을 시간에 대하여 적분한 값을 이용한다. 오차 절대값의 적분을 IAE (Integral of Absolute value of the Error)라고 하고 다음과 같이 정의한다.

$$\mathrm{IAE} = \int_0^{\infty} |e(t)|dt \tag{12.3.1}$$

여기서 $e(t)$는 시간의 함수로 나타낸 오차이다. 오차 제곱의 적분은 ISE (Integral of the Square of the Error)라고 하며 다음과 같이 나타낸다.

$$\mathrm{ISE} = \int_0^{\infty} e^2(t)dt \tag{12.3.2}$$

시간이 많이 지난 후에도 오차의 크기가 줄어들지 않는 것은 바람직하지 않으며 이러한 점을 감안하기 위해 오차의 절대값 혹은 오차의 제곱에 시간을 곱한 뒤 적분한 값을 사용하기도 한다. 오차의 절대값에 시간을 곱한 함수의 적분을 ITAE (Integral of the Time-weighted Absolute value of the Error)라고 하며 다음과 같이 정의된다.

$$\mathrm{ITAE} = \int_0^{\infty} t|e(t)|dt \tag{12.3.3}$$

또한 오차의 제곱에 시간을 곱한 함수의 적분은 ITSE (Integral of the Time-weighted Square of the Error)라고 하며 다음과 나타낸다.

$$\mathrm{ITSE} = \int_0^{\infty} te^2(t)dt \tag{12.3.4}$$

위에서 정의된 오차의 적분값들이 최소가 되도록 PID 제어기 매개변수는 조정될 수 있다. 오차의 적분값이 최소가 될 때의 제어기 매개변수는 입력변수의 종류(설정점 혹은 외란)와 형태(계단, 펄스, 램프 입력 등)에 따라 달라진다. 하지만 화학공정의 경우 계단입력이 가장 일반적이므로 설정값이나 외란 변수의 변화 형태는 단위 계단입력으로 간주하도록 한다. Lopez와 그의 동료들[15)]은 그림 12.3과 같이 시간지연이 있는 1차 공정을 포함한 피드백 시스템에 단위 계단 변화를 주었을 때 ITAE를 최소화하는 PID 매개변수를 표 12.4와 같이 제시하였다.

설정점의 단위 계단변화를 추적할 때와 단위 계단변화로 주어진 외란을 제거할 때의 PID 제어기 매개변수의 조정값이 다름에 주의하자.

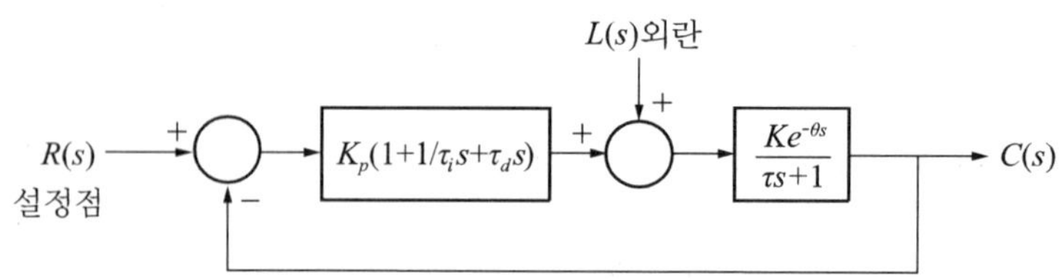

그림 12.3 1차 시간지연 공정을 포함한 피드백 시스템

표 12.4 1차 시간지연 공정의 ITAE를 이용한 PID 제어기 조정

	제어기	KK_p	τ/τ_i	τ_d/τ
외란제거	PI	$0.859(\theta/\tau)^{-0.977}$	$0.674(\theta/\tau)^{-0.680}$	
	PID	$1.357(\theta/\tau)^{-0.947}$	$0.842(\theta/\tau)^{-0.738}$	$0.381(\theta/\tau)^{0.995}$
설정점 추적	PI	$0.586(\theta/\tau)^{-0.916}$	$1.030-0.165(\theta/\tau)$	
	PID	$0.965(\theta/\tau)^{-0.850}$	$0.796-0.1465(\theta/\tau)$	$0.308(\theta/\tau)^{0.929}$

보기 12.3 ITAE를 이용한 PID 제어기 조정

보기 12.2의 문제를 ITAE의 최소화를 이용하여 PID 제어기의 매개변수를 결정하고 설정점의 단위 계단입력에 대한 피드백 시스템의 응답을 그래프로 나타내어라.

풀이 보기 12.2에서 제어기를 제외한 열린루프 함수는 다음과 같은 시간지연이 있는 1차 전달함수로 근사될 수 있음을 알 수 있다.

15) Lopez, A.M. et al. (1967). Controller tuning relationships based on integral performance criteria. Instrumentation Technology. (1967), 14:72.

$$G(s) = \frac{1.0049\,e^{-0.8185}}{(5.34s+1)}$$

위의 식에서 $K=1.0049$, $\tau=5.34$, $\theta=0.8185$이므로 표 12.4의 규칙에 따라 설정점 추적에 대한 PID 제어기의 매개변수를 계산하면 된다. 다음의 R 코드를 이용해 보자.

```
K=1.0049; tau=5.34; theta=0.8185
# 표 12.4의 규칙에 따라 PID 제어기(K_p(1+1/τ_i s+τ_d s)  매개변수 계산
Kp=0.965*(theta/tau)^(-0.850)/K
taui=tau/(0.796-0.1465*(theta/tau))
taud=tau*(0.308*(theta/tau)^(0.929))
Kp
[1] 4.728775
taui
[1] 6.903284
taud
[1] 0.2880053
# 피드백 루프의 단위 계단응답 계산
require(control)
GcPID=TF("Kp*(1+1/(taui*s)+taud*s)") # PID 제어기 전달함수
Gop=TF("1/((s+1)*(5*s+1))") # 제어기를 제외한 열린루프 전달함수
GopPID=series(GcPID,Gop) # 제어기를 포함한 열린루프 전달함수
GclPID=feedback(GopPID,1) # 피드백 루프의 전달함수
t=seq(0,30,0.1)
yt=step(GclPID,t)$y # 피드백 루프의 단위 계단응답
x11() # 그림 E12.3 작성을 위한 X-윈도우 열기
plot(t,yt,type="l",lwd=2,xlab="time",ylab="y(t)")
grid()
```

위의 결과에서 보는 바와 같이 를 통해 ITAE의 최소화를 이용할 때 PID 제어기의 매개변수는 $K_p=4.73$, $\tau_i=6.90$, $\tau_d=0.29$로 결정됨을 알 수 있다. 보기 12.2에서 Cohen-Coon 방법을 이용하여 결정된 값, 즉 $K_p=10.2$, $\tau_i=1.70$, $\tau_d=0.26$과 비교해 볼 때 τ_d를 제외하고는 많은 차이를 보임을 알 수 있다. ITAE의 최소화를 이용하여 결정된 PID 제어기를 사용하였을 때 설정점의 단위 계단변화에 대한 피드백 루프의 응답은 그림 E12.3과 같다.

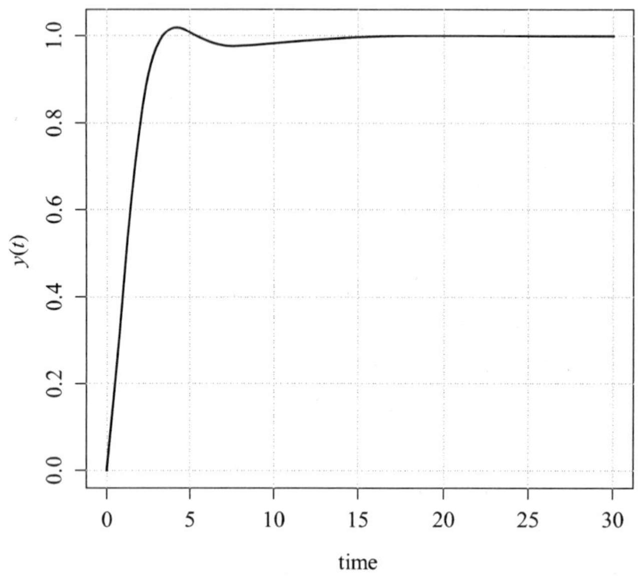

그림 E12.3 ITAE 최소화 방법에 의해 구한 PID 제어기 설정값을 이용하여 얻어진 피드백 시스템의 단위 계단응답

부록

A.1 control 패키지 설치
A.2 tf, TF 함수를 이용한 전달함수 구현
A.3 series, parallel 함수를 이용한 전달함수의 결합
A.4 step, impulse 함수를 이용한 시간 응답계산
A.5 freresp 함수를 이용한 주파수 응답계산
A.6 근궤적 작성에 사용되는 유용한 함수들

A.1 control 패키지 설치

R은 오픈소스 소프트웨어로서 무료로 사용할 수 있으며 전 세계에 수많은 사용자들에 의해 지속적으로 개발 및 발전되고 있는 통계기반 언어이다. 최근에는 빅데이터 분석도구로서도 크게 각광을 받고 있는 R은 다양한 분야의 전문가와 개발자들에 의해 제작 및 공유되어지는 유용한 패키지로 인해 통계분야 뿐만 아니라 공학, 의료 및 생명 등 대용량의 데이터가 생성되는 거의 모든 부분에서 활용성이 높아지고 있다. 제어분야에 대한 R 패키지들이 많이 개발되어 있지만 제어이론을 바탕으로 시스템의 동특성과 전달함수 등을 다루는 기본적인 패키지가 없어 안타깝게 생각하고 있었는데 최근 control 패키지가 발표되어 너무나 기쁘다. control 패키지에는 MATLAB 같은 상용 소프트웨어의 control 툴박스에서 제공하는 대부분의 기능을 제공할 뿐만 아니라 확률과 통계를 기반으로 하는 퍼지제어, 인공지능 제어 등의 고급 제어기술 분야에서도 R에서 제공하는 유용한 함수들을 활용할 수 있기 때문에 제어를 공부하는 독자들에게 큰 도움이 될 것이라 생각된다.

control 패키지를 설치하기 위해서는 먼저 R을 설치해야 한다. R을 처음 사용하는 경우라면 R의 공식 홈페이지(https://www.r-project.org)에 접속하여 R 프로그램(현재 최신 버전 R-3.4.4)을 다운로드 받아 설치해 보자. 윈도우 버전의 경우 R 설치 후 실행 아이콘을 더블클릭하면 콘솔 창이 뜬다. 콘솔 창에서는 모든 명령어가 인터랙티브 모드로 실행되기 때문에 긴 프로그램을 작성하거나 수정이 번거로울 수 있어 GUI 환경을 지원해 주는 보조 프로그램을 사용하는 것이 편리하다. 이 책에서는 R에 대한 GUI 환경을 제공해 주는 여러 가지 프로그램 중에서 Rstudio를 사용하였으며 모든 R 코드의 작성 및 실행이 Rstudio에서 수행되었다. Rstudio는 http://www.rstudio.com에서 무료로 다운로드 받아 사용할 수 있으며 Rstudio를 설치하기 전에 R이 먼저 설치되어 있어야 한다. 다음의 설치 순서에 유의하도록 하자.

① 최신 R 버전 다운로드 및 설치(https://www.r-project.org)
② 최신 Rstudio 버전 다운로드 및 설치(http://www.rstudio.com)
③ R 패키지 설치

R과 Rstudio는 다양한 OS(윈도우, 리눅스, 맥)를 지원하므로 사용자의 컴퓨터 OS에 맞는 버전을 선택하여 설치하도록 한다. R을 설치할 때 기본적인 패키지만 함께 설치된다. 따라서 사용자 원하는 패키지가 기본 패키지에 들어 있지 않다면 추가적으로 패키지를 설

치해 주어야 한다. 패키지를 설치하는 방법은 여러 가지가 있지만 여기서는 R 콘솔 창을 이용하여 설치하는 방법을 살펴보기로 한다. control 패키지를 설치하고 이를 사용하기 위해 R 콘솔 창에 입력해야 할 코드는 다음과 같다.

>install.packages("control") # control 패키지 인스톨
>require(control) # control 패키지를 작업공간으로 로딩

위의 코드에서 install.packages는 인수로 패키지의 이름을 받아 해당 패키지를 설치하는 함수이며, require(control)는 control 패키지를 작업장으로 불러들여 control 패키지 내에 정의되어 있는 모든 함수들을 사용할 수 있도록 해 준다. require(control)는 library(control)와 동일한 기능을 가진다. 이와 같은 방법은 다른 패키지들 설치 및 사용할 때에도 동일하며 패키지의 이름만 달라질 뿐이다. control 패키지의 최신 버전, 소스 코드, 매뉴얼 및 개발자 정보는 https://rdrr.io/github/benubah/control을 참조할 수 있다. control 패키지에 포함된 함수들의 목록을 살펴보면 다음과 같다.

```
> require(control)
> ls("package:control")
 [1] "abcdchk"     "acker"       "append"      "bode"        "bodeplot"
 [6] "c2d"         "care"        "cloop"       "connect"     "ctrb"
[11] "damp"        "dcgain"      "esort"       "fdbcksys"    "feedback"
[16] "freqresp"    "gensig"      "givens_rot"  "impulse"     "impulseplot"
[21] "initial"     "initialplot" "ismimo"      "issiso"      "lsim"
[26] "lsimplot"    "ltifr"       "ltitr"       "nyquist"     "nyquistplot"
[31] "obsv"        "ordschur"    "parallel"    "pid"         "place"
[36] "pole"        "poly2str"    "polysub"     "ramp"        "rampplot"
[41] "removesys"   "selectsys"   "series"      "ss"          "ss2tf"
[46] "ss2zp"       "ssdata"      "step"        "stepplot"    "sysgroup"
[51] "tf"          "TF"          "tf2ss"       "tf2zp"       "tfchk"
[56] "tfdata"      "zp2ss"       "zp2tf"       "zpk"         "zpkdata"
```

위에서 짙은 음영부분을 실행하였을 때 결과는 엷은 음영으로 나타나 있다. 현재에는 60개의 함수가 control 패키지에 들어 있음 알 수 있다. 각 함수에 대한 기본적인 설명방법은 알고 싶을 때에는 "?"부호 뒤에 함수이름을 적고 엔터를 치거나(콘솔모드) 실행버튼(Rstudio)을 클릭해 주면 된다. 예를 들어 "bode"라는 함수의 사용법을 알고 싶으면 콘솔모드에서 다음과 같이 입력하고 엔터를 치면 함수에 대한 매뉴얼 창이 뜨게 된다.

>?bode

여기서는 control 패키지에서 제공되는 함수들 가운데서 공정제어의 학습에 도움이 되는 몇 가지 함수들의 사용법과 기능에 대해 살펴보도록 하며 나머지는 독자의 관심에 따라 "?"를 이용한 각 함수에 대한 매뉴얼을 참조하기 바란다.

A.2 tf, TF 함수를 이용한 전달함수 구현

tf와 TF 함수는 모두 전달함수에 대한 모델을 생성하지만 각 함수의 인수의 양식이 다르다. 예를 들어, 다음과 같은 전달함수를 고려해 보자.

$$G(s) = \frac{1}{s^2 + 2s + 1}$$

위의 전달함수를 tf, TF 함수로 구현하면 다음과 같다.

```
> require(control) # control 패키지 로더
> tf(1,c(1,2,1))  # c(1,2,1)은 다항식 s^2+2s+1의 계수를 나타냄(내림차순)
y1:
            1
  - - - - - - - - - - -
     s^2 + 2 s + 1
Transfer Function: Continuous time model
> TF("1/(s^2+2*s+1)")
y1:
            1
  - - - - - - - - - - -
     s^2 + 2 s + 1
Transfer Function: Continuous time model
```

위의 코드를 통해 tf 함수는 인수로 전달함수의 분자 다항식과 분모 다항식 계수를 인수로 취하고 TF 함수는 인수로 분수식으로 표현된 전달함수 자체를 취함을 알 수 있다. 전달함수를 $G(s)=N(s)/D(s)$라 할 때 $D(s)$의 차수가 $N(s)$의 차수보다 크거나 같을 경우에는 tf, TF 중에 어느 함수를 사용할 수 있지만 $N(s)$의 차수가 $D(s)$의 차수보다 클 때에는 TF 함수를 사용하는 것이 편리할 때가 있다.

A.3 series, parallel 함수를 이용한 전달함수의 결합

두 개의 전달함수 $1/(s+1)$과 $1/(2s+1)$이 그림 1에서와 같이 직렬(I)과 병렬(II)로 연결되어 있을 경우 각각 series, parallel 함수를 이용하면 하나의 전달함수로 나타낼 수 있다.

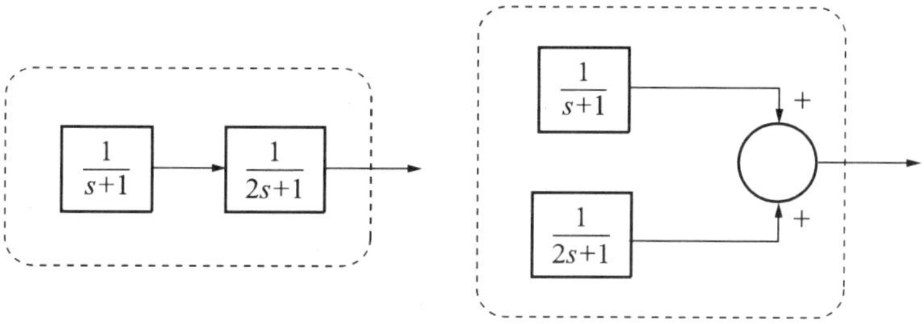

그림 1 두 개의 전달함수가 직렬(I), 병렬(II)로 연결된 경우

다음의 R 코드를 이용하여 series, parallel 함수의 기능을 살펴보자.

```
> s1=tf(1,c(1,1))
> s2=tf(1,c(2,1))
> series(s1,s2)  # 그림 1의 (I)
y1:
```

```
              1
  - - - - - - - - - - - -
    2 s^2 + 3 s + 1
Transfer Function: Continuous time model
> parallel(s1,s2)  # 그림 1의 (II)
y1:
       3 s^1 + 2
  - - - - - - - - - - - -
    2 s^2 + 3 s + 1
Transfer Function: Continuous time model
```

tf, series, parallel 등의 함수를 사용하기 위해서는 control 패키지가 require(control)을 통해 작업공간으로 로딩되어 있어야 하며 한 번 로딩해 두면 작업공간을 떠나지 않는 이상 다시 로딩할 필요가 없다. 블록선도가 복잡할 경우 series, parallel 함수는 블록선도의 간소화에도 활용될 수 있다.

A.4 step, impulse 함수를 이용한 시간 응답계산

시스템의 단위 계단입력과 단위 임펄스 입력에 대한 시간응답은 각각 step, impulse 함수를 이용하여 계산될 수 있다. 시스템의 전달함수가 $G(s)=1/(s^2+2s+1)$과 같을 때 단위 계단입력과 임펄스 입력에 대하여 $t=0 \cdots 10$에서의 시간응답을 다음의 R 코드를 통해 계산해보자.

```
> sys=TF("1/(s^2+2*s+1)")
> t=seq(0,10,0.1)
> res1=step(sys,t)
> res2=impulse(sys,t)
> str(res1)
List of 3
 $ t: num [1:101] 0 0.1 0.2 0.3 0.4 0.5 0.6 0.7 0.8 0.9 ...
```

```
 $ x: num [1:2, 1:101] 0 0 0.09048 0.00468 0.16375 ...
 $ y: num [1, 1:101] 0 0.00468 0.01752 0.03694 0.06155 ...
> str(res2)
List of 3
 $ t: num [1:101] 0 0.1 0.2 0.3 0.4 0.5 0.6 0.7 0.8 0.9 ...
 $ x: num [1:2, 1:101] 1 0 0.8144 0.0905 0.655 ...
 $ y: num [1, 1:101] 0 0.0905 0.1637 0.2222 0.2681 ...
> res=cbind(t(res1$y),t(res2$y))
> matplot(t,res,type="l",xlab="time",ylab="y(t)",lwd=2,col=1)
```

위의 코드에서 res1의 단위 계단입력에 대한 응답을, res2는 단위 임펄스 응답을 저장한 리스트 변수로서 각각 세 개의 원소 t, x, y를 가진다. t는 시간을, x는 시스템을 상태공간 모델로 나타낼 때 상태변수를, y는 시간응답을 나타낸다. res=cbind(t(res1$y),t(res2$y))에서 t는 행을 열로 바꾸어 주는 함수임에 유의하자. 시간 변수로 쓰인 t와는 달리 함수 t는 "t (인수)"로 사용된다. 따라서 같은 이름을 가진 t가 변수로 사용될지 혹은 함수로 사용될지는 인수가 있는지 없는지에 따라 달라진다. 그림 2는 단위 계단응답(실선)과 단위 임펄스 응답(점선)을 나타낸다.

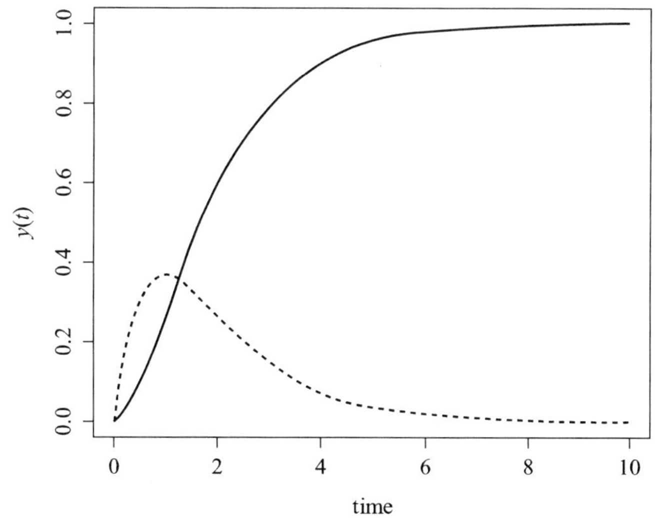

그림 2 시스템 $G(s)=1/(s^2+2s+1)$의 단위 계단응답(실선)과 단위 임펄스 응답(점선)

A.5 freresp 함수를 이용한 주파수 응답계산

시스템의 전달함수가 $G(s)$일 때 주파수 응답은 $G(j\omega)$로 주어진다. $G(s)=1/(s^2+2s+1)$일 때 freqresp 함수를 이용하여 주파수 응답을 계산해보자.

```
> sys=TF("1/(s^2+2*s+1)")  # control 패키지에 들어 있는 함수
> w = logspace(-1, 1, n=1000)  # pracma 패키지에 들어 있는 함수
> H=freqresp(sys,w)
> AR=abs(H)
> phase=ifelse(Im(H)<0,atan2(Im(H),Re(H)),atan2(Im(H),Re(H))-2*pi)*180/pi
> H[1:10] # 주파수 응답
 [1] 0.9704931-0.1960592i 0.9702243-0.1969290i 0.9699532-0.1978022i
 [4] 0.9696796-0.1986791i 0.9694036-0.1995594i 0.9691251-0.2004433i
 [7] 0.9688441-0.2013308i 0.9685606-0.2022219i 0.9682745-0.2031165i
[10] 0.9679859-0.2040147i
> AR[1:10] # 크기응답 (진폭비)
 [1] 0.9900990 0.9900082 0.9899166 0.9898242 0.9897309 0.9896368 0.9895418
 [8] 0.9894459 0.9893492 0.9892516
> phase[1:10] # 위상응답
 [1] -11.42119 -11.47361 -11.52626 -11.57916 -11.63229 -11.68567 -11.73928
 [8] -11.79314 -11.84725 -11.90159
> w[1:10] # 주파수
 [1]  0.1000000  0.1004620  0.1009262  0.1013925  0.1018610  0.1023317  0.1028045
0.1032795
 [9] 0.1037567 0.1042361
```

위의 코드에서 logspace(-1, 1, $n=1000$)는 10^{-1}과 10^{1} 사이를 상용로그 스케일에서 균등하게 1000등분한 점을 생성하라는 의미로서 이 함수는 사용하기 위해서는 pracma 패키지를 작업공간으로 로딩해야 한다[pracma 패키지가 설치되어 있지 않다면 install.packages("pracma")를 통해 설치하고 require(pracma) 이용하여 작업공간으로 로딩하면 된다]. freqresp(sys,w)는 $G(j\omega)$를 계산하며 복소수를 리턴한다. 위에서는 1000개의 주파수 가운데 처음 10개 주파수에 대한 크기응답, 위상응답을 나타내었다.

A.6 근궤적 작성에 사용되는 유용한 함수들

근궤적은 피드백 시스템의 안정성의 판별 및 제어기의 설계에 유용하게 사용된다. control 패키지에 근궤적을 작성하는 함수는 없지만 R의 기본함수들을 이용하면 근궤적을 쉽게 작성할 수 있다. 특성방정식이 다음과 같이 주어질 때 R 코드를 이용하여 근궤적을 작성해 보자.

$$4s^2 + (1+3K)s + K = 0$$

```
> K=seq(0,20,0.01)
> rs=list()
> for (i in 1:length(K)) {
    rs[[i]]=polyroot(c(K[i],1+3*K[i],4))   # 다항식의 오름차순 계수
  }
>
> a=lapply(rs,Re)
> b=lapply(rs,Im)
>
> a1=Reduce(c,a)
> b1=Reduce(c,b)
>
> par(mar=c(5.1,5.8,4.1,2.1))
> plot(a1,b1,xlab="Real part",ylab="Imaginary part",xlim=c(-1,0)) # 그림 3 작성
> grid(col="darkgray")
```

근궤적은 K 값에 따른 특성방정식의 근들을 구하여 복소평면에 도시한 것이다. 따라서 K 값을 변화시켜 가면서 특성방정식의 근을 구하는 것이 필요하다. 위의 코드에서는 K 값을 0에서부터 0.01씩 증가시키면서 20까지 변화시키면서 특성방정식의 근들을 구하여 리스트 변수 rs에 저장시켰다. polyroot는 R에서 기본적으로 제공하는 다항식의 근을 구하는 함수로서 인수로서 다항식 계수(올림차순)를 취한다. 특성방정식이 이차식이므로 각 K의 값마다 2개의 근이 구해진다. 처음 세 개의 K 값에 따른 근들을 살펴보면 다음과 같다.

```
> rs[1:3]
[[1]]
[1]  0.00+0i -0.25+0i
[[2]]
[1] -0.01010531-0i -0.24739469+0i
[[3]]
[1] -0.02044533-0i -0.24455467+0i
```

근들은 복소수로 나타남을 알 수 있다. a=lapply(rs,Re)는 리스트 변수 rs의 각 원소에 Re 함수(복소수에 대해 실수부분을 취하는 함수)을 적용하여 변수 a에 저장하라는 의미이며, b=lapply(rs, Im)은 리스트 변수 rs의 각 원소에 Im 함수(복소수에 대해 허수부분을 취하는 함수)을 적용하여 변수 b에 저장하라는 의미이다. 따라서 a와 b의 처음 세 원소를 살펴보면 다음과 같다.

```
> a[1:3]
[[1]]
[1]  0.00 -0.25
[[2]]
[1] -0.01010531 -0.24739469
[[3]]
[1] -0.02044533 -0.24455467
> b[1:3]
[[1]]
[1] 0 0
[[2]]
[1] -1.615587e-27  1.615587e-27  # round-off error보다 적은 값임
[[3]]
[1] -8.271806e-25  8.271806e-25
```

R에서 round-off error는 10^{-16} 정도이므로 이보다 작은 값은 0으로 간주하면 된다. a1=Reduce(c,a)는 연결함수 c를 리스트 변수의 원소에 순차적으로 적용하여 벡터로 반환하라는 의미이다. a1과 b1의 처음 여섯 개의 원소를 살펴보면 다음과 같다.

```
> a1[1:6]
[1]  0.00000000 -0.25000000 -0.01010531 -0.24739469 -0.02044533 -0.24455467
> b1[1:6]
[1]  0.000000e+00  0.000000e+00 -1.615587e-27  1.615587e-27 -8.271806e-25
```

```
[6] 8.271806e-25
```

즉, 변수 a1은 특성방정식의 모든 근들의 실수부를, 변수 b1은 특성방정식의 모든 근들의 허수부를 저장하게 된다. 따라서, plot (a1, b1, ⋯)은 특성방정식의 모든 근들을 직교좌표축에 도시하게 되며 그림 3과 같다.

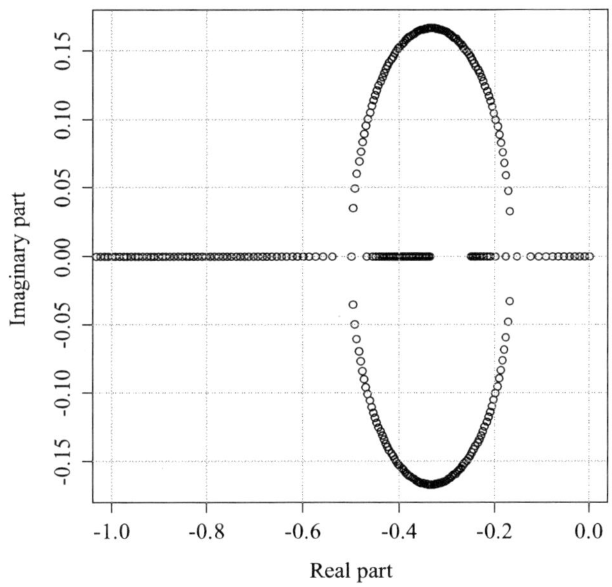

그림 3 특성방정식 $4s^2+(1+3K)s+K=0$의 근궤적($0 \le K \le 20$)

찾아보기

(가)

가속도상수 206
가열공정 66
감쇠인자 22, 191
감지기 78
경로이득 113
고유진동주기 194
공명 주파수 153
공정이득 16
공진 피크 242
과감쇠 191
과도상태 186
과소감쇠 191
구동기 78

(다)

단위 계단함수 41
단위 임펄스 함수 42
닫힌루프 제어 10
닫힌루프계 104
데시벨 158
뒤짐 보상기 198

(라)

라플라스 변환 38
램프함수 41

(마)

메이슨의 법칙 114
미분방정식 22
미분시간 86

(바)

보상기 198, 204
불연속제어 10
블록선도 105
비감쇠 고유주파수 152, 191
비교기 104
비례 제어기 90
비례밴드 86
비례이득 86
비례－미분 제어기 93
비례－적분 제어기 92
비례－적분－미분 제어기 95

(사)

상미분방정식 29
상승시간 188, 193
상태선도 50
서보 문제 10, 109
속도상수 206
쇠퇴비 193
시스템 유형 204
시스템 함수 51
시퀀스 제어 10
신호 흐름도 112

(아)

앞섬 보상기 198
액위공정 58
양의 되먹임 110
연속교반탱크 반응기 12
연속제어 10
영－상태 응답 186
영－입력 응답 186
오버슈트 193
우세극점 187, 196
위상 교차주파수 170
위상 뒤짐 198
위상 앞섬 197
위상여유 170
위치 오차상수 206
음의 되먹임 110
이득 교차주파수 170
이득여유 170
임계감쇠 26, 191

(자)

자율공정 15
적분시간 86
전달함수 50, 51
전방향 경로 113
정착시간 188, 193
정치제어 10
제동비 191
제어밸브 78
조절기 문제 10, 109
조절변수 8
주파수 응답 151
진동주기 194
진폭비 158

(차)

총괄전달함수 109
최소오차 279
추종제어 10

(카)

컨벌루션 120
코너 주파수 159

(파)

편차변수 59
푸리에 변환 140
피드백 시스템 104
피드백 제어 10
피드백 제어구조 84
피제어변수 8
피크시간 193

(하)

한계이득 271
한계주기 271

(123)

1차계 공정 16
1차계 시간지연 29
2차 공정 20
2차계 시간지연 29

(A)

acceleration constant 206

(B)

BIBO 120
Bode gain 163
Bode stability criterion 169
Bode 게인 163
Bode 선도 158
Bode 안정성 기준 169
Bounded Input Bounded Output 120

(C)

closed-loop 104
closed-loop control 10
comparator 104
compensator 198, 204
continuous control 10
Continuous Stirred Tank Reactor 12
control value 78
controlled variable 8
convolution 120
corner frequency 159
CSTR 12

(D)

damping factor 22, 191
damping ratio 191
decay ratio 193
derivative time 86
discontinuous control 10
dominant pole 187, 196

(F)

feed-back system 104
feedback control 10
First Order Plus Time Delay 29
fixed control 10
follow-up control 10
forward path 113

(G)

gain 16
gain crossover frequency 170
gain margin 170

(I)

IAE 279
Integral of Absolute value of the Error 279
Integral of the Square of the Error 279
Integral of the Time-weighted Absolute value of the Error 279
integral time 86
ISE 279
ITAE 279

(L)

lag compensator 198
lead compensator 198

(M)

manipulating variable 8
Mason's rule 114

(N)

natural period of oscillation 194
negative feedback 110
nonhomogeneous differential equation 22
Nquist 선도 174

(O)

Ordinary Differential Equation 29
overshoot 193

(P)

P 제어기 90
path gain 113
PD 제어기 93
peak time 193
period of oscillation 194
phase crossover frequency 170
phase lag 198
phase lead 197
phase margin 170
PI 제어기 92
PID 제어기 95
position error constant 206
positive feedback 110
Proportional Band 86
proportional gain 86

(R)

regulator problem 10, 109
resonance peak 242
resonant frequency 153
rising time 188
Routh 방법 122
Routh 행렬 122

(S)

Second Order Plus Time Delay 29
self-regulating process 15
sequence control 10
servo problem 10, 109
settling time 188
signal flow graph 112
system function 51
system type 204

(T)

transfer function 51

(U)

ultimate gain 271
ultimate period 271
undamped natural frequency 191
unit ramp function 41
unit step function 41

(V)

velocity constant 206

저 자 : **도진환**(都軫煥)

• 한국과학기술원 생명화학공학과 박사
• 영국 맨체스터 대학 포스닥 (생물정보학)
• 일본 동경대 휴먼게놈센터 연구원 (DNA 정보해석)
• 현) 동양대학교 화공생명공학과 교수

저 서 : Cell Illustrator와 패스웨이 데이터 베이스를 통해 배우는 시스템 생물학의 기초(역서), 시스템 생물학 입문: 생물학적 회로의 설계원리(역서), 화공열역학: R을 이용한 상태방정식 활용(저서), 화공열역학: R을 이용한 혼합물의 기액평형 해석(저서), 화학반응공학: R을 이용한 반응기 설계와 해석(저서)

R을 이용한 **공정제어기초** 정가 15,000원

발 행 2018년 8월 30일 초판 1쇄
저 자 도진환
발행인 정우용
발행처 도서출판 **동 화 기 술**
경기도 파주시 광인사길 201(문발동, 파주출판도시)
Tel (031)955-4211~6 donghwapub@nate.com
Fax (031)955-4217 www.donghwapub.co.kr
(등록) 1977년 12월 19일/9-16호

ISBN 978-89-425-9192-3